基于"职业教育改革实施方案"和"提质培优"的烹饪品牌专业建设系列教材

烹调技术
——中餐热菜

主　编　段文清　胡　标
副主编　朱海刚　邝　晴　梁宇锋

合肥工业大学出版社

图书在版编目(CIP)数据

烹调技术.中餐热菜/段文清,胡标主编.—合肥:合肥工业大学出版社,2022.7(2023.7重印)

ISBN 978-7-5650-5886-8

Ⅰ.①烹… Ⅱ.①段…②胡… Ⅲ.①中式菜肴—烹饪—中等专业学校—教材

Ⅳ.①TS972.11

中国版本图书馆 CIP 数据核字(2022)第 093117 号

烹调技术——中餐热菜

| 主　　编　段文清　胡　标 | 责任编辑　毕光跃 | 责任印制　程玉平 |

出　版	合肥工业大学出版社	版　次	2022 年 7 月第 1 版
地　址	合肥市屯溪路 193 号	印　次	2023 年 7 月第 2 次印刷
邮　编	230009	开　本	787 毫米×1092 毫米　1/16
电　话	理工图书出版中心:0551-62903204	印　张	18.25　彩　插　1 印张
	营销与储运管理中心:0551-62903198	字　数	432 千字
网　址	press.hfut.edu.cn	印　刷	安徽联众印刷有限公司
E-mail	hfutpress@163.com	发　行	全国新华书店

ISBN 978-7-5650-5886-8　　　　　　　　　定价:56.00 元

如果有影响阅读的印装质量问题,请与出版社营销与储运管理中心联系调换

彩图 1　醋溜土豆丝

彩图 2　宫保鸡丁

彩图 3　滑炒里脊

彩图 4　番茄炒牛肉

彩图 5　清炒虾仁

彩图6 干煸牛肉丝

彩图7 回锅肉

彩图8 炒牛奶

彩图9 油爆双脆

彩图10 油爆鱿鱼卷

彩图 11　避风塘鹌鹑

彩图 12　脆皮鸡

彩图 13　脆皮乳鸽

彩图 14　酥炸茄盒

彩图 15　蒜香排骨

彩图 16　雪衣豆沙

彩图 17　吉列海皇卷

彩图 18　油浸笋壳鱼

彩图 19　糖醋咕噜肉

彩图 20　糖醋瓦块鱼

彩图21　滑熘鱼片

彩图22　西湖醋鱼

彩图23　香煎龙利鱼

彩图24　香煎藕饼

彩图25　煎封金鲳鱼

彩图 26　红烧肉

彩图 27　鱼香茄子

彩图 28　蒜子烧干鱼

彩图 29　干烧鲫鱼

彩图 30　红烧豆腐

彩图 31　麻婆豆腐

彩图 32　双冬黄焖鸡

彩图 33　豆腐焖鲶鱼

彩图 34　煎焖苦瓜酿

彩图 35　土豆焖牛腩

彩图36　鱼腐扒菜心

彩图37　红扒圆蹄

彩图38　海米扒瓜脯

彩图39　清炖鲫鱼汤

彩图40　海带冬瓜排骨汤

彩图41　白果老鸭汤

彩图42　当归生姜羊肉汤

彩图43　西湖牛肉羹

彩图44　拆烩鳝丝

彩图45　菠萝银耳羹

彩图46　白灼虾

彩图47　白灼鹅肠

彩图48　紫菜肉丸汤

彩图49　清汤鱼丸

彩图50　水煮牛肉

彩图51 酸菜鱼

彩图52 鱼头豆腐汤

彩图53 清蒸鲈鱼

彩图54 蒜蓉蒸扇贝

彩图55 豉汁蒸排骨

彩图56 剁椒鱼头

彩图 57　荷叶粉蒸肉

彩图 58　小笼粉蒸牛肉

彩图 59　荔芋扣肉

彩图 60　梅菜扣肉

彩图 61　人参枣杞炖乌鸡

彩图 62　西洋参石斛炖水鸭

彩图 63　烤鱼

彩图 64　新疆烤羊肉串

彩图 65　蜜汁叉烧

彩图 66　脆皮烤鸭

彩图 67　烤鳗鱼

彩图 68　拔丝芋头

彩图 69　挂霜腰果

彩图 70　蜜汁桂花糖

彩图 71　盐焗鸡

彩图 72　姜葱焗花蟹

彩图 73　咸花焗排骨

彩图 74　生嗜鱼头

前　言

　　以习近平新时代中国特色社会主义思想为指导，落实立德树人的根本任务，贯彻落实中共中央办公厅、国务院办公厅《关于推动现代职业教育高质量发展的意见》，按照《关于深化技工院校改革大力发展技工教育的意见》和《提质培优行动计划（2020—2023年）实施方案》的要求，以争创国家级规划为目标，本着可读性、前沿性、实战性和可操作性，我们在吸收以往教材有优点的基础上，整合资源，编撰了本书。本书主要有以下几个特点。

　　一是育人目标明确，层层递进。本书围绕落实"立德树人"的根本任务，树立"素养第一、文技并重、兼顾身心、全面发展"的育人理念，对接国家职业技能认定（四级、三级）及中餐厨房灶台岗位职业能力标准，结合本专业学生实际学情和思政育人目标，层层设计本书的育人目标。本书的育人目标如图1所示。

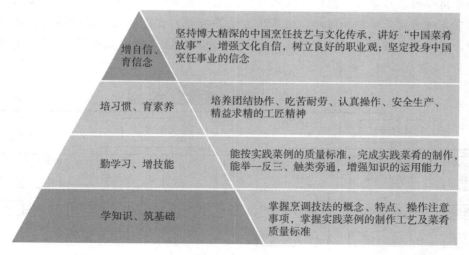

图1　育人目标

　　二是从以学生为主体的角度出发，全面对接国家标准。依据烹饪（中式烹调）专业的人才培养方案、烹调技术（热菜制作）课程标准，结合中职学生认知规律，采用"同步教学、个性引导、文化贯穿、融入思政、趣味教学、全面考核"的"六位一体"特色育人模式，依托人才培养目标、实际学情对课程内容进行重构，对教学活动进行重新设计，实现全方位育人，服务学生全面发展，增强学生的职业素养，培育学生终身学习的意识，培养德智体美劳全面发展的高素质人才。本书内容最终实现：①与部颁烹饪（中式烹调）一体化课程标准相匹配；②教学内容与岗位工作任务相匹配；③教学内容与国家职业标准相匹配；④教学内容及标准与世界技能大赛标准和要求相匹配。本书内容设计理念如图 2 所示。

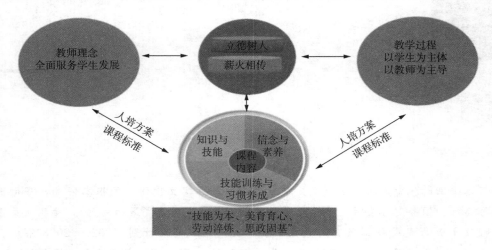

图 2　内容设计理念

　　三是以烹调技法贯穿，以工作岗位要求为基础进行内容框架构建。掌握各种热菜烹调技法及相互之间的关系，是完成中式热菜制作的基础和掌握中式烹调技术的关键。本书内容以职业实践为主线，以项目模块为导向，教学内容坚持实用为主、够用为度的原则，注重学生实际操作技能培养，在了解本课程所对应职业岗位应具备的职业素质能力的基础上，掌握灶台、上杂等岗位的工作流程、操作技能及安全规范，为学生进入顶岗实习、完成职业资格等级认定打下良好的技能基础。同时，培养学生吃苦耐劳、爱岗敬业、团结协作、精益求精的工匠精神，为成为有用的烹饪人才创造先决条件。本书按照 5 种传热介质，介绍 21 种烹饪方法，例举 75 个实践菜例，内容框架如图 3 所示。

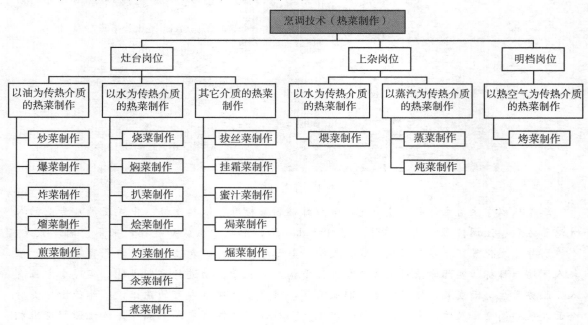

图 3　内容框架

四是本书菜例选择经典、穿插内容贴切，同时配套精品在线教学资源。

（1）菜例选择经典：全书案例选用中国比较知名的菜肴，这些菜例紧贴烹饪技法，能完全满足热菜岗位烹饪技法的应用。

（2）穿插内容贴切：全书依据菜肴案例穿插"教你一招""拓展阅读""知识链接"。"教你一招"是合作企业一线厨师多年工作经验的总结，学生掌握"一招"，能尽快融入工作岗位，提高工作质量和效率；"拓展阅读"与烹饪相关的故事，学生阅读后，能提升认知水平和职业素养；"知识链接"是技法的提炼和总结，能准确掌握不同技法的细微区别。

（3）配套精品在线教学资源：本书配备教案、课件、微课，在国家公共平台搭建了精品在线课程，所有案例配有精美的制作工艺流程图，以图片诠释工艺流程和技术要领，方便使用者学习，以及与主编老师交流、线上答疑等。

另外，本书附有中式基础汤制作配方，常用原料腌制配方，常用馅料及胶体制作配方，中式风味调味汁、调味酱制作配方，中式味粉调制配方等，具有很高的使用和阅读价值。

本书由段文清、胡标任主编，朱海刚、邝晴、梁宇锋任副主编，参与编写的人员还有甄熠、冯宇、叶金、周济扬、刘东升、邢小文、沈利明。全书内容由段文清组织撰写并统稿；配套教学课程资源由段文清、胡标、朱海刚、邝晴、梁宇锋、刘东升、甄熠、冯宇、叶金、周济扬完成；全书图片由叶金、甄熠、冯宇、胡标、邢小文、沈利明等人参与拍摄完成。

本书在编写过程中得到中国烹饪协会世厨联青年厨师委员会、广西烹饪餐饮行业协会相关行业专家和企业一线专家的指导与帮助，并吸取了以往同类教材的某些成果，参阅了一些文献和网页资料，在此一并向相关作者表示感谢。

由于编者学识和水平有限，书中难免存在疏漏与差错之处，敬请广大读者批评指正。

段文清

2022 年 8 月 1 日

目　录

项目1 以油为传热介质的热菜制作

▶ 项目概述

以食用油作为传热介质在中餐热菜制作中运用十分广泛。食用油具有比热大、燃点高、温域广、受热均匀的鲜明特点。同时，食用油还具有良好排水性和保水性，能增味、上色，以及增加菜肴的营养性。

本项目将以油为传热介质的热菜制作作为主要学习内容，具体包括炒菜制作、爆菜制作、炸菜制作、熘菜制作、煎菜制作5个学习任务。

▶ 项目目标

1. 了解以食用油作为传热介质的特点。

2. 能掌握炒、爆、炸、熘、煎5种烹调方法的定义、技法分类、技法工艺流程、技法机理、关键和特点。

3. 能运用油烹法的相关知识，小组合作完成以油为传热介质的热菜制作。

4. 培养团结协作、安全操作、精益求精的职业素养。

▶ 学习指导

1. 树立正确的学习态度。

2. 掌握科学的学习方法。

3. 养成良好的学习习惯。

4. 制订具体的学习目标。

任务1 炒菜制作

学习目标

☆ 了解炒法的概念、技法特点、操作关键及分类。

☆ 掌握实践菜例的制作工艺，能自主完成实践菜例的制作。

☆ 能分清生炒与干煸、熟炒、滑炒、软炒之间的区别。

☆ 养成规范操作的习惯，培养注重食品卫生的安全意识。

实践菜例❶ 醋溜土豆丝（生炒）

1. 菜肴简介

醋溜土豆丝源于鲁菜，运用生炒技法烹制而成。主料为土豆，菜肴口感脆爽，口味咸中略带微酸，是一道健脾养胃、营养丰富的家常菜。此菜经常作为中式烹调师职业技能鉴定及烹饪技能比赛的指定菜肴。

2. 制作原料

主料：土豆 350g。

辅料：干红椒 3 个、青椒 50g。

料头：葱白段 5g。

调料：精盐 3g、白糖 2g、味精 1g、白醋 40g、干淀粉 5g、花椒 1g、植物油 25g。

3. 工艺流程

主辅料洗净切丝→清水浸泡、漂洗→旺火烧锅→调味炒制→勾芡→装盘成菜。

4. 制作流程

（1）将土豆洗净去皮，切成长约 6cm、厚约 2mm 的中丝，放入盆中，加入清水 1kg、白醋 25g 浸泡 10 分钟，然后用清水漂洗，沥干水分备用；青椒洗净去瓤，切成与土豆丝同样规格的中丝；干红椒切成长 1cm 的段。

（2）将锅置火上，加入植物油，下花椒，小火爆香后将花椒捞出。

（3）将锅复置火上，当旺火将油加热至五成热时，放入干红椒、葱白段爆香，再放入土豆丝翻炒，依次调入白醋、白糖、精盐、味精翻炒均匀，待土豆丝成熟即可放入青椒丝，水淀粉勾芡，加包尾油即可装盘。

5. 重点过程图解

醋溜土豆丝重点过程图解如图 1-1-1～图 1-1-6 所示。

图 1-1-1 食材准备

图 1-1-2 主料切丝

图 1-1-3 土豆丝浸泡

图 1-1-4 翻炒调味

图 1-1-5 勾芡

图 1-1-6 装盘成菜

6. 操作要点

（1）土豆丝成型要均匀，符合中丝规格要求。

（2）土豆丝切好后，需要放入加有白醋的清水中浸泡，然后再放入清水中冲洗掉表面淀粉，以保证土豆丝爽脆质感。

（3）调味时应注意调料投放的顺序，先放入白醋，再放入白糖、精盐，最后放入味精，这是保证土豆丝爽脆质感的重要措施。

（4）采用旺火短时间的火候加热，原料成熟即可。

7. 质量标准

醋溜土豆丝质量标准见表 1-1-1 所列。

表 1-1-1 醋溜土豆丝质量标准

评价要素	评价标准	配分
味道	调味准确、咸酸适宜、口味适中	
质感	质感爽脆，无夹生或过熟的现象	
刀工	刀工精细、成型均匀，符合中丝标准，净料率达 80% 以上	
色彩	色泽浅黄淡雅，芡汁明亮，无泄油、泄芡现象	
造型	成型美观、自然，呈堆砌包围型	
卫生	操作过程、菜肴装盘符合卫生标准	

(教你一招)

如何防止土豆中毒

正常土豆中含有少量的龙葵碱，不对人造成危害。但因储藏不当而新鲜度下降或发芽的土豆，其龙葵碱含量增加，而加热又不能将龙葵碱破坏，食后可能发生中毒。因此，不能食用生芽和外皮呈黑绿色的土豆。即使食用生芽较少的土豆也应先彻底挖去芽眼，再将芽眼周围的皮削掉。烹调时加入适量的醋，不仅能有效分解土豆中的龙葵碱，还能防止土豆氧化变黑，使土豆加热后保持爽脆的质感。

拓展阅读

在气球上切土豆丝展刀工绝技，中国厨师匠心独运

谭兴勇，桂林旅游学院烹饪与营养教育专业高级实习指导教师，"全国五一劳动奖章""广西优秀高技能人才"荣誉称号获得者。他常年穿着白色的厨师服，拿着自己的工具箱，穿梭在课堂与实训室之间，对自己的工作充满着热情，勤奋钻研烹饪技艺，始终保持着认真、严谨、负责和一丝不苟的态度，经过多年的努力，练就蒙眼在气球上切土豆丝的绝技。2007 年 10 月，谭兴勇收到中央电视台的邀请，参加"中央电视台正大综艺吉尼斯之夜"挑战赛，凭借高超的刀工技艺，一举夺得在气球上切最多土豆丝的吉尼斯世界纪录奖，为桂林、为广西争得荣誉。他的先进事迹被中央电视台、中工网络电视台等多次宣传报道。

实践菜例❷　宫保鸡丁（生炒）

1. 菜肴简介

宫保鸡丁是一道闻名中外的特色传统名菜，此菜起源于鲁菜中的酱爆鸡丁，后被清朝山东巡抚、四川总督丁宝桢改良发扬，并流传至今。因为丁公曾被封为"太子少保"，后人为了纪念他，所以把这道菜称为"宫保鸡丁"。宫保鸡丁的制作需要旺火爆炒，所以有时也被称作"宫爆鸡丁"。现在宫保鸡丁已经成为享誉中外的名菜。

2. 制作原料

主料：鸡胸肉 300g

辅料：油炸花生米 50g、鸡蛋清 1 个、干辣椒 5 个。

料头：葱丁 15g、姜米 10g、蒜蓉 10g。

调料：精盐 4g、味精 2g、老抽 5g、生抽 10g、香醋 15g、料酒 10 克、白糖 10g、水淀粉 25g、花椒 3g、鲜汤 25g、猪油 25g、菜籽油 25g。

3. 工艺流程

鸡胸肉洗净切丁→腌制上浆→切配料头→调制宫保汁→调味炒制→装盘成菜。

4. 制作流程

（1）将鸡胸肉洗净，改刀切成 1.2cm 见方的丁；干辣椒切成长 1cm 的段，姜洗净去皮，切成姜米，葱洗净，取葱白，切成葱丁，蒜切成蓉状备用。

（2）将鸡蛋清打散，加入水淀粉 15g 搅匀成蛋清浆。在鸡丁中加入精盐 1g、生抽 5g，顺一个方向搅拌上劲，分两次加入蛋清浆抓匀。

（3）将老抽 5g、生抽 5g、精盐 3g、味精 2g、香醋 15g、白糖 10g、水淀粉 10g 装入小碗，调成碗芡。

（4）烧锅放入猪油、菜籽油加热至120℃，先放入干辣椒炸成焦红色，再放入姜米、葱丁、蒜蓉、花椒煸炒，当炒出红油时，将鸡丁倒入锅内，快速翻炒，淋入碗芡，待芡汁包裹均匀后，下入花生米，翻炒几下即可出锅装盘。

5. 重点过程图解

宫保鸡丁重点过程图解如图1-1-7～图1-1-12所示。

图1-1-7　鸡肉腌制

图1-1-8　调制宫保汁

图1-1-9　炸花生米

图1-1-10　速炒鸡丁

图1-1-11　烹入芡汁

图1-1-12　出锅装盘

6. 操作要点

（1）选料是关键。最好选择放养、未下过蛋的三黄鸡做主料，可用鸡腿肉，也可用鸡胸肉，鸡胸肉易于成型，鸡腿肉的口感更为滑爽弹牙。

（2）上浆是保证鸡丁滑嫩的关键。上浆时，鸡丁要充分上劲，充分吸收蛋清浆。

（3）掌握好各种调料的用量比例。宫保汁一般按鲜汤、生抽、醋、糖比例为4∶3∶2∶1调制。

（4）火候要精准。烹调时采用炝炒手法，以大火把辣味炝入新鲜的原料中，把极度的枯焦与新鲜结合在一起，火候不到或火候过头都会影响其味道。

7. 质量标准

宫保鸡丁质量标准见表1-1-2所列。

表1-1-2　宫保鸡丁质量标准

评价要素	评价标准	配分
味道	调味准确、酸甜带咸、鲜辣适口、锅气浓郁	
质感	鸡丁质感滑嫩，花生酥脆，口感层次丰富	
刀工	刀工精细，成型均匀，符合"丁"的标准	
色彩	色泽红亮，芡汁明亮，无泄油、泄芡现象	
造型	成型美观、自然，呈堆砌包围型	
卫生	操作过程、菜肴装盘符合卫生标准	

微课1　宫保鸡丁的制作

糊辣荔枝味的调制方法

糊辣荔枝味又称宫保味，是25个川菜味型中的重要味型之一。糊辣荔枝味具有色泽棕黄、咸、甜中带酸、回味香辣咸鲜、糊辣香浓郁的特点。该味型中的辣香是以干辣椒节在油锅里炸，使之成为糊辣壳而产生的味道；而荔枝味型是以盐、醋、白糖、酱油、味精、料酒调制，并取姜、葱、蒜的辛香气味烹制而成的，酸甜适口，味似荔枝，故名。调制糊辣荔枝味时，须有足够的咸味，在此基础上方能显示酸味和甜味，留意甜酸比例适度，糖略少于醋。一般情况下，鲜汤、生抽、醋、糖的比例为4：3：2：1。姜、葱、蒜仅取其辛香气，用量不宜过重，以免喧宾夺主。

丁宝桢简介

丁宝桢（1820—1886），字稚璜，贵州平远（今贵州省毕节市织金县）牛场镇人，晚清名臣。咸丰三年（1853年），33岁的丁宝桢考中进士，此后历任翰林院庶吉士、编修、岳州知府、长沙知府、山东巡抚、四川总督。

丁宝桢在为官生涯中，勇于担当、清廉刚正，一生致力于报国爱民。他任山东巡抚期间，两治黄河水患、创办山东首家官办工业企业山东机器制造局、成立尚志书院和山东首家官书局；任四川总督的十年间，改革盐政、整饬吏治、修理都江堰水利工程、兴办洋务抵御外侮，政绩卓著，造福桑梓，深得民心。

丁宝桢的政绩在很大程度上得力于用人，他提拔官员看重德才兼备。他在实践中深刻体会到："上谕为政，首在得人"，只有"重用德才兼备之人"，才能把事情办好，所以"深维求治，以任贤为急"。他用人的标准一是"居心行事"，二是"苟异于人"。也就是说，要用有事业心而且确有奇才的人，而不是"只会做官不会做事"的"阿混"。对人才的考察，必须"察其言，观其行"而后"知其人"。

实践菜例 ❸ 滑炒里脊丝（滑炒）

1. 菜肴简介

滑炒里脊丝是鲁菜中的传统名菜，运用滑炒技法制作而成。该菜肴具有肉丝色泽洁白、口味咸鲜滑嫩、配料爽脆的特点。制作工艺方面除在刀工上有较高的要求外，还须重视上浆工艺及火候掌控的技巧。

2. 制作原料

主料：里脊肉 250g。

辅料：莴笋 250g、胡萝卜 75g。

料头：葱白段 10g、蒜蓉 5g。

调料：精盐 3g、白糖 1g、味精 1.5g、食粉 1g、嫩肉粉 2g、鸡蛋清 25g、干淀粉 20g、料酒 10g、芝麻油 2g、植物油 750g（实耗 50g）

3. 工艺流程

里脊肉切丝→腌渍上浆→辅料切中丝→料头成型→调制兑汁芡→初步熟处理→调味炒制→装盘成菜。

4. 制作流程

（1）将里脊肉洗净切成长 8cm、宽 3mm 的中丝，放入盆中，加入食粉 1g、嫩肉粉 2g、精盐 1g、味精 0.5g、鸡蛋清 25g、清水 37.5g、干淀粉 10g 腌渍上浆；莴笋、胡萝卜切成长 8cm、宽 2～3mm 规格的中丝；葱切成葱白段，大蒜切成蓉备用。

（2）取精盐 2g、白糖 1g、味精 1g、芝麻油 2g、干淀粉 10g 放入小碗，加入清水 25g 调成碗芡。

（3）向锅中加入清水，旺火烧沸，放入胡萝卜丝、莴笋丝焯水；锅复置火上，放入植物油 750g，旺火加热至 120℃，随即放入肉丝滑油至断生，倒出沥油。

（4）锅留底油，保持旺火，先放入葱白段、蒜蓉，淋入料酒，再放入莴笋丝、胡萝卜、肉丝，下碗芡炒匀，加尾油即成。

5. 重点过程图解

滑炒里脊重点过程图解如图 1－1－13～图 1－1－18 所示。

图 1－1－13　食材准备

图 1－1－14　肉丝腌制

图 1－1－15　肉丝滑油

图 1－1－16　炒制调味

图 1－1－17　勾芡

图 1－1－18　装盘成菜

6. 操作要点

（1）主辅料成型要一致，粗细要均匀，符合中丝规格要求。

（2）里脊丝上浆时要充分抓匀，确保成菜饱满嫩滑。

（3）滑油时，里脊丝要划散下锅，入锅后要立即划开，防止粘连影响滑油效果。

（4）烹制此菜需要操作者具备娴熟的锅上操作技能，焯水、滑油、翻炒、勾芡需要非常连贯，只有这样才能确保菜品的爽滑、脆嫩、明油亮芡。

7. 质量标准

滑炒里脊丝质量标准见表 1-1-3 所列。

表 1-1-3　滑炒里脊丝质量标准

评价要素	评价标准	配分
味道	调味准确、咸鲜适口	
质感	里脊丝滑嫩，辅料爽脆，无渣口、老韧现象	
刀工	刀工精细，成型均匀，符合中丝的标准	
色彩	主料色泽洁白、饱满，辅料色泽鲜艳；明油亮芡，无泄油、泄芡现象	
造型	成型美观、自然，呈堆砌包围型	
卫生	操作过程、菜肴装盘符合卫生标准	

教你一招

猪肉丝上浆技巧及判断标准

原料：猪肉丝 500g、精盐 5g、味精 3g、食粉 2.5g、嫩肉粉 2g、干淀粉 18g、鸡蛋清 75g、清水 25g、生抽 100g。

腌制方法：①将清水 75g 放入碗中，先加入干淀粉调匀，再加入鸡蛋清，用筷条打散制成蛋清浆。②先将猪肉丝漂去血水，挤干水分，再加入精盐 5g、味精 3g、食粉 2.5g、嫩肉粉 3g 顺一个方向搅拌，至肉丝上劲后，将蛋清浆分 3 次加入猪肉丝，搅拌均匀，最后加入生油 100g 盖面，放入冰箱冷藏 1 小时即可。

拓展阅读

横牛顺鱼斜切猪

肉纤维的粗细及伸缩性决定原料加热后的老韧程度。牛肉纤维比猪肉、鱼肉的纤维粗，加上牛肉纤维的伸缩性在常食肉类之中属最强。因此，牛肉是最韧的畜肉之一。在烹调时，人们常常利用腌制的方法去改善牛肉的质地，利用火候去控制牛肉的成熟程度，以达到嫩滑的效果。即便如此，纤维的伸缩性仍然会使咀嚼变得困难。所以，切牛肉就应顺纹路横切，尽可能地将纤维的长度控制好，纤维短，自然容易咀嚼。对于鱼肉来说，其肉质纤维非常细嫩而且伸缩性小，无论是顺切，还是横切，甚至斜切，都对其质感的影响不大。但鱼肉里边有鱼刺，食用时容易卡人喉咙，为了避免这种情况发生，在切鱼片时就要横纹切，这样就可以将骨刺的长度控制好。猪肉较牛肉嫩，又较鱼肉韧。为了让猪肉嫩、爽的层次能够呈现出来，切肉片时最好是顺着纹路斜刀切。这样肉片就可以得到既嫩又爽的效果，而且避免过于松散。要强调的是，肉丝规格较小，为了烹调时保持形状完整，避免散碎，切肉丝时要顺着纹路切，这要区别对待。

实践菜例❹　番茄炒牛肉（滑炒）

1. 菜肴简介

番茄炒牛肉是一道深受大众喜爱的家常菜肴，采用滑炒的技法制作而成。番茄不仅营养丰富，还有促进食欲、帮助消化、调整胃肠功能的作用。番茄中含有果酸，能降低胆固醇的含量，对高血脂很有益处。该菜肴牛肉与番茄搭配，具有牛肉细嫩爽滑、口味鲜美、酸咸适口的特点。

2. 制作原料

主料：牛肉 150g。

辅料：番茄 250g、青椒 50g。

料头：姜片 5g、葱度 10g、蒜蓉 5g。

调料：精盐 3g、味精 1.5g、生抽 10g、蚝油 10g、食粉 1.5g、嫩肉粉 1g、干淀粉 20g、料酒 10g、胡椒粉 1g、芝麻油 2g、色拉油 50g、植物油 750g（实耗 50g）。

3. 工艺流程

主辅料初加工→腌渍上浆→辅料调味炒熟→滑油→料头炝锅→调味翻炒→主辅料混合均匀→勾芡→装盘成菜。

4. 制作流程

（1）将牛肉洗净切片放入盆中，加入食粉 1.5g、嫩肉粉 1g、生抽 5g、精盐 1g、味精 0.5g、干淀粉 15g、料酒 5g 腌渍上浆，然后加入色拉油 50g 封面备用。

（2）将番茄洗净，改成滚刀块，青椒洗净去瓤，切成长 4cm 左右的菱形片，姜葱蒜洗净分别切成姜片、葱度、蒜蓉备用。

（3）将锅洗净、烧热，下油，将番茄、青椒调味炒熟。

（4）将锅再放火上，下植物油 750g，旺火加热至 120℃，将牛肉片滑油至仅熟，捞出沥油。锅留底油，下葱姜蒜爆香，淋入料酒，下牛肉片、番茄块、青椒片，调入蚝油、生抽、精盐、味精翻炒均匀，勾芡，撒入胡椒粉，淋入芝麻油，加入 10g 尾油炒匀，迅速装盘即成。

5. 重点过程图解

番茄炒牛肉重点过程图解如图 1-1-19~图 1-1-24 所示。

图 1-1-19　食材准备　　　　图 1-1-20　牛肉切片　　　　图 1-1-21　牛肉腌制

图 1-1-22　滑油处理　　　　图 1-1-23　调味翻炒　　　　图 1-1-24　装盘成菜

6. 操作要点

（1）选料讲究。选择牛里脊、肉眼等细嫩部位做主料，不但质地细嫩，而且便于切配成型。

（2）切配时应采取横纹切肉，主辅料切片规格要一致，成型要均匀。

（3）牛肉中要加入精盐、食粉、嫩肉粉、干淀粉等上浆，确保成菜饱满嫩滑。

（4）牛肉滑油时，原料要划散下锅，入锅后要立即划开，防止粘连一起，影响滑油效果。

（5）正式烹调时动作要连贯，一气呵成，确保菜品的爽滑、脆嫩、明油亮芡。

7. 质量标准

番茄炒牛肉质量标准见表 1-1-4 所列。

表 1-1-4　番茄炒牛肉质量标准

评价要素	评价标准	配分
味道	调味准确，口味鲜美、酸咸适口	
质感	牛肉细嫩爽滑，无渣口、老韧现象；番茄熟而不烂	
刀工	刀工成型均匀，牛肉符合"片"的标准	
色彩	牛肉色泽红亮、饱满，青椒碧绿；芡汁明亮，包裹均匀，略带卤汁	
造型	成型美观、自然，呈堆砌包围型	
卫生	操作过程、菜肴装盘符合卫生标准	

牛肉上浆技巧及判断标准

原料：牛肉片 500g、食粉 5g、嫩肉粉 2.5g、姜汁 5g、精盐 2g、味精 3g、生抽 8g、干淀粉 16g、清水 50g、生油 100g。

腌制方法：先将牛肉片装入大碗中，再加入精盐 2g、味精 3g、生抽 8g、姜汁 5g、食粉 5g、嫩肉粉 2.5g，顺一个方向搅拌，至牛肉片上劲后，加入淀粉，将清水分 3 次加入牛肉片中，搅拌均匀，最后加入生油 100g 盖面，放入冰箱冷藏 1 小时即可。

庖丁解牛

秋凉时节，天高云淡，庄子信步来到濮水北岸牧场上，观看庖丁解牛大赛。

只见庖丁注目凝神，提气收腹，气运丹田，挥舞牛刀，寒光闪闪上下舞动，劈如闪电掠长空，刺如惊雷破山岳，只听"咚"的一声，大牛应声倒地。

再看庖丁手掌朝这儿一伸，肩膀往那边一顶，伸脚往下面一抻，屈膝往那边一撩，动作轻快灵活。庖丁将屠刀刺入牛肉，皮肉与筋骨剥离的声音和他运刀时的动作互相配合，显得和谐一致、美妙动人。就像踏着商汤时代的乐曲《桑林》起舞一般，而解牛时所发出的声响也与尧乐《经首》十分合拍。不一会，就听到"哗啦"一声，整个牛就被解体了。

站在一旁的文惠君不觉看呆了，他禁不住高声赞叹道："啊呀，真了不起！你宰牛的技术怎么会这么高超呢？"

庖丁见问，赶紧放下屠刀，对文惠君说："我做事比较喜欢探究事物的规律，因为这比一般的技术技巧要更高一筹。我在刚开始学宰牛时，因为不了解牛的身体构造，眼前所见就是一头头庞大的牛，等到我有了 3 年的宰牛经历以后，我对牛的构造就完全了解了。现在我宰的牛多了，就只需用心灵去感触牛，而不必用眼睛去看它。"

"我的这把刀已经用了 19 年，宰杀过的牛不下千头，可是刀口还像刚在磨刀石上磨过一样锋利。"在满堂喝彩声中，庖丁轻松夺冠。

实践菜例❺ 清炒虾仁（滑炒）

1. 菜肴简介

清炒虾仁是苏菜传统名菜，以虾仁为主料，采用油泡技法制作而成。因其清淡爽口、易于消化，而深受食客欢迎。虾仁含有丰富的钾、碘、镁、磷等矿物质及多种维生素，其所含虾青素是目前发现的最强的一种抗氧化剂，对人体十分有益。

2. 制作原料

主料：虾仁 350g。

辅料：鸡蛋清 25g。

料头：姜片 5g、葱览 5g、蒜蓉 5g。

调料：精盐 2g、白糖 1g、味精 1.5g、食粉 7g、干淀粉 15g、料酒 10g、胡椒粉 0.6g、芝麻油 1g、植物油 1000g（实耗 50g）。

3. 工艺流程

主料初加工→腌渍上浆→切配料头→调制碗芡→虾仁滑油→料头炝锅→调味翻炒→装盘成菜。

4. 制作过程

（1）将虾仁挑去虾肠，用淡盐水浸过表面，不断搅动打去虾青素，用清水洗净。加入食粉 7g、清水 150g 浸泡 20 分钟，然后用清水漂清碱味。将虾仁用毛巾吸干水分，放入钢盆中，调入精盐 1g、味精 0.5g、胡椒粉 0.6g、芝麻油 1g、鸡蛋清 25g、干淀粉 9g 腌渍上浆。

（2）将清水 25g、精盐 1g、味精 1g、白糖 1g、干淀粉 6g 调成碗芡。

（3）先将虾仁焯水，再放入 150℃的油锅中滑油至断生。

（4）锅留底油，旺火加热，下料头，淋入料酒炝锅，倒入虾仁加热至成熟，淋入碗芡，加尾油即成。

5. 重点过程图解

清炒虾仁重点过程图解如图 1-1-25～图 1-1-29 所示。

图 1-1-25　食材准备　　　　图 1-1-26　虾仁腌制　　　　图 1-1-27　虾仁滑油

图 1-1-28　调味翻炒　　　　图 1-1-29　装盘成菜

6. 操作要点

（1）虾仁的清洗、腌渍上浆充分，才能保证虾仁成菜色泽洁白，质感脆嫩爽口。

（2）虾仁的焯水、滑油要连贯，下料后要用炒勺立即推开，保证在短时间内受热均匀。

（3）炒制时火力要旺，加热时间要短，采用事先调制好的芡汁，调味、勾芡一气呵成。

7. 质量标准

清炒虾仁质量标准见表 1-1-5 所列。

表 1-1-5　清炒虾仁质量标准

评价要素	评价标准	配分
味道	调味准确、口味鲜美、咸鲜适口	
质感	虾仁脆爽，无渣口现象	
刀工	刀工成型均匀	
色彩	色泽白里透红，形态饱满；芡汁明亮，无泄油、泄芡现象	
造型	成型美观、自然，呈堆砌包围型	
卫生	操作过程、菜肴装盘符合卫生标准	

教你一招

虾仁上浆技巧及判断标准

原料：虾仁 500g、食粉 10g（或枧水 15g）、精盐 3g、味精 1g、鹰粟粉 8g、鸡蛋清 20g、胡椒粉 0.5g、芝麻油 2g、清水 150g、生油 100g。

腌制方法：首先将虾仁用淡盐水浸过表面，不断搅动，洗去虾青素，挑去虾肠；其次加入食粉 10g（或枧水 15g）、清水 150g，腌制约 15 分钟后放入清水中冲漂 1 小时，漂清碱味；然后用厨房纸吸干表面水分；最后加入精盐 3g、味精 1g、鹰粟粉 8g、胡椒粉 0.5g、芝麻油 2g 拌匀，生油封面，置入冰箱冷藏 1 小时即可使用。

拓展阅读

苏东坡与龙井虾仁

春天到杭州游玩，除了要喝一杯雨前龙井，感受一下春到江南的气息，龙井虾仁也是一道不能错过的杭州特色美食。龙井茶以"色绿、香郁、味甘、形美"四绝著称，而河虾是春天最新鲜的食材，肉质鲜嫩、营养丰富，素来被称为"馔品所珍"。而且在春天吃河虾有生发阳气、补肾解毒的养生功效。将明前新茶与时鲜河虾一同烹制，是将两种人间美味融合为一。这道菜中的虾仁通透如白玉，闻之有龙井的清香，吃到嘴里鲜嫩无比，简直就是舌尖上的盛宴。龙井虾仁这道菜不但用料讲究，要明前绿茶和鲜活河虾，而且火候也需要认真把握。在制作时，大厨向油锅中放入熟猪油后，要立即把上过浆的虾仁放进去，15 秒后捞出备用。开水泡新茶，滤去茶汤后，将茶叶与虾仁一起下锅，用料酒一喷，在火上轻轻一颠，立马出锅装盘。

关于这道名菜的诞生，也有文化典故在里面。苏东坡从杭州被调任到山东密州做官时，曾经写过一首著名的《望江南·超然台作》："春未老，风细柳斜斜。试上超然台上望，半壕春水一城花。烟雨暗千家。寒食后，酒醒却咨嗟。休对故人思故国，且将新火试新茶。诗酒趁年华。"苏东坡的这首词里有对杭州深深的思念。旧时，为怀念被火烧死的大臣介子推，有寒食节不生火、吃冷食的习俗，节后的"火"被称为"新火"。寒食节跟清明节相连，这个时候的龙井茶属于极品。

人们从苏东坡这首词中受到启发，于是就用时鲜河虾和龙井茶烹制了龙井虾仁。这道菜试做之后，滋味鲜美，外形漂亮，并且有杭州特色，遂被流传下来，成为一道名菜。

（资料来源：罗军，2013. 舌尖上的中国茶：十大名茶品鉴录［M］. 北京：中国纺织出版社.）

实践菜例❻ 干煸牛肉丝（干煸）

1. 菜肴简介

干煸牛肉丝是一道特色川菜名菜，以牛肉为主料，以干煸的方法制作而成。这道菜中的肉丝呈酱红色，芹菜嫩绿鲜香，麻、辣、咸、鲜、香、甜，六味俱全，下饭、佐酒皆宜。

2. 制作原料

主料：牛里脊肉 250g。

辅料：芹菜 100g。

料头：姜丝 15g、干辣椒丝 5g。

调料：生抽 10g、香醋 5g、白糖 7.5g、郫县豆瓣酱 25g、味精 2g、花椒粉 1g、料酒 25g、菜籽油 50g、芝麻油 10g。

3. 工艺流程

牛肉切粗丝→芹菜切段→煸炒牛肉丝→调入豆瓣酱、辣椒丝、生抽、白糖→下芹菜翻炒→烹入香醋、味精、芝麻油→装盘成菜。

4. 制作过程

（1）先将牛肉洗净，剔去脂膜，片成较薄的大片，再与肉纹呈 30°角切成长 6～7cm、宽和厚各 0.4cm 的粗丝；芹菜去根、叶（茎粗地从中间劈开），洗净，切成长 4cm 的段；豆瓣酱剁成碎末；姜洗净去皮，切成丝；干辣椒切成中丝备用。

（2）将锅置旺火上烧热，先放少许植物油滑锅，烧至 150℃左右，炒豆瓣酱，改用中火，保持油温，下入牛肉丝不断翻炒，炒 2～3 分钟，下入姜丝、精盐，继续翻炒 5～6 分钟，炒至牛肉丝水汽已干、渗油、呈枣红色即将起酥时，下入豆瓣酱、辣椒丝炒匀，随即下入生抽、白糖、料酒等，然后移至旺火，下入芹菜，边放边炒，炒至芹菜断生、卤汁收干时，淋入香醋、芝麻油，调入味精，颠翻均匀，盛入盘中，均匀撒上花椒粉即成。

5. 重点过程图解

干煸牛肉丝重点过程图解如图 1-1-30～图 1-1-35 所示。

 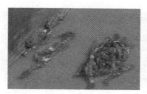 

图 1-1-30　食材准备　　　　图 1-1-31　牛肉切丝　　　　图 1-1-32　牛肉丝腌制

图 1-1-33　炒豆瓣酱　　　　图 1-1-34　翻炒调味　　　　图 1-1-35　装盘成菜

6. 操作要点

（1）牛肉丝要切粗些。牛肉丝不上浆，直接用油煸制，若肉丝过细，则水分散失以后，肉丝会更细，影响菜肴的美观，并且容易导致肉丝的碎烂，从而失去应有的形状。

（2）切牛肉丝时最好斜着切，标准刀法是刀和纹理呈 30°角，这样炒出来的牛肉丝不但不容易碎烂，而且口感好。

（3）自始至终都用中小火力，锅内温度在 150℃左右，下料以后须不断翻炒，使原料均匀受热，以炒干原料水汽为准。

（4）多选用增香的配料和辛香味浓的调料。如著名的"三椒"（辣椒、花椒、胡椒），同时也重用姜、醋、豆瓣酱等。

（5）注意调料投放的时机。调料在原料被炒干时趁热下入，使原料得以充分吸收，滋味透入肌里，既有扑鼻的干香味，又有酥中带韧的口感，越嚼越香，回味无穷。

7. 质量标准

干煸牛肉丝质量标准见表 1-1-6 所列。

表 1-1-6　干煸牛肉丝质量标准

评价要素	评价标准	配分
味道	干香、味厚、麻辣味重	
质感	酥中带韧，越嚼越香，回味无穷	
刀工	刀工成型均匀，牛肉符合粗丝的标准	
色彩	牛肉色泽红亮、形态饱满，芹菜碧绿、色彩美观	
造型	成型美观、堆放自然	
卫生	操作过程、菜肴装盘符合卫生标准	

教你一招

干煸牛肉丝原料的下锅顺序

牛肉含水分较多，在开始煸牛肉丝时，不宜放入调料，待牛肉丝表面水分煸干时再放入豆瓣酱。过早放入，不利于煸干牛肉丝的水分，也容易造成豆瓣变煳。辣椒丝起到让牛肉香辣的作用，先在油里炸一下，放入豆瓣酱时即可放入牛肉丝里。芹菜一定要最后放入，炒至断生即可出锅装盘，否则芹菜易黄、不脆。

拓展阅读

干煸技法的运用

川菜在炒制菜肴时不过油、不换锅，成菜讲究油亮无汁、色泽红亮、味香而醇。其中，干煸菜肴尤为突出，其菜肴在制作时不上浆、腌制、不勾芡，成品具有麻、辣、咸、鲜、干香、酥松的鲜明特点。干煸菜肴选料广泛，牛肉、猪肉、干鱿鱼、卷心菜、笋、菌菇类等原料最为常见。擅用干辣椒、花椒、郫县豆瓣酱、红油等刺激性调料，同时注重配合芝麻油、醪糟、料酒、生抽、姜葱蒜等调料，使菜肴形成咸鲜、麻辣、香辣等不同的味型，充分体现川菜"一菜一格，百菜百味"的特点。

干煸菜肴较多，有干煸牛肉丝、干煸鳝丝、干煸鱿鱼丝、干煸四季豆、干煸笋丝、干煸卷心菜、干煸茶树菇等。干煸菜肴的刀工很重要，讲究成型粗细均匀、长短整齐、厚薄一致。从原料下锅煸炒到放调料收汁成菜始终要用中火，不能旺火急炒。火力过小也不行，会使原料中水分来不及挥发，导致外层焦煳而内里熟不透，影响菜肴的质量和口感。烹调时要不断地翻动，使原料受热均匀，收汁时也不能用旺火，要用中小火，使汁水全部被原料吸收。

实践菜例 ❼ 回锅肉（熟炒）

1. 菜肴简介

回锅肉是熟炒的代表性菜肴，源于民间祭祀，因将祭祀后的白肉拿来回锅炒食而得其名，川西地区称之为"熬锅肉"，是川菜中传统的名菜。回锅肉素有"色泽红亮、白煮适度、香气浓郁、肥而不腻、色味俱佳"之誉。

2. 制作原料

主料：带皮五花肉 500g。

辅料：青蒜 150g。

料头：姜块 10g、葱条 10g、蒜蓉 10g。

调料：花椒 5g、料酒 10g、郫县豆瓣酱 15g、甜面酱 10g、豆豉 3g、酱油 15g、白糖 2g、味精 1g、红油 25g、猪油 50g。

3. 工艺流程

五花肉清洗煮熟→冷却切片→切配辅料、料头→煸炒五花肉→调味→下青蒜翻炒→装盘成菜。

4. 制作流程

（1）将五花肉刮洗干净，切成大块，放入加有姜块、葱条、花椒、料酒的汤锅内，旺火沸水煮约30分钟捞出，放入凉水中冷透后改刀切成长6cm、宽4cm、厚3mm的薄片；青蒜洗净，斜切成3cm长的段；大蒜切成蓉；豆瓣酱剁碎备用。

（2）烧锅放入猪油，加热至180℃左右，放入切好的肉片，旺火快速翻炒至肉片出油并呈灯盏窝状时，下蒜蓉、豆瓣酱，炒至肉片上色红亮时改中火，下甜面酱、豆豉炒至酱香味溢出时加入酱油、白糖、味精、红油等其他调料炒匀，最后放入青蒜段翻炒几下，见青蒜段断生即可盛盘。

5. 重点过程图解

回锅肉重点过程图解如图1-1-36～图1-1-41所示。

图1-1-36 食材准备　　图1-1-37 五花肉煮至断生　　图1-1-38 五花肉切片

图1-1-39 翻炒五花肉　　图1-1-40 翻炒调味　　图1-1-41 装盘成菜

6. 操作要点

（1）选料要精。五花肉肥瘦肉的比例为3∶2效果最佳。

（2）煮肉要调味。煮肉时水锅内要放入生姜、葱条、花椒，待汤气香浓，再放入五花肉。

（3）煮肉时用中到大火加热。小火煮肉难出肉香。

（4）切肉要巧。煮好的肉应放在冷水里浸泡或放在急冻室里冻至冷却，更容易切配成型。

（5）配料要得当。豆瓣酱要选用正宗的郫县豆瓣酱，豆豉最好选用永川豆豉，用刀剁细。酱油要浓稠可挂瓶壁。

7. 质量标准

回锅肉质量标准见表 1-1-7 所列。

表 1-1-7　回锅肉质量标准

评价要素	评价标准	配分
味道	咸淡适宜、香气浓郁、肥而不腻	
质感	白煮适度，质感酥韧	
刀工	肉片厚薄均匀，长 6cm、宽 4cm、厚 3mm 的规格	
色彩	五花肉色泽红亮、形态饱满，青蒜碧绿、色彩美观	
造型	成型美观，肉片呈卷窝形状，堆砌自然	
卫生	操作过程、菜肴装盘符合卫生标准	

教你一招

如何挑选豆瓣酱

郫县豆瓣酱是制作回锅肉不可或缺的一种调味料，挑选优质的豆瓣酱是关键。

（1）观察豆瓣酱的颜色。品质优良的郫县豆瓣酱色泽红亮有光泽，劣质的豆瓣酱颜色偏浅红色发暗。

（2）观察豆瓣酱的用料。郫县豆瓣酱是用蚕豆、辣椒和盐制作而成的，经过长时间的熬煮，蚕豆变得软烂但依旧颗粒分明。如果只看见黏稠的酱料和颗粒大的辣椒，那就是质量不好的豆瓣酱。

（3）观察豆瓣酱的沉淀情况。郫县豆瓣酱的红油基本上漂浮在酱料之上，放置时间太久的话，会出现油料分离很明显的情况。

（4）品尝豆瓣酱的味道。优质的郫县豆瓣酱是油而不腻的，吃起来鲜香入味，劣质的豆瓣酱品尝起来味道是油腻发苦的。

（5）烹调时观察豆瓣酱的红油情况。优质的豆瓣酱在加热炒出红油的时候是不会粘锅的，而且能很快地炒出红油，劣质的豆瓣酱炒制时容易粘锅。

拓展阅读

二刀肉回锅肉的做法

回锅肉除用五花肉外，还常选用肥瘦相间的二刀肉做主料。二刀肉是位于臀尖肉下方的坐臀肉，也叫坐板肉，这个部位的肉最大的特点是肥瘦均匀且无泡少筋，煮熟后肥瘦紧密相连不易脱层。据说这块肉是屠夫第二刀割下的坐臀肉，民间就把它称为二刀肉，每头成年猪仅有 4kg 左右的二刀肉。使用二刀肉制作回锅肉时，煮肉的时长很讲究，它对于最终的口感起到至关重要的作用。回锅肉讲究的是嫩，因此，肉千万不能煮老炒老，煮老的肉不容易起灯盏窝。一般煮肉的时候，可用一根筷子判断肉有几分熟，当筷子从肉皮的一侧插下去时，皮能插动，且须用力稍大，即可判断煮肉完成。另外，肉片的厚度也会对肉是否能形成灯盏窝状产生影响。一般需要将煮好的肉切成2mm左右的厚度，不能太薄，太薄会影响肉的口感，使其不够绵软。

实践菜例❽　炒牛奶（软炒）

1. 菜肴简介

大良炒牛奶是顺德负有盛名的历史名菜之一，权威的《中国烹饪百科全书》记载："大良炒牛奶创于中华民国初年。"大良炒牛奶形状美观，犹如小山，色泽洁白、香滑可口、味道鲜美、奶味浓郁、营养丰富。该菜肴被视为我国烹饪技术中软炒法的经典菜例。

2. 制作原料

主料：牛奶250g。

辅料：熟鸡肝25g、熟蟹肉25g、熟虾仁25g、炸榄仁25g、熟火腿15g、鸡蛋清250g。

调料：精盐2.5g、味精2g、淀粉20g、熟猪油80g。

3. 工艺流程

牛奶50g加入淀粉20g调匀→切配辅料→熟处理→将主辅料调匀→调味→炒制→装盘成菜。

4. 制作流程

（1）取牛奶50g放入碗内，加入淀粉调匀，调至淀粉颗粒全部化开呈浆状为准。滑熟的鸡肝、虾仁、蟹肉及炸榄仁等均切成碎粒；熟火腿切成0.2cm的小粒；鸡蛋清放入另一碗内，加盐和味精搅匀。

（2）将锅置于火上，下入牛奶200g，用中火烧至微沸，离火冷却，盛入碗内，加入调制好的牛奶淀粉浆和搅匀的鸡蛋清，以及熟的鸡肝、虾仁、蟹肉、火腿碎粒等，一并搅拌均匀，即成炒牛奶的奶料。

（3）另用一锅放在火上，用中火把锅烧热，先放入熟猪油10g滑锅，滑好倒出，再放入熟猪油25g，中火烧至150℃左右，下入拌好的奶料，用手勺不停地顺着一个方向炒，边炒边向上翻动，在这个过程中加两次熟猪油（每次加20g，共40g）。当奶料被炒成稠厚羹状时，撒入炸榄仁，淋入余下的熟猪油5g继续炒匀，即可盛入盘内，在盘内堆成美观的山形便成。

5. 重点过程图解

炒牛奶重点过程图解如图1-1-42～图1-1-47所示。

图1-1-42　食材准备

图1-1-43　辅料切丁

图1-1-44　鸡蛋清和牛奶调匀

图1-1-45　主辅料调匀

图1-1-46　炒制

图1-1-47　装盘成菜

6. 操作要点

（1）牛奶是液体，为了增加其凝固度，要加入适当比例的鸡蛋清和淀粉调匀同炒，比例多少关系重大，放少了不凝结，放多了又会散开并形成豆腐花状。

（2）炒制时用中小火力，不能小也不能大，火力小了不易炒透，火力大了则易烧焦。

（3）炒牛奶时，要用手勺顺着一个方向推炒，使牛奶中的蛋白质分子成为网状结构，从而便于集聚凝结，不能来回乱炒。

（4）边炒边加入熟猪油，熟猪油要分多次加入，每次加的量要少，便于原料吃进，渗入牛奶的内部。当牛奶炒至即将凝结时，用手勺从四边向上一层一层地翻，翻一层凝结一层，堆成下宽上尖的山形即成。

7. 质量标准

炒鲜奶质量标准见表1-1-8所列。

表1-1-8　炒鲜奶质量标准

评价要素	评价标准	配分
味道	咸鲜适宜、软嫩清香	
质感	口感软嫩、凝而不固、富有弹性、入口即化	
刀工	辅料成型均匀	
色彩	牛奶色泽，色彩层次丰富、美观，无焦黑现象	
造型	菜肴呈棉絮般的固体状，堆成山形，无泄油、瘫塌现象	
卫生	操作过程、菜肴装盘符合卫生标准	

炒鲜奶最好选用什么牛奶?

　　炒鲜奶不宜选用普通的牛奶,最好选用质优脂重的水牛奶制作,而且不能掺水。因为水牛奶的脂肪含量高达 9%,而奶牛奶的脂肪含量只有 2%,普通牛奶的脂肪含量低,炒出来就容易出水,奶香味也不够突出。因此,用水牛奶制作的炒牛奶口味道更浓郁,奶香味更纯正。

拓展阅读

丰富多彩的顺德牛奶美食

　　牛奶是我们日常生活中常见的食材,一般我们是直接饮用,或者将其拿来做甜品蛋糕等。在享有"食在广州,厨出凤城"美誉的顺德,却用牛奶制作出各种不同的美食。除广东地区家喻户晓的经典美食炒牛奶外,双皮奶也是非常出名的顺德美食。顾名思义,双皮奶有两层奶皮。

　　在制作双皮奶时,首先要将牛奶煮沸,然后倒入碗中冷却,冷却后表面会形成第一层奶皮,用筷子把奶皮戳破,倒出里面的牛奶。将牛奶、鸡蛋清及白砂糖混合均匀上锅煮片刻,揭开第一层奶皮,把这些牛奶重新倒回去,之后上锅蒸 20 分钟,蒸的过程中就会形成第二层奶皮,不过在吃的时候不容易发觉,因为它与第一层奶皮是相互结合的。在广东的甜品店里,双皮奶有冷热两种可以选择,有的还会加上葡萄干等果干,吃起来甜而不腻、顺滑可口。

　　姜撞奶是顺德另一道非常出名的牛奶美食。原料用到的是含脂量非常高的水牛奶,加上老黄姜挤成的姜汁制作而成。在制作姜撞奶时,首先要将水牛奶加热,温度在 70～80℃为宜,然后趁热倒入姜汁中。稍等片刻,姜撞奶就会凝固,若勺子放上去不下沉,就算成功了。姜撞奶吃起来既有奶的醇香,又有姜汁微微辛辣的口感,十分美味。

任务测验

炒菜技能测评

1. 学习目标

(1) 能运用炒的方法,在规定时间内独立完成技能测评的相关内容。

(2) 检测本任务中知识、技能、素质目标的达成情况。

(3) 能分析存在的问题和不足,为采取改进措施提供依据。

(4) 能认真总结和反思学习过程,进一步巩固本任务的学习内容。

2. 测评方案

（1）炒菜技能测评菜肴品种为醋溜土豆丝、滑炒里脊丝、番茄炒牛肉、回锅肉，其中醋溜土豆丝为指定品种，其他 3 道菜肴学生采取抽签的方式，选定其中 1 道作为另一道技能测评内容。

（2）醋溜土豆丝的操作完成时间为 12 分钟，另一道菜肴的操作完成时间为 40 分钟。

（3）教师负责主辅料、调料的准备，学生自备菜肴装饰物。

（4）菜肴制作的所有工序均在现场完成。成菜以 10 人量为准，另备一小碟（以 1 人量为准）供教师品评。

（5）学生完成菜肴制作后，填写标签，放在本人作品旁边，便于教师评分。

（6）学生根据技能测评方案，抽签确定本次技能测评菜肴品种。

3. 学习准备

（1）检查工具、用具。

刀具、砧板、炉灶、各类辅助用具及餐具。

（2）准备每份菜肴的主辅料。

醋溜土豆丝：土豆 350g、青椒 1/2 个、干红椒 3 个、葱 10g。

滑炒里脊丝：里脊肉 200g、莴笋 250g、胡萝卜 75g、葱 15g、蒜 15g、鸡蛋 1 个。

番茄炒牛肉：牛肉 150g、番茄 200g、青椒 50g、姜 15g、葱 15g、蒜 15g。

回锅肉：带皮五花肉 350g、青蒜 100g、姜 10g、葱 10g、蒜 10g

4. 学习过程

（1）接受任务。

（2）制订工作方案。学生根据抽签结果，制订本小组技能测评工作方案，交指导教师审核。

（3）实施工作方案。学生根据本小组技能测评方案进行菜肴操作；教师全场巡视，及时指导、记录学生操作过程情况，提醒各小组进度。

5. 综合评价

自评、小组互评、教师点评，填写技能测评评价表。

6. 总结与巩固

各小组完成本次技能测评的《实训报告》，总结和反思学习过程，进一步巩固本任务的学习内容。

 知识归纳

热菜烹调技法——炒

▶ **技法概念**

炒是指将加工成小型形状的原料放入少量热油的锅中用快速加热、调味、翻搅制熟成菜的烹调方法。炒法经历代厨师的改进，现已成为应用范围最广、最基本的烹调方法之一。

▶ **技法特点**

（1）选料极为广泛。主辅料既可用生料，又可用预制的半成品或熟料。

（2）原料成型小。原料成型以丁、丝、条、片、粒等细小形状为主，要求成型整齐一致，有的还要剞上花刀，便于均匀受热，吸收入味。

（3）油量少。油量少是炒法的主要特点，放入的油都是实际消耗的油量。原料依靠油脂传热的同时也与铁锅直接接触，易发生酯化反应，产生香气。

（4）加热时间短促。炒法是中国烹饪中的速成技法，看似简单，却是最难掌握的烹调方法之一，因为它需要在极短的时间内翻炒、调味、勾芡，一气呵成，需要有扎实的基本功和熟练的操作技巧。

（5）味型丰富。在中国热菜烹调技法中，炒法使用调料最广，具有鲜咸、酸甜、香辣、椒麻等多种复合味型。

（6）质感多样。由于选料广泛，炒菜的口感多样，如细嫩、软嫩、脆嫩、酥松、脆酥、柔韧、耐嚼等。

（7）炒法能较好地保护原料的营养成分，保持原料的本味，同时，最能适应餐馆业务经营的需要。

▶ **技法分类**

炒法分为生炒、滑炒、干煸、熟炒，软炒。各种炒法的对比见表 1-1-9 所列。

表 1-1-9　各种炒法的对比

种类	定义	工艺流程	特点
生炒	是加工的小型生料经腌渍、上浆或直接用旺火热油经短时间加热、调味成菜的炒法	选料→切配→快速炒制→装盘	充分体现原料自身的质地特点，香气浓郁
滑炒	是加工成小型的原料，经上浆、滑油后，再回锅调味，勾芡成菜的炒法	选料→切配→上浆→滑油→调味勾芡→装盘	易取得滑、嫩、脆、爽的烹调效果，是运用最广泛的炒法
干煸	是加工成细小的生料，直接用油温较低的少量油进行较长时间的加热，经调味、浓缩水分，使菜品口感酥香的炒法	选料→切配→较长时间煸炒→装盘	原料表层质感酥香有嚼劲，味厚是干炒煸特色
熟炒	是预制的断生、半熟或全熟的原料，经切配、旺火热油加热、调味而成菜的炒法	选料→初步熟处理→切配→调味炒制→装盘	扩大了炒菜的用料范围，丰富了菜肴的花色品种。熟炒香气浓郁、滋味醇厚、口感多样
软炒	是液体原料中掺入调料、辅料拌匀，用中小火、少量温油加热炒制而凝结成菜的炒法	选料→液体原料加调料、辅料拌匀→炒制凝结→装盘	菜肴以软嫩著称，故称软炒

▶ 做一做

学生分组协作，首先完成实践菜例的工作方案书，然后到实训室以小组合作的方式完成实践菜例的制作，最后根据操作过程完成实践菜例的实验报告。

▶ 知识拓展

1. 炒菜菜品种类繁多，收集生炒、滑炒、干煸、熟炒、软炒5种炒法特色名菜各3道，写出它们的用料、制作工艺及风味特色。

2. 开展一次市场调查，利用时令原料设计1~2款炒菜。

📖 思考与练习

一、填空题

1. 常见的炒法有生炒、_____、滑炒、_____、软炒5种。

2. 在炒的过程中热源通过锅_____使食物原料接收热能。

3. _____是先将切成大块的材料经过水煮、烧、蒸、炸成半熟或全熟后，再改刀成片、丝、丁、条等形状，炒至入味成菜。

二、选择题

1. 醋溜土豆丝的成菜技法是（   ）。

A. 生炒   B. 熟炒   C. 水煮   D. 干煸

2. （   ）运用了滑炒的技法成菜。

A. 宫保鸡丁   B. 炒牛奶   C. 清炒虾仁   D. 醋溜土豆丝

3. 回锅肉的成菜技法是（   ）

A. 生炒   B. 熟炒   C. 水煮   D. 干煸

4. 火候的掌控，对于菜肴的色、香、味、（   ）、质起着决定性作用。

A. 量   B. 形   C. 大   D. 小

5. 牛里脊肉质地细嫩，属于一级牛肉，适用于（   ）、熘、煎等烹饪技法。

A. 炖   B. 焖   C. 煨   D. 炒

6. 人类活动具有社会性，它的活动可划分为3类，即社会生活、家庭生活和（   ）。

A. 职业生活   B. 学习生活   C. 工作生活   D. 业余生活

7. 构成社会不可分割的道德内容是社会公德、家庭伦理道德、（   ）。

A. 人文道德   B. 职业道德   C. 政治思想   D. 道德思想

三、判断题

1. 生炒菜肴是主料上浆、不滑油，直接下锅加热调味，菜肴起锅不勾芡。（   ）

2. 在生炒的过程中，油量要少而且原料形状不宜太大，易于成熟入味。（　　）

3. 软炒菜肴非常嫩滑，但应注意在主料下锅后，必须使主料散开，以防主料挂糊粘连成块。（　　）

4. 具有代表性的干煸菜肴有干煸鳝丝、干煸泥鳅、干煸牛肉丝、三杯鸡等。（　　）

5. 熟炒是先将切成大块的材料经过水煮、烧、蒸、炸成半熟或全熟后，再改刀成片、丝、丁、条等形状，炒至入味成菜。（　　）

6. 道德是人们思想行为原则的规范，即做人的准则。（　　）

7. 职业道德是指从事一定职业劳动的人们在从事职业的过程中形成的一种内在的、强制性的约束机制。（　　）

四、简答题

1. 生炒与熟炒的区别是什么？

2. 熟炒的成菜特点是什么？

3. 干煸的定义是什么？

任务 2　爆菜制作

☆ 了解爆法的概念、特点、操作关键及分类。

☆ 掌握实践菜例的制作工艺。

☆ 能运用爆法完成实践菜例的制作。

☆ 养成规范操作的习惯，培养注重食品卫生安全的意识。

实践菜例 ❶　油爆双脆（油爆）

1. 菜肴简介

油爆双脆是鲁菜中的传统名菜，是一道色、香、味、形兼备的特色美食。该菜肴在烹调时对火候的要求极为苛刻，欠一秒钟则不熟，过一秒钟则不脆，是中餐里制作难度较大的菜肴之一。

2. 制作原料

主料：猪肚头 200g、鸡胗 300g。

料头：姜花 3g、葱榄 3g、蒜蓉 3g、胡萝卜花 5件、竹笋花 5件。

调料：精盐 4g、味精 2g、蚝油 10g、生抽 5g、绍酒 5g、胡椒粉 1g、芝麻油 2g、湿淀粉 25g、猪油 25g、清汤 50g。

3. 工艺流程

主料洗净，刀工成型→切配料头→调制芡汁→主料滑油→加热调味→装盘成菜。

4. 制作流程

（1）将猪肚头剥去脂皮、硬筋，洗净，用刀剞上网状花刀，改刀成长 6cm、宽 3cm 的长方形件；鸡胗洗净，批去内外筋皮，用刀剞上间隔为 3mm 的十字花刀，每个鸡胗切 4 件；生姜去皮切姜花，葱保留葱白切成葱榄，大蒜切成蓉；胡萝卜洗净切花，罐头竹笋切花。

（2）将猪肚头放入碗内，加入精盐 1g、湿淀粉 5g 拌匀；鸡胗放入另一只碗内，加入精盐 1g、湿淀粉 5g 拌匀。

（3）取一个小碗，加入清汤 50g、绍酒 5g、精盐 2g、味精 2g、生抽 5g、蚝油 10g、胡椒粉 1g、芝麻油 2g、湿淀粉 15g 拌匀成芡汁待用。

（4）将炒锅置于火上，放入植物油 500g，当烧至 150℃时，放入猪肚头、鸡胗，用筷子迅速划散，待原料变白断生即可倒入漏勺沥油；锅内留少许油，下葱、姜、蒜、胡萝卜花、竹笋花煸香，倒入鸡胗和猪肚头，下芡汁，快速翻炒，待卤汁包裹均匀，下尾油即可装盘。

5. 重点过程图解

油爆双脆重点过程图解如图 1-2-1～图 1-2-6 所示。

图 1-2-1 猪肚剞花网

图 1-2-2 切配料头

图 1-2-3 调制汁芡

图 1-2-4 主料滑油

图 1-2-5 炒制调味

图 1-2-6 装盘成菜

6. 操作要点

（1）剞花刀时，刀口要相互配合，刀距应基本相等，切好的块的大小也要求相等。

（2）油爆的时间要短，以保持原料脆嫩。

（3）烹调时的动作要快，要用旺火操作，芡汁要挂均匀，不能出汤。

7. 质量标准

油爆双脆质量标准见表 1-2-1 所列。

表 1-2-1　油爆双脆质量标准

评价要素	评价标准	配分
味道	调味准确、咸鲜适宜、口味适中	
质感	质感爽脆，无过熟的现象	
刀工	刀工精细，成型均匀	
色彩	色泽自然，芡汁明亮，碟面无多余油汁、卤汁	
造型	装盘美观、自然，呈堆砌包围型	
卫生	操作过程、菜肴装盘符合卫生标准	

（教你一招）

猪肚清洗小诀窍

猪肚有一股腥味，烹调前若不清洗干净，则会影响菜肴成品的质量。通常清洗猪肚的方法是先用盐、醋或面粉不断抓洗去除表面的黏液，再用清水不断漂洗。但是，这样的方法需要的时间较长。

有一个快捷可行的方法，就是利用明矾漂洗。在清洗猪肚时，先将 10g 研磨成粉状的明矾加入猪肚中抓洗，会很快去除猪肚表面的黏液，再用清水漂清即可。该方法的原理是，明矾遇水会水解生成极具吸附能力的呈胶状的氧化铝，氧化铝会使污物、血糜等形成渣滓而沉淀落入水中，再稍加漂洗，猪肚就会干净了。要注意的是，在用明矾清洗猪肚后，必须用清水彻底漂清。因为明矾的成分为十二水合硫酸铝钾，如果不漂洗干净，则明矾中的含铝成分会残留在猪肚中，过量的铝分子会对人体有一定的危害。

（拓展阅读）

油爆双脆的由来

据史料记载，油爆双脆始于清朝中期。为了满足当时达官贵人的需要，山东济南地区的厨师以猪肚头和鸡胗片为原料，经刀工精心操作，沸油爆炒，使原来必须久煮的猪肚头和鸡胗片快速成熟，口感脆嫩滑润、清鲜爽口。该菜肴问世不久，就闻名于世，原名为爆双片，后来顾客称赞此菜肴又脆又嫩，所以改名为油爆双脆。清代著名文人袁枚对油爆双脆给予了极高的评价，他在《随园食单》中写道："将肚洗净，取极厚处，去上下皮，单用中心，切骰子块，滚油炮炒，加作料起锅，以极脆为佳。此北人法也。"可见其时，人们已经相当精于此道了。有经验的厨师将猪肚和鸡（鸭）胗同烹，则味道更加鲜美。此菜肴的绝佳之处还在于颜色呈一白一红二色，交相辉映，色、香、味、形兼备。到清代中末期，此菜肴传至北京、东北和江苏等地，成为国内闻名的山东名菜。如今，大江南北的著名餐厅、宾馆均有这道极为著名的鲁菜风味菜肴，成为名噪海内外的鲁菜代表之一。

实践菜例 ❷ 油爆鱿鱼卷（油爆）

1. 菜肴简介

油爆鱿鱼卷是广东风味名菜，其特点是形态美观、口味爽脆、滋味鲜香。要烹制好这道菜，除有精湛的刀工及对火候的把控外，还要做到操作过程流畅，调味、勾芡一气呵成。

2. 制作原料

主料：水发鱿鱼300g。

料头：姜花3g、葱榄3g、蒜蓉3g、胡萝卜花5件、竹笋花5件。

调料：精盐2.5g、味精2g、米醋15g、料酒15g、湿淀粉15g、二汤50g、植物油500g（约耗70g）。

3. 工艺流程

洗净主料，刀工成型→切配料头→调制兑汁芡→主料滑油→加热调味→装盘成菜。

4. 制作流程

（1）将水发鱿鱼切成长6cm、宽4cm的麦穗块；生姜去皮切姜花，葱保留葱白切成葱榄，大蒜切成蓉；胡萝卜洗净切花，罐头竹笋切花。

（2）取一个小碗，加入精盐2.5g、味精2g、米醋15g、料酒15g、二汤50g、湿淀粉15g拌匀成芡汁备用。

（3）将切好的鱿鱼块放入沸水锅中焯水至仅熟，沥去水；炒锅内倒入植物油500g，在旺火上烧到180℃左右，将鱿鱼卷倒入油中，加热3～4秒快速捞出沥油。

（4）将锅放在火上，旺火烧热，放入植物油25g，先放入葱、姜、蒜、胡萝卜花、竹笋花爆香，淋入料酒，再放入鱿鱼卷，随即倒入兑汁芡，保持大火，翻炒均匀，加尾油，待鱿鱼卷挂满芡汁后盛在盘中即成。

5. 重点过程图解

油爆鱿鱼卷重点过程图解如图1－2－7～图1－2－12所示。

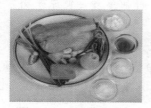
图1－2－7　食材准备

图1－2－8　鱿鱼剞花刀

图1－2－9　料头制作

图1－2－10　鱿鱼焯水

图1－2－11　翻炒调味

图1－2－12　装盘成菜

6. 操作要点

（1）原料剞花刀至关重要，要求鱿鱼大小、厚薄、粗细等规格一致，以防生熟不一。

（2）提前调制好兑汁芡，以缩短制作时间。调味时不用带色调料，均以盐、味精、鲜汤等调制，味型以白汁鲜咸为主。

（3）烹制此菜时。3个加热环节所用的火力都要用最强、最冲的旺火；另外，加热时间要准。菜肴加热时间很短，要注意动作的连贯。

（4）此菜的芡汁要达到"有汁不见汁，油汁紧裹不泻，食后盘内无汁"的要求。

7. 质量标准

油爆鱿鱼卷质量标准见表1-2-2所列。

表1-2-2　油爆鱿鱼卷质量标准

评价要素	评价标准	配分
味道	调味准确、咸淡适宜、口味鲜美	
质感	质感脆嫩，无干瘪、发柴现象	
刀工	刀工细腻，成型美观，净料率在90%以上	
色彩	色泽自然，芡汁明亮，无泄油、泄芡现象	
造型	成型美观、自然，呈堆砌包围型	
卫生	操作过程、菜肴装盘符合卫生标准	

【教你一招】

使鱿鱼涨发的方法

（1）先取一个大盆，倒入40℃的温开水，将干鱿鱼放入，浸泡约12小时。

（2）将浸泡后的鱿鱼捞出，盆中的水倒掉，重新接清水，清水以能没过鱿鱼为宜，同时加入纯碱，纯碱与清水的比例为1:20。

（3）将鱿鱼放入枧水溶液中浸泡3小时。

（4）将涨发后的鱿鱼捞出，用流动的清水冲洗3小时，漂清碱味即可。

【拓展阅读】

吃鱿鱼禁忌

鱿鱼富含钙、磷、铁元素，利于骨骼发育和造血，能有效治疗贫血。鱿鱼除富含蛋白质和人体所需的氨基酸外，还含有大量的牛磺酸，可抑制血液中的胆固醇含量，缓解疲劳、恢复视力、改善肝脏功能。同时，鱿鱼属于高蛋白海鲜类食品，忌与羊肉、狗肉等热性食品同食；鱿鱼不宜与维生素C含量高的柑橘类水果同食，维生素C

会将鱿鱼蛋白还原成三氧化二砷，也就是砒霜，导致中毒；鱿鱼不可与多种高蛋白食品同时吃，易造成大分子蛋白质过敏。

任务测验

爆菜技能测评

1. 学习目标

（1）能运用爆的方法，在规定时间内独立完成技能测评的相关内容。

（2）检测本任务中知识、技能、素质目标的达成情况。

（3）能分析存在的问题和不足，为采取改进措施提供依据。

（4）能认真总结和反思学习过程，进一步巩固本任务的学习内容。

2. 测评方案

（1）爆菜技能测评菜肴品种为油爆鱿鱼卷。

（2）油爆鱿鱼卷的操作完成时间为 20 分钟。

（3）教师负责主辅料、调料的准备，学生自备菜肴装饰物。

（4）菜肴制作的所有工序均在现场完成。成菜以 10 人量为准，另备一小碟（以 1 人量为准）供教师品评。

（5）学生完成菜肴制作后，填写标签，放在本人作品旁边，便于教师评分。

3. 学习准备

（1）检查工具、用具。

刀具、砧板、炉灶、各类辅助用具及餐具。

（2）准备菜肴的主辅料。

水发鱿鱼 300g、姜 15g、葱 10g、蒜 5g、胡萝卜 50g、罐头竹笋花 50g

4. 学习过程

（1）接受任务。

（2）制订工作方案。各小组制订本小组技能测评工作方案，交指导教师审核。

（3）实施工作方案。学生根据本小组技能测评方案进行菜肴操作；教师全场巡视，及时指导、记录学生操作过程情况，提醒各小组进度。

5. 综合评价

自评、小组互评、教师点评，填写技能测评评价表。

6. 总结与巩固

各小组完成本次技能测评的《实训报告》，总结和反思学习过程，进一步巩固本任务的学

习内容。

 知识归纳

热菜烹调技法——爆

▶ 技法概念

爆是指先利用旺火沸油或沸水将加工成小型形状的原料进行瞬间加热，再将其放入有少许热油的锅内，加调味汁成菜的烹调方法。

▶ 技法特点

（1）菜肴质感异常脆嫩，选料方面多用虾仁、鱿鱼、猪肚、鸡胗等。

（2）旺火、高温油、沸水、极短的加热时间是爆法的基本特征。一般加热时间为10～20秒，使原料在瞬间受高热，产生外驱异味、内增香味、内外俱熟、质感脆嫩的效果。加热时间不能长，一旦过火，原料就发苦变硬，咀嚼不动。

（3）原料必须加工成小型形状，加工前原料表面要剞上花刀，加工后的小型原料应力求刀口整齐划一，只有这样在爆的过程中才能均匀受热，防止老嫩不一。

（4）不管用油用水，量都要多一些为好，用油爆的油量应是原料的 3 倍，用水爆的水宜宽宜清，水量应是原料的 5～6 倍。

（5）出手利落，成菜速度快，因此，调味汁料必须事先调好，浓度适当，不宜过稀，能保证粘附主料，成菜后无汁。

▶ 技法分类

根据不同的传热介质，爆法通常可分为油爆、汤爆。各种爆法的对比见表 1-2-3 所列。

表 1-2-3　各种爆法的对比

种类	定义	工艺流程	特点
油爆	是先用多量沸油将小型原料进行瞬间加热（加热前大多先用沸水焯烫一下）后，再加入芡汁翻拌成菜的爆法	选料→切配→焯烫→过油→回锅芡汁调味→装盘	以色泽白净、旺油包汁、脆嫩爽滑、鲜咸味醇的风味见长
汤爆	是用高温沸水将加工成小型的原料瞬间加热焯烫成菜，蘸调料或放入鲜汤中食用的爆法，与粤菜技法中的"白灼"相似	选料→切配→沸水焯烫→装盘→蘸调味汁	口感以柔滑的脆嫩见长，不调味，成菜以后直接蘸调料食用，口味以鲜咸香浓为主

▶ 做一做

学生分组协作，首先完成实践菜例的工作方案书，然后到实训室以小组合作的方式完成实践菜例的制作，最后根据操作过程完成实践菜例的实验报告。

▶ 知识拓展

1. 开展一次市场调查活动，了解市场冰鲜鱿鱼与水发鱿鱼的供应情况，对比两者的区别。

2. 通过查找网络资料，了解油爆虾球、油爆花枝片等菜肴的风味特点及制作工艺。

思考与练习

一、填空题

1. 根据传热介质的不同，爆法可分为_____、_____。

2. 油爆菜肴用的芡汁以能包裹住_____和_____为度。

3. 汤爆时把原料在_____中加热成熟即可蘸调料食用。

二、选择题

1. 油爆方法适用于小型新鲜的原料，如鸡丁、肉丝、虾仁、（　　　）等。

A. 猪手　　　　　B. 鸡胗　　　　　C. 牛腩　　　　　D. 猪肺

2. 汤爆要用味道鲜美的（　　　），火候要适当，原料一变色即可。

A. 清汤　　　　　B. 开水　　　　　C. 汤汁　　　　　D. 浓汤

3. 油爆双脆运用了（　　　）的烹调方法加热成菜。

A. 滑炒　　　　　B. 油爆　　　　　C. 汤爆　　　　　D. 生炒

4. （　　　）运用了油爆的技法成菜。

A. 宫保鸡丁　　　B. 小炒黄牛肉　　C. 清炒虾仁　　　D. 油爆鱿鱼卷

5. 油爆双脆是传统名菜，属于（　　　）。

A. 粤菜　　　　　B. 桂菜　　　　　C. 济南菜　　　　D. 鲁菜

6. 通常讲的道德是指人们在一定的社会里，用以（　　　）、评价一个人思想、品质和言行的标准。

A. 衡量　　　　　B. 判断　　　　　C. 评判　　　　　D. 认可

7. 道德的确切含义是人类社会生活中依据社会舆论、传统习惯和内心信念，以（　　　）为标准的意识、规范、行为和活动的总和。

A. 优劣评价　　　B. 好坏评价　　　C. 善恶评价　　　D. 真假评价

三、判断题

1. 汤爆菜肴的特点是质地脆嫩、味道香醇。（　　　）

2. 油爆双脆是粤菜中有名的传统菜肴。（　　）

3. 油爆菜肴对原料的成型要求为小型、鲜嫩。（　　）

4. 油爆鱿鱼卷是福建地区特色传统名菜之一，属于闽菜系。（　　）

5. 爆的定义为先利用文火热油或热水将切成小块的原料进行瞬间加热，再将其放入有少许热油的锅内，加调料成菜的烹调方法。（　　）

6. 道德是构成人类文明，特别是精神文明的重要内容。（　　）

7. 人类社会要和谐有序地发展，需要一定的规矩、规则和标准。（　　）

四、简答题

1. 油爆成菜的特点是什么？

2. 汤爆菜肴的特点是什么？

3. 汤爆的定义是什么？

任务 3　炸菜制作

☆ 了解炸法的概念、特点、操作关键及分类。

☆ 掌握实践菜例的制作工艺。

☆ 能运用炸法完成实践菜例的制作。

☆ 养成规范操作的习惯，培养注重食品卫生安全的意识。

实践菜例❶　避风塘鹌鹑（清炸）

1. 菜肴简介

避风塘原为香港船只避风之地。20世纪60年代，沿岸渔民在避风塘建立了有别于香港主流文化的水上饮食文化，形成了风味独特的避风塘菜式。辛辣、味浓是避风塘菜式的特色。避风塘鹌鹑其味香咸，色泽红亮，为酌酒之佳肴。

2. 制作原料

主料：光鹌鹑5只。

料头：葱米10g、姜块10g、葱条10g、炸蒜粒50g、芹菜粒30g、干辣椒15g。

调料：精盐2g、生抽10g、蚝油10g、味精2g、五香粉2g、老干妈酱15g、料酒10g、植物油1500g（实耗75g）。

3. 工艺流程

主料洗净腌制→切配料头→炸蒜粒→鹌鹑油炸→改刀→主辅料炒匀→装盘成菜。

4. 制作流程

（1）将鹌鹑腹腔剖开去除内脏，斩去脚爪、尾尖，洗净，放入盆中，加入精盐、味精、生抽、五香粉、料酒、姜块、葱条腌渍 10 分钟。

（2）姜去皮拍碎，葱洗净，干辣椒切成长 0.5cm 的段，香芹洗净切碎；大蒜切成米粒状，用清水漂洗两次，洗去蒜素，入 120℃的热油锅炸至色泽金黄，捞出沥油。

（3）锅中放宽油加热至 150℃，下鹌鹑炸至外脆里嫩捞出沥油后改成小块。

（4）锅中留底油烧热，下干辣椒粒、芹菜粒、老干妈酱、炸好的鹌鹑块拌炒片刻，倒入炸香的蒜粒翻拌即可装盘上席。

5. 重点过程图解

避风塘鹌鹑重点过程图解如图 1-3-1~图 1-3-7 所示。

图 1-3-1 食材准备

图 1-3-2 鹌鹑腌制

图 1-3-3 炸蒜蓉

图 1-3-4 炸鹌鹑

图 1-3-5 鹌鹑斩块

图 1-3-6 炒制调味

6. 操作要点

（1）鹌鹑要新鲜、肥嫩；腌制时调味要准确，要充分入味。

（2）蒜粒油炸前要用清水漂洗，热油下锅，转小火慢慢炸香，以免焦苦。

（3）油面要宽，油温要高，适当采用复炸的方法，确保菜肴质感。

图 1-3-7 装盘成菜

7. 质量标准

避风塘鹌鹑质量标准见表 1-3-1 所列。

表 1-3-1 避风塘鹌鹑质量标准

评价要素	评价标准	配分
味道	调味准确，蒜香鲜咸适宜，口味适中	
质感	外焦香、肉软嫩、耐嘴嚼	

(续表)

评价要素	评价标准	配分
刀工	刀工成型均匀	
色彩	蒜粒浅黄，鹌鹑红润	
造型	成型美观、自然，呈堆砌包围型	
卫生	操作过程、菜肴装盘符合卫生标准	

教你一招

如何炸"金蒜"？

（1）做蒜蓉要选用蒜瓣饱满的大蒜，发蔫的大蒜做出来的蒜蓉容易发苦。

（2）大蒜应用刀切成细粒状，成品效果比拍碎的效果好。

（3）蒜粒油炸前应放到凉水中浸泡10分钟，因为大蒜含有硫胺素和核黄素，这些物质遇到高温以后就会变得发苦。

（4）将浸泡好的大蒜控干水分，放入120℃的油锅中，改小火炸4～5分钟，蒜蓉完全变得金黄后即可捞出。切忌全程大火，那样蒜蓉容易煳锅，做出的蒜蓉就会发苦。

拓展阅读

总统与鹌鹑

黑人艾摩斯曾在白宫干过勤杂工，当时的总统是罗斯福。后来，艾摩斯在其著作《仆人眼中的罗斯福总统》中写道："作为日理万机的总统，尚能记住与仆人交往的小事，且把它们时刻放在心上，我们又怎能不心甘情愿地为他效劳呢？"为什么艾摩斯有如此感慨？根本原因就在于罗斯福总统没有官架子，平易近人、和蔼可亲，并且能把他人放在心上。

有一天，艾摩斯的妻子边抹桌子，一边打趣地问正在看书的罗斯福："总统先生，艾摩斯昨天说他在锄草时发现了几只鹌鹑，可我从未见过它们，您能告诉我它到底是什么样的鸟吗？"罗斯福放下书，微微一笑，便耐心地讲解起来，直到艾摩斯的妻子点头听懂为止。傍晚时分，罗斯福打电话告诉艾摩斯的妻子："告诉你一个好消息，赶紧把头伸向窗外，就在你家屋外的草地上，正有一对鹌鹑停在那里栖息呢！"艾摩斯的妻子喜不自禁，忙飞奔去看。此时，罗斯福正俯撑在窗台上，笑盈盈地观察着鹌鹑。原来，罗斯福看到了鹌鹑，忙打电话告知，让艾摩斯夫妇感激万分。

身居高位、日理万机的罗斯福竟把仆人的小事挂在心间，无怪乎他能赢得人心，成为任期最长的美国总统。

（资料来源：根据网络资料整理而得）

实践菜例 ❷ 脆皮鸡（脆炸）

1. 菜肴简介

脆皮鸡是广州名菜，已有 70 多年的历史，以广州大同酒家制作的最佳。它颜色鲜红润泽，寓意吉祥，是大同酒家喜庆酒宴的必备菜式。20 世纪 50 年代，盐焗鸡、文昌鸡、太爷鸡和脆皮鸡被合称为"四大名鸡"，享誉内外。脆皮鸡的制法独特，鸡皮大红，虾片洁白，皮脆、肉鲜、骨香，带有粤菜的传统风味。

2. 制作原料

主料：光鸡 1 只，约 1.25kg。

调料：白卤水 2.5kg、酸甜汁 50g、生油 3kg。

脆皮水：50g。

3. 工艺流程

调制白卤水→光鸡洗净→浸卤光鸡→上脆皮水→晾干表皮→油炸→斩件装盘→成菜。

4. 制作流程

（1）调制白卤水。将姜块 25g、葱条 15g、香茅 10g、桂皮 50g、八角 50g、陈皮 10g、沙姜 10g、甘草 5g、花椒 50g、炸蒜子 10g、香菜头 10g、大地鱼 25g 焙香装入香料袋，放入不锈钢桶，加入淡二汤 2500g、鱼露 500g、白酱油 500g、绍兴花雕酒 250g、冰糖 25g、精盐 15g，小火滚 30 分钟后加入味精 25g、鸡精 25g 即可使用。

（2）将光鸡放入滚沸的卤水中，保持小火，浸煮 20 分钟至九成熟，取出，用开水烫过。

（3）调制脆皮水。将白醋 500g、绍兴花雕酒 100g、鲜柠檬片 100g、食粉 5g、麦芽糖 125g 放入大碗和匀即可。

（4）把烫好的光鸡先用干净的白毛巾吸干水分，上烧鸭环，淋脆皮水，再用叉烧环穿入鸡眼，吊挂在通风干燥的地方，让光鸡的表皮被风干。

（5）淋油、油炸。待光鸡表皮干爽时，烧油至 150℃，将光鸡吊挂在油面上，用炒勺不断将热油淋在鸡身上，光鸡表面上色后，再放入 150℃ 的热油锅中浸炸至通体红亮即可斩件，摆成鸡形即可。

5. 重点过程图解

脆皮鸡重点过程图解如图 1-3-8～图 1-3-13 所示。

图 1-3-8 食材准备

图 1-3-9 白卤水煮制

图 1-3-10 上脆皮水

图 1 - 3 - 11 风干

图 1 - 3 - 12 炸制

图 1 - 3 - 13 装盘成菜

6. 操作要点

（1）鸡身淋脆皮糖水时，一定要均匀，特别是翼底部分，否则炸后表皮颜色深浅不一。

（2）炸鸡时，切忌火太旺、油太沸，否则皮焦而肉不熟；若火候太小、油温不足，则不着色、皮不脆。

（3）斩鸡时要将砧板抹干，鸡皮朝上不要贴住砧板，否则会影响鸡皮的脆度和美观。

7. 质量标准

脆皮鸡质量标准见表 1 - 3 - 2 所列。

表 1 - 3 - 2 脆皮鸡质量标准

评价要素	评价标准	配分
味道	调味准确、口味适中、咸香适口	
质感	外香脆、肉鲜嫩、富有汁水	
刀工	刀法细腻、刀口整齐	
色彩	色泽红润油亮，均匀富有光泽，诱人食欲	
造型	拼摆整齐、美观大方	
卫生	操作过程、菜肴装盘符合卫生标准	

【教你一招】

脆皮风沙鸡的制作方法

何为"风沙"呢？就是在香气逼人的脆皮鸡上撒上一层金灿灿的炸蒜蓉，就好像正置身在西北的戈壁沙漠之上一样。始创厨师在起名上的创新独韵，使我们领悟它的原意，感受中国饮食文化博大的一面。

原料：光鸡 1.25kg、蒜子 1.5kg、香叶 5g、清水 600g、精盐 30g、白酱油 150g、鸡精 30g。

制法：先将蒜子与香叶加入清水中并用搅拌机绞成蓉，再加入精盐、白酱油、鸡精拌匀，然后将光鸡埋入此蒜蓉汁中，腌约 30 分钟，并用此蒜蓉汁将光鸡慢火浸约 15 分钟，使鸡成熟。其后按上皮→晾干→浸炸→上碟→撒风沙馅→成菜的顺序制作。

风沙馅的制作：取面包糠 500g、蒜蓉 800g、干葱蓉 200g、味精 100g、鸡精 150g、白糖 10g、精盐 30g，首先将蒜蓉和干葱蓉分别用慢火炸至金黄色；然后滤去油分，待晾凉后，再用吸油纸吸干余下油分；最后将蒜蓉与面包糠、味精、白糖、精盐一同放入锅中并慢火炒匀即成。

拓展阅读

说鸡

中国历来就有"无鸡不成宴"的说法，可见中国人对吃鸡的喜爱。人们常以百鸟之首的"凤"为其代名词，而鸡又与"吉"谐音，所以以鸡做主料的菜肴，又有大吉大利的寓意。因此，在迎春、宴席菜式中，鸡几乎成为必备的菜肴之一。

鸡之所以受到人们普遍的喜爱，是因为它不但滋味鲜美，而且营养特别丰富，是滋补身体的理想食材。据分析，鸡肉所含的蛋白质高达 23.3%，比猪肉、羊肉、鸭肉和鹅肉等的蛋白质高，而脂肪含量仅有 1.2%，比上述的肉类都低得多。

在粤菜中，厨师称未下过蛋的母鸡为"鸡项"，其味道鲜美，肉质最嫩滑，成为制作鸡馔的首选。被阉割的公鸡被称为"骟鸡"，其肉质紧实、皮脆肉嫩，是制作白切鸡的优选原料。下过蛋的母鸡被称为"鸡膥"，随着育龄的增加，其肉虽韧，但肉味鲜甜，是煲汤的首选。未被阉割且刚成熟的公鸡则被称为"生鸡"或"生鸡仔"。中医认为，公鸡肉对人体有温补作用，但其燥热，不宜多食。

在两广地区，有很多优良的鸡品种，如嘴黄、毛黄、脚黄的"三黄鸡"，毛长及膝、小翅、细腿的封开杏花鸡，颌下有如小山羊般胡须的龙门胡须鸡，放养于榕树底以树籽为食、特别肥美的文昌鸡，等等。这些鸡品种以走地放养及以天然饲料饲养为特色，故肉质软滑、皮爽骨脆、鸡味浓郁。

在中国菜的各大菜系之中，以鸡为主要原料烹制的菜肴种类繁多，烹制方法不下数百种，各有各的风味，有白切鸡、豉油鸡、水晶鸡、骨香鸡、脆皮鸡、盐焗鸡、香菇蒸鸡等脍炙人口的名菜。

实践菜例 ❸ 脆皮乳鸽（脆炸）

1. 菜肴简介

用乳鸽制作菜肴在我国已经有几千年的历史。乳鸽原名"鹌鸽"，即从孵化脱壳到羽毛丰满前的雏鸽，长至满月即可食用，因其骨酥肉嫩且营养丰富，所以是较为理想的食物补品，素有"一鸽胜九鸡"之誉，酒楼食肆甚至用它替代鸡馔作为自己的招牌菜。脆皮乳鸽是在脆皮鸡的基础上发展起来的，采用脆炸技法制作而成，其制法独特，表皮大红，皮脆、肉鲜、骨香，带有粤菜的传统风味。

2. 制作原料

主料：乳鸽 2 只。

调料：大蒜 100g、葱白 50g、八角 3 粒、香叶 5g、腐乳 20g、精盐 50g、味精 15g、白糖 25g、淮盐 5g。

脆皮水：100g。

玻璃脆皮浆：50g。

3. 工艺流程

乳鸽制净→调制腌料→腌制乳鸽→烫皮→上脆皮水→晾干表皮→油炸→斩件装盘→成菜。

4. 制作流程

（1）将大蒜 100g、葱白 50g、八角 3 粒、香叶 5g 用破壁机搅成蓉泥状，加入精盐、味精、白糖、腐乳调匀，擦匀鸽身，把余料放入膛内腌制 1 小时。

（2）将白醋 500g、绍兴花雕酒 100g、鲜柠檬片 100g、食粉 5g、麦芽糖 125g 放入大碗和匀，调成脆皮水备用。

（3）将生粉 100g、高筋面粉 50g、糯米粉 35g、鱼胶粉 5g、安多夫嫩肉粉 1g、酸酸乳 30g、鸡蛋清 30g，搅拌成浓米汤状，调成玻璃脆皮浆备用。

（4）待乳鸽腌制入味后，先用开水烫皮，再用毛巾擦干表面水分，将其放入开匀的脆皮水中，涂匀表皮，并用叉烧环穿入鸽眼，吊挂在通风干燥的地方，让乳鸽的表皮被风干，此过程须刷 3 遍玻璃脆皮浆。

（5）待乳鸽表皮干爽时，烧油至 150℃，将乳鸽放入油锅中浸炸至通体红亮即可斩件，摆成鸽形即可。

5. 重点过程图解

脆皮乳鸽重点过程图解如图 1-3-14～图 1-3-20 所示。

图 1-3-14 食材准备

图 1-3-15 腌制乳鸽

图 1-3-16 烫皮去污

图 1-3-17 上脆皮水

图 1-3-18 刷玻璃脆皮浆

图 1-3-19 炸制

6. 操作要点

（1）选料讲究。从规格上分，乳鸽可细分为"顶鸽""大鸽""中鸽"，"顶鸽"重量 500g 以上，"大鸽"重 400g 左右，"中鸽"重 300g 左右。制作脆皮乳鸽传统上多选"顶鸽"的规格。

图 1-3-20　炸好成菜

（2）脆皮水要按比例调制，乳鸽上脆皮水后要充分晾干，这是表皮酥脆的重要保障。

（3）火候要精准。油炸时的油温控制在 150℃ 左右，油温过低达不到皮脆色红的效果，过高容易皮开肉绽、颜色发黑。

7. 质量标准

脆皮乳鸽质量标准见表 1-3-3 所列。

表 1-3-3　脆皮乳鸽质量标准

评价要素	评价标准	配分
味道	调味准确、口味适中、咸香适口	
质感	外香脆、肉鲜嫩、富有汁水	
刀工	刀口整齐	
色彩	色泽红润油亮，均匀富有光泽，诱人食欲	
造型	拼摆整齐、美观大方	
卫生	操作过程、菜肴装盘符合卫生标准	

教你一招

玻璃脆皮浆的调制方法

玻璃脆皮浆利用牛奶的发酵作用，使得禽肉皮下的脂肪层膨胀拉距，变成蜂窝组织层，经过风干发硬，油炸后表皮变厚，达到增脆、增酥的效果，刀切时产生犹如玻璃打碎的声音，故名玻璃脆皮浆。

调制方法：生粉 100g、高筋面粉 50g、糯米粉 35g、鱼胶粉 5g、安多夫嫩肉粉 1g、酸酸乳 30g、鸡蛋清 30g，搅拌成浓米汤状即可。禽肉上完脆皮水，晾 30 分钟后，用毛刷将玻璃脆皮浆刷上禽肉表皮 2~4 次，风干后即可油炸。

拓展阅读

说乳鸽

中医认为，鸽肉性温平，滋补气血，是较为理想的食物补品，其蛋白质含量高达 22%，而脂肪含量不超过 2%，营养价值比其他家禽都高。民谚有"宁食天上飞三两，不食地下走三斤”，以及“一鸽胜九鸡”之说。鸽子有“赛鸽”和“菜鸽”之分，前者骨硬肉少，极少食用，后者又称“肉鸽”，以食用 23～30 天龄、重量达 500g 的“顶鸽”为佳，此时的乳鸽肉滑骨脆、味道鲜美，所含脂肪和水分适中，营养丰富，是制作脆皮乳鸽最佳的原料。超过 30 天龄和已出羽毛的鸽子则不能称乳鸽，因其已变得肉粗骨硬、缺乏鲜味，此时只可作煲汤之用。

石岐乳鸽是广东省中山籍华侨从国外引进的优良鸽种，经同中山石岐的优良鸽杂交后孵育出来的一种乳鸽。这种乳鸽以体大肉嫩、胸肉特厚、肉质嫩滑爽口而著名，是制作脆皮乳鸽的上佳肉鸽品种。

实践菜例❹   酥炸茄盒（酥炸）

1. 菜肴简介

酥炸茄盒是油炸菜肴中颇具特色的佳肴。茄子夹酿入肉馅后，包裹上脆浆糊，经过高温油炸，使得茄肉鲜嫩，表皮色泽金黄、膨松酥脆，从荤素组合、脆嫩对比、层次变化方面来说，酥炸茄盒都是最佳组合。

2. 制作原料

主料：茄子 1 根、猪前胛肉 150g。

辅料：水发香菇 30g、脆浆糊 250g。

料头：葱花 5g。

调料：精盐 6g、味精 4g、干淀粉 10g、鸡蛋 1 个、胡椒粉 1g、植物油 2.5kg（实耗 75g）。

3. 工艺流程

调制脆浆糊→制作鲜肉馅→茄子切双飞片→制作茄盒→挂糊油炸→装盘成菜。

4. 制作流程

（1）将面粉 150g、生粉 30g、马蹄粉 10g、精盐 2g、老面 25g、生油 50g、清水 150g、枧水 5g 调成脆浆糊备用。

（2）将水发香菇洗净，去柄，切成粒；葱洗净，切成葱花备用。

（3）将猪前胛肉洗净剁碎，先加入精盐 4g、味精 3g、鸡蛋 1 个、干淀粉 10g、清水 50g 搅拌上劲，再加入香菇粒、葱花、胡椒粉调拌成鲜肉馅。

（4）茄子切成双飞片，厚约 5mm，将鲜肉馅酿入其中制成茄盒。

（5）旺火烧锅，放入植物油，当加热至 120℃时，将茄盒拖上脆浆糊放入油锅炸至金黄色，捞起沥油即可装盘，上席时配椒盐即可。

5. 重点过程图解

酥炸茄盒重点过程图解如图 1-3-21～图 1-3-26 所示。

图1-3-21　食材准备

图1-3-22　调制脆浆糊

图1-3-23　茄子切片

图1-3-24　调制肉馅

图1-3-25　挂糊油炸

图1-3-26　装盘成菜

6. 操作要点

（1）茄子成型大小要适度、厚薄要均匀。

（2）制馅时要充分搅拌上劲，口感才爽滑。

（3）掌握脆浆糊调制的用料比例及调制手法，茄盒挂糊要均匀。

（4）油炸时的油温控制在120℃左右，保持中等火力，炸至色泽金黄、质感酥脆即可。

7. 质量标准

酥炸茄盒质量标准见表1-3-4所列。

表1-3-4　酥炸茄盒质量标准

评价要素	评价标准	配分
味道	调味准确、口味鲜美、酸咸适口	
质感	饱满酥脆，茄肉软滑，肉馅滑爽弹牙	
色彩	色泽金黄，诱人食欲	
造型	成型大小均匀、厚薄一致	
卫生	操作过程、菜肴装盘符合卫生标准	

（教你一招）

发粉糊的调制方法

发粉糊与脆浆糊一样，同属膨松类糊，它可使菜肴膨发饱满、松而带香、色泽淡黄，多用于炸类菜肴的制作烹调方法。与脆浆糊不同的是，发粉糊中添加了化学膨松剂，其常见配方如下。

（1）面粉 500g、生粉 100g、泡打粉 20g、清水 750g、精盐 5g、生油 100g。

（2）面粉 500g、生粉 50g、糯米粉 50g、泡打粉 10g、啤酒 750g、精盐 5g、生油 120g。

（3）面粉 375g、生粉 70g、澄面 30g、泡打粉 20g、清水 700g、吉士粉 10g、精盐 5g、牛油 150g。

调制方法：将上述原料和匀，静置 15 分钟即可使用。

拓展阅读

"酿"在烹调中的运用

酿是一种常见的烹调成型方法，是把鱼、虾肉等原料剁碎成蓉，先经加工处理，再酿进各种空心的原料中，或抹在其他原料上，或夹在某种原料中间。它的特点在于制作时是由两种以上原料合在一起，而合成之后，所用的烹调方法以炸、焖、蒸等较为常见。酿的馅料很多，常见的有鱼胶、虾胶、鲜肉馅等。制作酿菜应注意以下 3 点要领：①原料与原料要紧密结合；②原料配伍要合理，底料、酿料应合理地结合，起到互补作用；③烹调时要保持酿菜的外形完整。

实践菜例❺　蒜香排骨（酥炸）

1. 菜肴简介

说到"蒜香"，就不得不提一下广东菜，开始时，广东师傅喜欢在炒菜时用大蒜作为料头以增加"锅气"，经此启发，创新理念层出不穷，诸如"风沙""避风塘"等"蒜香菜式"接踵而来。蒜香排骨就是在这种环境下产生的。现在，蒜香排骨已成为粤菜中的传统名菜，与椒盐排骨、九制陈皮骨、烧焗排骨并称为粤菜"四大排骨名菜"。

2. 制作原料

主料：猪肋骨 500g。

调料：精盐 4g、味精 2g、腐乳 15g、大蒜 50g、蒜香粉 20g、胡萝卜 50g、玫瑰露酒 10g、嫩肉粉 5g、小苏打 10g、生粉 5g、糯米粉 10g、澄面 5g、植物油 2kg。

3. 工艺流程

排骨洗净斩件→制作大蒜胡萝卜汁→腌制排骨→挂薄糊→油炸→装盘成菜。

4. 制作流程

（1）将猪肋骨洗净，斩成长约 6cm 的件，加入嫩肉粉、小苏打腌制 30 分钟后用清水漂净碱味，捞起滤干水分；将大蒜、胡萝卜洗净放入搅拌机中，加入清水 50g 搅成泥，过滤，留汁备用。

（2）先将排骨装入大碗中，再将大蒜胡萝卜汁、蒜香粉、腐乳、精盐、味精、料酒加进排骨中充分拌匀，盛在保鲜盒中放冰箱腌制2～3小时，烹调前加入生粉5g、糯米粉10g、澄面5g拌匀。

（3）将锅置于火上，下植物油2kg加热至180℃，端离火口，下排骨浸炸约2分钟后捞出。

（4）把炒锅重置火上，加热至180℃时放入排骨复炸至排骨两端微露骨头、表面脆硬、色泽金黄即可装盘，上席佐以蒜香盐即可。

5. 重点过程图解

蒜香排骨重点过程图解如图1-3-27～图1-3-32所示。

图1-3-27　主料斩块

图1-3-28　大蒜搅打

图1-3-29　腌制

图1-3-30　上浆

图1-3-31　排骨复炸

图1-3-32　装盘成菜

6. 操作要点

（1）选料讲究。宜选用质地细嫩、不带大骨的"子排"做主料。

（2）初加工要精细。嫩肉粉、小苏打的作用是使肉质酥松滑嫩，但其有涩味，因此排骨腌制时间要充分，漂清碱味要彻底；大蒜只取蒜汁，蒜肉遇高温容易产生苦味。

（3）注意把握糊的厚薄。在排骨表面加入生粉、糯米粉和澄面的目的是增加排骨表面的脆性，其厚度较薄，以成品能看得到肉为度。

（4）火候要精准。油炸时采用高温浸炸的方法，油温控制在180℃左右，并采取复炸的方法，使其表面酥脆、色黄。

7. 质量标准

蒜香排骨质量标准见表1-3-5所列。

表 1-3-5　蒜香排骨质量标准

评价要素	评价标准	配分
味道	调味准确、蒜香浓郁、味透肌理	
质感	外皮香脆，肉滑嫩脱骨	
刀工	长短、粗细均匀一致。	
色彩	色泽金黄，诱人食欲	
造型	装盘美观、自然	
卫生	操作过程、菜肴装盘符合卫生标准	

微课　蒜香排骨的制作

教你一招

蒜香浓郁小诀窍

　　蒜香排骨是粤菜中的一道特色菜肴。然而，在烹调此菜肴时，由于蒜中的蒜素受高温，稍有不慎就会带来焦苦味，减少蒜的用量又容易导致蒜香味的缺失，如何解决这个问题呢？我们可将大蒜打成泥，取其蒜汁，也可在腌制排骨时加入适量的阿魏。如此一来，既保证菜肴有浓郁的蒜香味，又可有效避免排骨有焦苦味的问题。

拓展阅读

"洗衣机"在烹调中的运用

　　看到标题，有很多人会感到疑惑，洗衣机也可成为厨具？其实它不但可以成为厨具而且作用还很大呢！

　　粤菜很多菜式在制作过程中都需要漂水处理。例如，加了小苏打、陈村枧水等碱性原料腌制的排骨、虾仁等，需要用清水长时间漂洗，以去除其中的血水和碱味。然而，当原料量大时，所需时间较长，水资源浪费比较严重。

　　怎样才能有效避免这一弊端呢？于是有人用上了洗衣机。将原料及清水放入洗衣机之中，按洗衣程序，仅一趟水就将原料加工至洁净而没有怪味，经此处理的原料不仅色泽明快洁净，而且入口嫩滑，工作量和用水量大大减低，正是一举数得。

实践菜例❻　雪衣豆沙（软炸）

　　1. 菜肴简介

　　雪衣豆沙属东北菜，已有百年历史，颇受食客欢迎，主要原料是红豆沙、鸡蛋、白糖粉等。雪衣豆沙形似园团，色泽洁白、吃前撒上白糖粉，故得此称。此菜肴香甜可口、独具风味。

　　2. 制作原料

　　主料：红豆沙 150g。

辅料：鸡蛋清 5 个、干淀粉 25g、面粉 25g。

调料：白糖粉 25g、植物油 1.5kg（实耗 50g）。

3. 工艺流程

豆沙馅分成 12 个圆球→制蛋泡糊→挂糊油炸→装盘→撒白糖粉→装盘成菜。

4. 制作流程

（1）将豆沙馅揉成 12 个大小均匀的小球。

（2）将鸡蛋清打发至硬性发泡，加入干淀粉和面粉拌匀成蛋泡糊。

（3）用大小合适的圆勺盛满蛋泡糊，把豆沙球放入中间，包裹上蛋泡糊。

（4）锅中油热后，放入蛋泡球，炸成浅黄色，油温不能过高，炸好后装盘，撒适量白糖粉即可。

5. 重点过程图解

雪衣豆沙重点过程图解如图 1-3-33～图 1-3-35 所示。

图 1-3-33　食材准备　　　　图 1-3-34　炸制　　　　图 1-3-35　装盘成菜

6. 操作要点

（1）鸡蛋要新鲜，否则不易打起蛋泡。

（2）调制蛋泡糊时，要用筷子不停地顺着一个方向先慢后快、先轻后重地抽打。

（3）干淀粉和面粉的比例要恰当，以 5 个鸡蛋清的量而言，干淀粉和面粉分别用 25g。

（4）精确地把握火候。在炸的过程中，都是运用中小火力、中等油温（120℃）加热，油温过高容易"爆肚"开裂。

7. 质量标准

雪衣豆沙质量标准见表 1-3-6 所列。

表 1-3-6　雪衣豆沙质量标准

评价要素	评价标准	配分
味道	香甜可口、独具风味	
质感	外松软、内软嫩	
色彩	色泽乳白，略带微黄	
造型	形圆丰满，似朵朵棉球	
卫生	操作过程、菜肴装盘符合卫生标准	

教你一招

如何快速打发蛋泡

打蛋泡是一项常用的烹饪基本功。在搅打过程中，蛋白质分子被不断被拉伸拓展，在水和空气接触的地方形成绵密的网络，也就是我们看到的蛋白泡沫。如何快速地打发鸡蛋清，避免失误和材料的浪费呢？

首先，打发鸡蛋清时的敌人之一就是油脂，油脂会在打发时阻碍稳定泡沫的产生，所以使用的容器和打蛋器一定要干净，不能有油脂。其次，水也会阻碍鸡蛋清的打发，盛装鸡蛋清的容器不能有水。再次，应选用不锈钢或者玻璃做容器，避免使用铝制容器，容易使鸡蛋清上色。最后，鸡蛋的新鲜度是关键，新鲜的鸡蛋清黏稠，容易打发，并且蛋泡稳定，鸡蛋放得越久鸡蛋清会越稀，偏碱性，导致不够膨松。如果有条件，则可用厨师机来打发鸡蛋清，打蛋棒能最大化地接触鸡蛋清，旋转的频率和方向能更均匀充分地打发鸡蛋清。当鸡蛋清量大时，厨师机是最好的选择。使用手持打蛋棒或用筷子打蛋泡时，要让打蛋棒或筷子充分接触容器底部和四周，不要只在上方一个区域打发。否则底部和四周就会有打发不均匀的现象产生，泡沫质地不统一，甚至会有上面是蛋泡，而底部仍是蛋清的现象出现。

拓展阅读

影响蛋泡糊调制的因素

1. 鸡蛋

鸡蛋越新鲜相互间引力越强，泡沫稳定性越高。鸡蛋清中卵黏蛋白的含量越多，就越容易起泡，而卵黏蛋白的含量多少与鸡蛋新鲜度有关，新鲜鸡蛋的卵黏蛋白含量比较多，经过激烈的搅拌很容易起泡。

2. 粉类

蛋泡中加入粉类后，通过加热蛋白质变性、凝固，淀粉糊化，从而形成稳定的网络结构，使菜肴达到外形饱满、膨松的要求。粉类必须选用低面筋或没有面筋的粉，如淀粉、米粉等。因为其支链淀粉多，可以抑制搅拌上劲，分子有一定的支撑效果，能形成一定的空间体积达到饱满效果。

3. 温度

制作蛋泡糊时不宜在比较低的温度下进行，否则，鸡蛋清抽打后产生的泡沫，放置不久就会被还原成鸡蛋清，这样就不能形成比较稳定的蛋泡糊，即使形成蛋泡糊，其表面也粗糙不稳定，容易稀释、变软。

4. 制糊手法

用筷子或打蛋器进行抽打，抽打时要尽量将筷子的抽打距离拉长，并同一方向运动，让鸡蛋清充分留住气体。先慢后快，并不间断，一气呵成，当蛋泡中能直立住筷子时，迅速加入一定比例的粉类搅匀。搅时速度不要太快，用力不能太猛，以免出现劲松、泄气的现象，影响成品的成型。蛋泡糊要现制现用，不要预先制好后停留一段时间再用，否则会有逸气的现象。

实践菜例 ❼ 吉列海皇卷（卷包炸）

1. 菜肴简介

海皇是粤菜对上等海鲜原料的称谓。吉列海皇卷的主料由虾仁、鲜带子、蟹肉等海鲜原料组成，运用卷包炸技法制作而成。成品具有色泽金黄、外香里嫩的特点，具有沙律酱特有的香味和滋味。

2. 制作原料

主料：鲜虾仁 100g、蟹肉 50g、鲜带子 100g。

辅料：洋葱 50g、苹果 50g、糯米纸 24 张、鸡蛋 2 个。

调料：精盐 2g、卡夫奇妙酱 75g、面包糠 150g、植物油 1500g（实耗 50g）。

3. 工艺流程

制作海皇馅→包卷→拖蛋液裹面包糠→油炸→装盘成菜。

4. 制作流程

（1）将虾仁、鲜带子洗净，腌渍上浆后切成小丁状；洋葱、苹果洗净去皮，切成与虾仁、鲜带子规格相近的小丁。

（2）锅内放清水烧沸，放入洋葱粒、虾仁、鲜带子焯水至断生，捞起沥干水分后放入盆中，随后加入苹果、蟹肉、精盐，调入卡夫奇妙酱拌匀制成海皇馅。

（3）把威化纸摊放在案桌上，放入海皇馅，卷包成长"日"字形，用蛋液涂在封口上封牢。

（4）猛火烧锅，下油加热至四成热，将海鲜卷裹蛋液后粘上面包糠，入油锅中浸炸约 2 分钟，至色泽金黄，即可装盘，上席时跟卡夫奇妙酱即可。

5. 重点过程图解

吉列海皇卷重点过程图解如图 1-3-36～图 1-3-41 所示。

图 1-3-36 食材准备

图 1-3-37 原料切丁

图 1-3-38 调味拌制

图1-3-39　裹蛋液

图1-3-40　炸制

图1-3-41　装盘成菜

6. 操作要点

（1）原料要新鲜质优，成型以细小的丁为主，大小要一致。

（2）制馅时调味要准确，还要把握馅料的干湿度。

（3）包卷要精致，大小要适宜；挂糊时要先裹上一层蛋液，蛋液中要放入适量生粉，以增加糊的硬度，防止油炸时"爆肚"。

（4）油温要适宜，应控制在四成左右，炸至色泽金黄、质感香脆即可。

7. 质量标准

吉列海皇卷质量标准见表1-3-7所列。

表1-3-7　吉列海皇卷质量标准

评价要素	评价标准	配分
味道	调味准确，香鲜微酸，口味适中	
质感	外酥香，内软滑	
刀工	馅料呈粒状，成型均匀	
色彩	色泽浅黄，有立体感	
造型	卷形均匀，大小规格符合要求	
卫生	操作过程、菜肴装盘符合卫生标准	

教你一招

沙拉酱的制作方法

原料：鸡蛋黄1个，橄榄油或玉米油225g、柠檬汁25g、糖粉25g、精盐3g。

制作方法：①把鸡蛋黄打入碗里，加入糖粉，用打蛋器将其搅拌均匀；②用打蛋器将鸡蛋黄打发至体积膨胀、颜色变浅、呈浓稠的状态；③分3次加入植物油，用打蛋器搅打，使植物油和鸡蛋黄完全融合；④加入柠檬汁，搅拌均匀即可。

拓展阅读

吉列菜的由来

吉列是英文单词cutlet的音译，主要用作名词，作名词时译为"炸肉排或炸肉片"。

将腌制好的生料或用威化纸包好的半成品表面裹上一层蛋浆后均匀地拍上面包糠，随后放入沸油中炸至表面呈金黄色即可。成为香脆菜品的方法被统称为吉列炸。吉列菜有吉列虾排、吉列肉排等。

实践菜例 ❽　油浸笋壳鱼（浸炸）

1. 菜肴简介

笋壳鱼学名云斑尖塘鳢，因形似笋壳，所以当地人称之为"笋壳鱼"。笋壳鱼原产于东南亚，在我国的广东沿海及河口一带也有出产，本地笋壳鱼体型较小，最大的体重仅 200 余克，国外品种于 20 世纪 80 年代引进我国珠三角地区，成为人工养殖水产新优品种。笋壳鱼肉质细腻、味道鲜美、骨刺极少、营养价值高，被誉为"淡水石斑"。清代袁枚对笋壳鱼赞美有加："肉最松嫩。煎之、煮之、蒸之俱可。加腌芥作汤、作羹，尤鲜。"

笋壳鱼以煎、炸、清蒸、油浸为主，"油浸笋壳鱼"是广东、港澳地区的传统名菜。

2. 制作原料

主料：笋壳鱼 1 条，重 500～600g。

料头：葱丝 25g、红椒丝 15g。

调料：精盐 5g、味精 2g、姜汁酒 15g、蒸鱼豉油 50g、胡椒粉 0.5g、植物油 2500g。

3. 工艺流程

宰杀笋壳鱼→腌制→切配料头→浸炸笋壳鱼→装盘→撒上胡椒粉、葱丝和红椒丝→淋热油→淋蒸鱼豉油→装盘成菜。

4. 制作流程

（1）将笋壳鱼放在砧板上拍晕，刮鳞，去鳃去内脏，洗净。随后用刀将笋壳鱼脊骨两侧胸刺切断，使其能"扒"在碟中，最后将笋壳鱼脊骨两端切断，以防鱼加热成熟后因鱼骨收缩而整体变形。将鱼放入盆中，加精盐、姜汁酒腌制约 10 分钟；将葱和红椒洗净并切成细丝，用水冲洗后备用。

（2）将锅置于火上，放入植物油，旺火加热至 180℃左右，放入笋壳鱼，立即端锅离火进行浸炸，油温逐渐下降，待鱼肉嫩熟后将鱼捞出，待油温又升至 180℃时，再将鱼放入油中，待表面微黄时即可将鱼捞出，控净油分，盛入盘中，在鱼的表面撒上胡椒粉、葱丝、红椒丝，浇淋烧沸的热油，最后淋入蒸鱼豉油即成。

5. 重点过程图解

油浸笋壳鱼重点过程图解如图 1-3-42～图 1-3-47 所示（本菜肴制作时，购买不到笋壳鱼，用黑鱼代替笋壳鱼）。

图 1 - 3 - 42　食材准备

图 1 - 3 - 43　刀工处理

图 1 - 3 - 44　腌制调味

图 1 - 3 - 45　炸制

图 1 - 3 - 46　淋热油

图 1 - 3 - 47　淋蒸鱼豉油成菜

6. 操作要点

（1）选料讲究。制作油浸笋壳鱼最好选用 500～600g 大小的笋壳鱼，这个规格的笋壳鱼肉质肥厚、质感最佳。

（2）火候要精准。原料下锅时油温要达六七成热，加热出来的鱼肉质感才能保持嫩滑，若油温过高，则容易出现鱼皮脱落、外焦内生等现象；若油温过低，则鱼肉容易碎烂。浸炸时间以 3～4 分钟为宜。

7. 质量标准

油浸笋壳鱼质量标准见表 1 - 3 - 8 所列。

表 1 - 3 - 8　油浸笋壳鱼质量标准

评价要素	评价标准	配分
味道	咸鲜适宜	
质感	口感软嫩	
刀工	刀法正确	
色彩	鱼肉表面微黄，配料色彩鲜艳	
造型	成型美观，形整不烂	
卫生	操作过程、菜肴装盘符合卫生标准	

（教你一招）

蒸鱼豉油的调制方法

原料：干葱头 150g、香菜头 100g、冬菇柄 250g、姜片 50g、生抽 1000g、老抽 200g、味精 50g、美极鲜酱油 250g、白糖 100g、胡椒粉 3g、芝麻油 25g、汤 2.5kg。

调制方法：先将干葱头炒至起色，再与香菜头及冬菇柄用沸水稍烫取出，加汤慢火熬至汤剩下一半时，过滤，去渣，加入所有味料煮至溶解便成。

拓展阅读

中国传统宴席上的鱼

在中国的各类宴席中，鱼是一道离不开的美味，更是年夜饭桌上必不可少的菜肴。鱼和"余"谐音，在老百姓看来，有鱼即有余，吃鱼也就意味着可以有余粮，象征着"年年有余"。

有的地方，年夜饭时吃鱼，要留头留尾到年初一，表达新年"有头有尾"的祈愿。在宴席中，鱼通常是宴席上最后一道主菜，鱼菜一上，意味着宴席菜肴进入尾声。鱼的摆放也有讲究，根据传统宴席习俗，宴席上的整鸡、整鸭、整鱼摆放时须遵循"鸡不献头、鸭不献尾、鱼不献脊"的风俗，即上菜时不要把鸡头、鸭尾、鱼脊朝向主宾。尤其是上整鱼时，鱼头要对着贵宾或长辈，或将鱼腹朝向主宾，因鱼头丰腴，鱼腹刺少，腴嫩味美，朝向主宾，表示尊敬。

任务测验

炸菜技能测评

1. 学习目标

（1）能运用炸的方法，在规定时间内独立完成技能测评的相关内容。

（2）检测本任务中知识、技能、素质目标的达成情况。

（3）能分析存在的问题和不足，为采取改进措施提供依据。

（4）能认真总结和反思学习过程，进一步巩固本任务的学习内容。

2. 测评方案

（1）炸菜技能测评菜肴品种为避风塘鹌鹑、脆皮乳鸽、酥炸茄盒、蒜香排骨，学生采取抽签的方式，选定其中1道作为技能测评内容。

（2）操作完成时间为60分钟。

（3）教师负责主辅料、调料的准备，学生自备菜肴装饰物。

（4）菜肴制作的所有工序均在现场完成。成菜以10人量为准，另备一小碟（以1人量为准）供教师品评。

（5）学生完成菜肴制作后，填写标签，放在本人作品旁边，便于教师评分。

（6）学生根据技能测评方案，抽签确定本次技能测评菜肴品种。

3. 学习准备

（1）检查工具、用具。

刀具、砧板、炉灶、各类辅助用具及餐具。

（2）准备每份菜肴的主辅料。

避风塘鹌鹑：光鹌鹑3只、葱10g、姜10g、葱条10g、香芹30g、干辣椒15g。

脆皮乳鸽：乳鸽1只、大蒜100g、葱50g。

酥炸茄盒：茄子1根、猪前胛肉150g、水发香菇50g、葱10g、姜10g。

蒜香排骨：排骨400g、大蒜50g、蒜香粉20g、胡萝卜50g。

4. 学习过程

（1）接受任务。

（2）制订工作方案。学生根据抽签结果，制订本小组技能测评工作方案，交指导教师审核。

（3）实施工作方案。学生根据本小组技能测评方案进行菜肴操作；教师全场巡视，及时指导、记录学生操作过程情况，提醒各小组进度。

5. 综合评价

自评、小组互评、教师点评，填写技能测评评价表。

6. 总结与巩固

各小组完成本次技能测评的《实训报告》，总结和反思学习过程，进一步巩固本任务的学习内容。

 知识归纳

热菜烹调技法——炸

▶ 技法概念

炸是指将加工处理过的原料放入油量较多的锅中，用不同的油温、时间加热，使菜肴内部保持适度水分和鲜味，并使菜肴外部香酥脆爽的烹调方法。

▶ 技法特点

（1）大油量加热。使用大油量的目的主要是保持油温的稳定，不至于受生冷原料下锅的影响而降低油温，以保证菜肴的质量。

（2）旺火、热油、速成。只有在这种加热条件下，才能形成良好的质感和干香的美味。

（3）方法多样性。炸法分为不挂糊炸和挂糊炸两类。前一类只有清炸一种，外焦里嫩中又稍带韧性，有咬劲，能在咀嚼中感觉美味。挂糊炸极大地丰富了炸菜的品种口味和质感，产生了香、脆、酥、嫩等效果。

（4）适应性广泛。炸法选料广泛，既可用生的原料，又可用预制的熟料和半成品原料，既可用整块、整只、整条的原料，又可用加工成的细碎小料和蓉泥原料。

(5) 操作的灵活性。要根据原料性质老嫩、形体大小掌握油温及加热时间；要善于控制出手的轻、重、快、慢，以保证原料均匀受热；能鉴别火力的大小、油温的高低变化，及原料受热后的变化，来调节加热时间，使之达到最佳火候。对一些火候较难控制的制品，一般可采取两次加热的复炸法。

(6) 调味有加热前和加热后两种调味方式。

▶ 技法分类

炸的具体技法很多，可分为不挂糊炸和挂糊炸两大类。

(1) 不挂糊炸：清炸。

(2) 挂糊炸：脆炸、酥炸、软炸、卷包炸、浸炸等。

各种炸法的对比见表1-3-9所列。

表1-3-9　各种炸法的对比

种类	定义	工艺流程	特点
清炸	是将加工过的腌渍入味的生料放入旺火热油锅中，快速炸透成菜的炸法	选料→刀工处理→腌渍入味→炸制→装盘	成菜外焦里嫩、耐嚼有咬劲。越嚼越香是清炸独有的特色
脆炸	是将初步熟处理的带皮原料涂抹脆皮水，晾干，放入中温油锅中逐渐提高油温浸炸，使成菜外皮特别松脆的炸法	选料→初步熟处理→涂抹脆皮水→晾干→炸制→装盘	带皮的原料淋上脆皮水，经热油炸制，产生了焦糖化反应，使菜肴外皮增加了比一般外焦内嫩更为突出的粉脆性，色泽红亮，形成独有的特色
酥炸	是将带有滋味的熟料挂发粉糊或脆浆糊，投入旺火热油锅中，采用一次炸或两次复炸成菜的炸法	选料→预熟处理→切配挂糊→炸制→装盘	炸时，表面糊浆形成酥脆薄膜，包封住原料内部水分，保持了菜肴的鲜美滋味，菜肴质感较其他炸法更为酥松
软炸	是将质嫩、型小的原料经过腌渍入味后挂蛋清糊或蛋泡糊，放入油锅中，用热油锅炸至外松软，内软嫩的成菜炸法	选料→切配→腌渍→挂糊→装盘	蛋清糊或蛋泡糊在油炸中形成了外松软、内软嫩的特色，色泽浅黄
卷包炸	是加工过的细小原料或蓉泥状原料经调味后，用薄片状的辅料卷包好，再拍粉或挂糊，投入油锅中，用不同火力、油温，炸制成菜的炸法	选料切配→腌渍→卷或包→炸制→装盘	既能保护好原料的鲜味，又能使用多种原料加以组合，形成了丰富的质感、口味和美观的造型

（续表）

种类	定义	工艺流程	特点
浸炸	是将加工腌渍的原料放入旺火热油中，随即停火，运用油锅内所蓄纳的热量缓慢地炸制成菜的炸法	选料→切配→入热油锅缓炸→装盘	原料表面受到油的高温急速加热，形成了薄膜，把原料中水分、鲜味的流失控制在最小范围内，是炸法中的精细炸法

思考与练习

一、填空题

1. 炸可分为清炸、脆炸、酥炸、软炸、_____、_____。

2. 酥炸是先将原料_____或_____，挂上用淀粉和鸡蛋做成的糊再油炸的方法。

3. _____是把材料上了酱油、酒、盐等调味后，入油锅以强火炸之的方法。

二、选择题

1. 清炸的特点是（　　）。

A. 外脆里嫩　　　B. 香甜可口　　　C. 口感酥松　　　D. 里外酥脆

2. 软炸采用的糊是（　　）。

A. 发粉糊　　　B. 蛋泡糊　　　C. 脆皮糊　　　D. 全蛋糊

3. 酥炸茄盒运用了（　　）烹调方法加热成菜。

A. 清炸　　　B. 酥炸　　　C. 软炸　　　D. 脆炸

4. 吉列海皇卷运用了（　　）烹调方法加热成菜。

A. 卷包炸　　　B. 酥炸　　　C. 软炸　　　D. 脆炸

5. 酥炸茄盒属于（　　）。

A. 粤菜　　　B. 桂菜　　　C. 浙菜　　　D. 鲁菜

6. 遵守道德规范依靠人们加强道德修养和自觉的（　　）来维持。

A. 思想　　　B. 行为　　　C. 内心信念　　　D. 坚持

7. （　　）是我国道德建设最基本的道德标准。

A. 爱祖国　　　B. 爱人民　　　C. 爱科学　　　D. 爱劳动

三、判断题

1. 脆皮糊是脆皮菜肴的重要佐料，它通常是把加工成型的原料挂面粉、生粉、色拉油、化学疏松剂和适当的水搅拌成的稀糊后油炸而成的。（　　）

2. 芋蓉香酥鸭是一道香酥嫩滑的菜肴，属于浙菜系。该菜肴主要由食材活鸭、芋蓉馅、鸡蛋黄、原鸭汁、芝麻油、花雕酒等食材和调味品油炸而成。（　　）

3. 脆皮糊是最具代表性的炸法，原料经过挂糊处理，炸的时候可以封住原料水分，保持菜肴的鲜美。（　　）

4. 软炸是将小块、片或条形的材料挂糊，放入油锅，炸成七八成熟的炸法。（　　）

5. 油炸是食品熟制和干制的一种加工方法，即将食品置于较高温度的油脂中，使其加热快速熟化的过程。（　　）

7. 职业道德是人们在特定的职业活动中所应遵循的法律法规的总和。（　　）

8. 职业道德是整个社会道德体系的重要组成部分，它是社会分工发展到一定阶段的产物。（　　）

四、简答题

1. 清炸的定义是什么？

2. 请分别列出两个脆炸、酥炸的菜肴。

3. 卷包炸的工艺流程是什么？

任务4　熘菜制作

☆ 了解熘法的概念、特点、操作关键及分类。

☆ 掌握实践菜例的制作工艺。

☆ 能运用熘法完成实践菜例的制作。

☆ 养成规范操作的习惯，培养注重食品卫生安全的意识。

实践菜例❶　糖醋咕噜肉（脆熘）

1. 菜肴简介

糖醋咕噜肉又称咕咾肉，是广东客家传统名菜，此菜在国内外享有较高声誉，是欧美人士最熟悉的中国菜之一。

2. 制作原料

主料：猪夹心肉 200g。

辅料：菠萝 100g、鸡蛋 1 个、干淀粉 30g、鹰粟粉 150g。

料头：葱花 5g、蒜蓉 5g、青椒 30g、红椒 30g。

调料：精盐 3g、味精 2g、糖醋汁 100g、植物油 1kg（实耗 60g）。

3. 工艺流程

主料初加工→腌制入味→切配辅料、料头→调制糖醋汁→挂糊、拍粉油炸→调味→装盘成菜。

4. 制作流程

（1）将猪夹心肉洗净与菠萝均切成橄榄形，青红椒去瓤切成菱形片；葱洗净，取葱白切成葱花，蒜切成蒜蓉，备用。

（2）先将猪夹心肉放入盆中加精盐 2g、味精 2g、鸡蛋黄半个、干淀粉 30g 拌匀，再拍上鹰粟粉。

（3）将番茄酱 50g、白醋 15g、橙汁 10g、白砂糖 20g、OK 汁 10g、冰花酸梅酱 10g、大红浙醋 15g、片糖 20g、盐 3g、清水一起装入小碗，调成糖醋汁。

（4）旺火烧锅下油，加热至 150℃时，抖掉猪夹心肉表面多余的干粉，先放入油锅炸至呈金黄色时捞出；再升高油温至 180℃，复炸 20 秒捞出沥油。

（5）锅留底油烧热，随即放入葱花、蒜蓉爆香，倒入糖醋汁，勾芡，放入炸好的猪夹心肉、青红椒件、菠萝翻拌均匀，最后加尾油即成。

5. 重点过程图解

糖醋咕噜肉重点过程图解如图 1-4-1～图 1-4-7 所示。

图 1-4-1 原料切配

图 1-4-2 猪夹心肉腌制

图 1-4-3 调制糖醋汁

图 1-4-4 猪夹心肉拍粉

图 1-4-5 炸制主料

图 1-4-6 炒制

6. 操作要点

（1）宜选用肥瘦相间的猪夹心肉做主料；成型要统一标准；挂糊均匀，厚薄适宜。

（2）油炸时，油温控制在 150℃左右，炸至成熟，为了达到外脆里嫩的菜品口感，以及色泽金黄的效果，要进行第二次复炸。

图 1-4-7 装盘成菜

（3）糖醋汁酸甜要适中，芡汁浓度要适当，明油亮芡，以能挂住原料为度。

7. 质量标准

糖醋咕噜肉质量标准见表 1-4-1 所列。

表 1-4-1　糖醋咕噜肉质量标准

评价要素	评价标准	配分
味道	调味准确，底味适宜，口味大酸大甜	
质感	质感外酥脆、里鲜嫩，无夹生或焦煳的现象	
刀工	厚薄成型大小均匀	
色彩	色泽红亮，无泄油、黑褐色现象	
造型	成型美观、自然、摆盘协调	
卫生	操作过程、菜肴装盘符合卫生标准	

微课　糖醋咕噜肉的制作

教你一招

常用酸甜汁的调制方法（一）

1. 糖醋汁

用料：白醋 500g、片糖 300g、番茄酱 100g、山楂片 30g、酸梅 20g、喼汁 30g、OK 汁 100g、精盐 10g。

调制方法：将酸梅去核剁成蓉，山楂片捣碎，与其他原料入汤桶中熬煮 30 分钟即可。

2. 西汁

用料：洋葱 300g、西芹 300g、香菜 50g、鲜香茅 300g、干辣椒 20g、八角 5g、草果 5 个、胡萝卜 500g、大骨 500g、清水 5000g、番茄汁 1500g、片糖 1000g、钵酒 150g、喼汁 200g、OK 汁 800g、精盐 100g、味精 150g、生抽 150g。

调制方法：首先将洋葱、西芹、香菜、鲜香茅、干辣椒、八角、草果、胡萝卜、大骨放入清水中大火熬煮至 3000g，然后调入番茄汁、片糖、钵酒、喼汁、OK 汁、精盐、生抽再熬煮 10 分钟，加入味精即可。

3. 京都汁

用料：镇江香醋 2000 克、大红浙醋 500 克、白糖 900 克、番茄酱 250 克、清水 500 克、精盐 50 克、味精 50 克。

制法：将上述原料放入汤桶中煮沸即可。

拓展阅读

外国人至爱经典粤菜——咕噜肉

如果你在外国，问外国人哪一款中国菜最好吃？十之八九都会说是咕噜肉。在我国香港特区，无论是在茶餐厅或是在高级酒家，几乎都可吃到咕噜肉；在外国唐人街的中餐馆，更少不了咕噜肉，以前还有专门做咕噜肉的外卖小店。咕噜肉是欧美人士最熟悉的中国菜，也是外国最畅销的中国菜。

咕噜肉原本是广东一道很普通的夏令菜，叫甜酸猪肉。清末时，广州西关一带外国客商云集，外国人吃中国菜，不喜欢吃整条鱼、整只鸡，要吐出鱼骨肉骨。甜酸猪肉不用吐骨，外脆里嫩、酸甜可口，非常适合他们的口味，因此深受外国人欢迎。

19 世纪初，大量广东人移居旧金山，聚成了唐人街，广东人将这个菜肴带到唐人街的餐馆，甜酸猪肉广受外国人喜爱，是必点菜肴。广东人见外国人如此赏面，便戏称甜酸猪肉为"鬼佬肉"，后取谐音为"咕噜肉"。

另有说法是，当年饱受列强欺凌的中国人取岳飞《满江红》："壮志饥餐胡虏肉，笑谈渴饮匈奴血。"的句子，把外国人喜欢吃的叫作"胡虏肉"，后变成谐音"咕噜肉"。又有一说是，此菜较老，因此也称之为古老肉，外国人发音不准，他们称此菜肴为咕噜肉。从美味角度的说法是，这道菜肴上菜时香味四溢，令人不禁咕噜咕噜地吞口水，放进嘴就"咕噜"的一声一口吞掉。

实践菜例❷　糖醋瓦块鱼（脆熘）

1. 菜肴简介

糖醋瓦块鱼选用新鲜草鱼为主料，采用脆熘技法烹制而成，糖醋味型、形似瓦块，故名。该菜肴色泽金黄、外焦里嫩、酸甜味美，在全国广泛流传，深受大众欢迎。

2. 制作原料

主料：草鱼肉 500g。

料头：葱花 10g、蒜蓉 5g。

调料：糖醋汁 150g、精盐 5g、味精 2g、水淀粉 30g、干淀粉 150g、面粉 20g、姜葱酒 15g、植物油 2kg（实耗 100g）。

3. 工艺流程

主料初加工→腌制入味→切配料头→调制糖醋汁→挂糊油炸→调味→装盘成菜。

4. 制作流程

（1）将草鱼肉洗净，横着斜片成厚 0.5cm 的瓦形片，先放入精盐、味精、姜葱酒腌制 5 分钟，再放入干淀粉 150g、面粉 20g、清水 50g 拌匀；葱洗净，取葱白切成葱花，蒜切成蒜蓉，备用。

（2）将炒锅置于火上，放入植物油 2kg，旺火加热至 180℃，将挂糊的鱼块逐一放入热油内，炸至呈金黄色时捞出。

（3）待油温升高时将鱼块回锅复炸至色泽金黄、质感硬脆，倒出沥干油。

（4）锅内留油 20g，先下葱花、蒜蓉炒香，再下糖醋汁烧沸，立即下水淀粉推开，随后加入 20g 热油推匀，将鱼块回锅裹上糖醋汁，盛出装盘，装饰点缀即可成菜。

5. 重点过程图解

糖醋瓦块鱼重点过程图解如图 1-4-8～图 1-4-16 所示。

图 1-4-8 鱼肉去骨

图 1-4-9 片瓦块状

图 1-4-10 鱼肉漂洗挤干水分

图 1-4-11 鱼肉腌制

图 1-4-12 排粉

图 1-4-13 炸制

图 1-4-14 熬制糖醋汁

图 1-4-15 翻炒

图 1-4-16 装盘成菜

6. 操作要点

（1）草鱼肉改刀，厚薄均匀，加热前适当腌制，让鱼有一定的底味。

（2）控制好炸制的火候，为了让鱼肉达到更酥脆的口感，要进行二次复炸处理。

（3）调制糖醋汁的味道比例要准确，颜色的深浅要控制得当。

7. 质量标准

糖醋瓦块鱼质量标准见表 1-4-2 所列。

表 1-4-2 糖醋瓦块鱼质量标准

评价要素	评价标准	配分
味道	调味准确、咸鲜适宜、口味酸甜	
质感	质感外酥脆、里鲜嫩，无夹生或焦煳的现象	
刀工	厚薄成型大小均匀	
色彩	色泽丰富，无泄油、黑褐色现象	
造型	成型美观、自然，摆盘协调	
卫生	操作过程、菜肴装盘符合卫生标准	

微课 糖醋瓦块鱼的制作

教你一招

常用酸甜汁的调制方法（二）

1. 橙花汁

原料：鲜橙 6 个、浓缩橙汁 400g、白醋 500g、白糖 500g、浓缩青柠汁 150g、君度酒 200g、精盐 10g。

调制方法：将鲜橙去皮，果肉榨成果汁，加入其他原料入汤桶烧沸即可。

2. 西柠汁

原料：浓缩柠檬汁 500g、白糖 600g、精盐 50g、白醋 600g、清水 600g、牛油 150g、鲜榨柠檬汁 300g、吉士粉 25g。

调制方法：将上述原料放入汤桶中煮沸即可。

3. 梅子汁

原料：梅子 750g、阳江豆豉 400g、虾米 150g、瑶柱 150g、糖醋汁 100g、鲜柠檬汁 300g、九制陈皮 350g、蒜蓉 150g、干葱蓉 100g、红椒米 50g、味精 100g、鸡精 100g、清水 200g、生油 200g。

调制方法：首先将梅子去核并与瑶柱、虾米搅拌成蓉，九制陈皮切成细粒；然后猛火烧锅下油，放入蒜蓉、干葱蓉爆香，加入其余原料煮沸即可。

拓展阅读

年夜饭的压轴菜——糖醋黄河鲤鱼

糖醋黄河鲤鱼是山东济南的传统名菜。济南北临黄河，故烹饪所采用的鲤鱼就是黄河鲤鱼。黄河鲤鱼头尾金黄、全身鳞亮、肉质肥嫩，是宴会上的佳品。《济南府志》上早有"黄河之鲤，南阳之蟹，且入食谱"的记载。据说，糖醋黄河鲤鱼始于黄河重镇——洛口镇，这里的厨师喜用活鲤鱼制作此菜肴，并在附近地方有些名气，后来传到济南。厨师在制作此菜肴时，先将鱼身剞上刀纹，挂糊后下油锅中炸至外酥脆、里鲜嫩，头尾翘起，再用著名的洛口老醋加糖制成糖醋汁，浇在鱼身上。此菜肴香味扑鼻、外脆里嫩，并且带点酸味，不久便成为菜馆中的一道佳肴。

在制作糖醋黄河鲤鱼时，鱼的花刀有讲究，老厨师说要切成"里七外八"，也就是说造型后的鱼里面切七刀，而外面要切八刀，并且要把切开的鱼肉里面再切两刀，这样造型更入味、好看，也更饱满。

在我国的很多地方，鱼是过年餐桌上必备的一道菜肴，尤其是除夕的年夜饭，鱼更是一道重磅压轴大菜。鱼即是"余"，寓意着年年有余，来年有个好生活。糖醋黄河鲤鱼这道菜不仅味道好，还寓意金榜题名、事业更上一层楼等。

实践菜例 ❸ 滑熘鱼片 （滑熘）

1. 菜肴简介

滑熘鱼片是鲁菜中历史久远，色、香、味俱全的传统名菜，采用滑熘技法制作而成，鱼片经腌制上浆、滑嫩油、熘汁等工艺流程，成菜片薄形美、色泽洁白，食之鲜嫩滑爽，令人回味不尽，不失为鱼肉菜肴之经典。

2. 制作原料

主料：黑鱼 1 尾（重约 750g）。

辅料：青红椒各 50g、冬笋肉 50g、湿木耳 25g、鸡蛋清 1 个。

料头：姜米 5g、葱榄 10g、蒜蓉 5g。

调料：精盐 5g、味精 3g、干淀粉 25g、食粉 3g、姜汁酒 10g、芝麻油 2g、植物油 1000g（实耗 50g）。

3. 工艺流程

主料初加工→腌制入味→切配辅料、料头→滑油→调味熘汁→装盘成菜。

4. 制作流程

（1）将草鱼去鳞、腮、内脏，洗净；先剁下头、尾，再剔脊骨、腹刺，得到两条带皮净肉，然后用斜刀片成长 5cm、宽 3cm、厚 0.3cm 的"双飞片"，腌制上浆；青红椒切成片，冬笋肉焯水切片，湿木耳洗净，备用。

（2）将炒锅烧热加入植物油，置中火上烧至 90℃，将鱼片逐步下锅滑熟呈白色，捞出沥油。

（3）炒锅内留底油，烧热后加入姜米、葱榄、蒜蓉炝锅，淋入料酒，加入清汤、精盐、味精、冬笋片、木耳烧开，撇去浮沫，勾芡，放入鱼片推匀，淋上芝麻油，装盘即可。

5. 重点过程图解

滑熘鱼片重点过程图解如图 1-4-17～图 1-4-22 所示。

图 1-4-17 食材准备

图 1-4-18 鱼肉切片

图 1-4-19 腌制上浆

图 1-4-20 鱼片滑油

图 1-4-21 翻炒调味

图 1-4-22 装盘成菜

6. 操作要点

（1）鱼片应切成带皮的"双飞片"，厚度在0.3cm左右，大小、厚薄要一致。

（2）原料腌制上浆要讲究，才能确保成菜滑嫩、爽口的特色。

（3）准确运用火候。此菜肴极易成熟，鱼片加热时间要短，断生即可。

（4）芡汁的浓度要适度，明油亮芡；熘汁的手法要讲究，鱼片成型完整。

（5）此菜肴色泽洁白、淡雅清新，务必注意用具及油脂的清洁。

7. 质量标准

滑熘鱼片质量标准见表1-4-3所列。

表1-4-3　滑熘鱼片质量标准

评价要素	评价标准	配分
味道	调味准确、鲜香味美、鲜甜适口	
质感	口感滑嫩、鲜嫩、清爽	
刀工	刀工精细、厚薄、大小、成型均匀	
色彩	鱼片色泽洁白，色彩清爽，芡汁明亮，无泄油、泄芡现象	
造型	成型美观、自然，呈堆砌型	
卫生	操作过程、菜肴装盘符合卫生标准	

（教你一招）

鱼片腌制上浆技巧及判断标准

原料：鱼片500g、食粉5g、精盐5g、味精3g、干淀粉20g、鸡蛋清25g、清水15g。

腌制上浆方法如下。

（1）将清水10g放入碗中，先加入干淀粉调匀，再加入鸡蛋清，用筷子将其打散。

（2）向鱼片中加入精盐2g、食粉5g，顺一个方向搅拌、抓匀，放置5分钟，入清水漂10分钟。

（3）将鱼片表面水分吸干，放入碗中，加入精盐3g、味精3g，再次搅拌上劲，将蛋清浆分3次加入鱼片，搅拌均匀，最后放生油100g盖面，放入冰箱冷藏1小时即可。

（拓展阅读）

滑熘菜肴口感滑嫩的原因分析

滑熘菜肴之所以有异常滑嫩的口感，主要决定于三大因素：一是所用主料质地细嫩；二是上浆保护，防止主料在烹调过程中过多失水，从而保持了原料的嫩性；三是使用恰当火候。具体技术要领有如下几点。

第一，选料讲究。凡用于滑熘菜肴的主料一定要新鲜、质地细嫩，使用动物原料要选用细嫩部位。

第二，精心上浆。滑熘菜肴之所以滑嫩，上浆是一大关键。滑熘所用的浆料主要是用鸡蛋清加淀粉、精盐调制的蛋清浆，只有这种浆料才能保证主料在滑油后柔滑软嫩、色泽洁白。浆料要根据主料含水量的高低调制，原料上浆的稠度和厚度一般以浆料能薄薄地挂匀原料，或在原料表面均匀涂抹一层，滑油时易划开为宜。

第三，火候恰当。滑熘原料在滑油时，都是用四成热左右的温油，使原料断生即可，熘汁时虽用旺火热油，但加热时间很短。

第四，熘汁方法得当。熘汁时不宜采用"浇汁"的方法，而要采用"卧汁"或"淋汁"的方法。无论用何种熘汁方法，出手都要快，尽量减少原料在锅内停留的时间，只要一挂上汁就要马上出锅，否则容易失去滑熘菜肴软嫩滑润的特色。

实践菜例❹ 西湖醋鱼（软熘）

1. 菜肴简介

西湖醋鱼又名"叔嫂传珍""宋嫂鱼"，是浙江省杭州市的传统风味名菜，为浙江菜系。西湖醋鱼主要以草鱼等食材用料烹制而成，色泽红亮、肉质鲜嫩、酸甜清香、口感软嫩、带有蟹味。2018年9月10日，西湖醋鱼被评为浙江省十大经典名菜之一。

2. 制作原料

主料：草鱼1条净重750g。

料头：姜块15g、葱条10g、姜米5g、葱白米5g、蒜蓉5g。

调料：生抽75g、香醋100g、料酒25g、白糖60g、湿淀粉50g、鲜汤50g。

3. 工艺流程

主料初加工→切配料头→调制味汁→浸煮→浇淋味汁→装盘成菜。

4. 制作流程

（1）将草鱼饿养1~2天，刮鳞、去鳃，去掉鱼牙，洗净黑衣。从尾部入刀将鱼身剖劈成雌、雄两片，在鱼的雄片上，从离鳃盖瓣4.5cm开始，每隔4.5cm左右斜批一刀，共批5刀，在批第三刀时，在腰鳍后0.5cm处切断，使鱼分成两段，以便浸煮；在雌片脊部厚处向腹部斜剞一长刀，不要损伤鱼皮。将姜洗净、去皮，取15g拍裂成姜块，取5g切成姜米，葱洗净，取葱白5g切成葱花，蒜5g切成蒜蓉备用。

（2）炒锅内放清水3000mL，放入姜块、葱条、料酒，用旺火烧沸，先放雄片前半段，再将鱼尾段接在上面，然后将雄片和雌片并放，鱼头对齐，鱼皮朝上，保持小火，浸煮约5分钟，用筷子轻轻地扎鱼的雄片额下部，如能扎入即熟。

（3）将鱼捞出，放入盘中，装盘时将鱼皮朝上，把鱼的两片背脊拼成鱼尾段与雄片拼接，并沥去汤水。

（4）烧锅入油，放入姜米、葱花爆香，下生抽、白糖和鲜汤，烧开以后加入香醋和湿淀粉勾芡，用手勺搅拌均匀成为酸甜汁，浇在盘内鱼身上，再淋入少许芝麻油即成。

5. 重点过程图解

西湖醋鱼重点过程图解如图1-4-23～图1-4-27所示。

　　图1-4-23　食材准备　　　　图1-4-24　鱼花刀处理　　　　图1-4-25　草鱼浸煮

　　　　图1-4-26　淋浇芡味酸甜汁　　　　图1-4-27　装盘成菜

6. 操作要点

（1）草鱼一定要鲜活，烹调前在清水中放养1～2天，有利于去除鱼腥味。

（2）锅中用水量要恰到好处。若水量过少，则鱼身露出太多，传热缓慢、不易成熟。

（3）浸鱼时，水应保持似沸而不腾的状态。若水温过高，则鱼肉易烂，口感发柴；若水温过低，则不易成熟。

（4）生抽调色是西湖醋鱼的本色，味微甜微酸是此菜肴的特点。

（5）芡汁稠浓，以浇在鱼身上似流不流为佳，过稠则影响形美，过稀则有损成菜的风格。

7. 质量标准

西湖醋鱼质量标准见表1-4-4所列。

表1-4-4　西湖醋鱼质量标准

评价要素	评价标准	配分
味道	调味准确，酸甜清香适口	
质感	肉质鲜嫩，无渣口、老韧现象	
刀工	成型均匀，完整无损	
色彩	色泽红亮、饱满、明亮，成菜不泄油	
造型	成型美观、自然，鱼身完整不烂	
卫生	操作过程、菜肴装盘符合卫生标准	

(教你一招)

浸鱼时如何判断鱼肉是否成熟

（1）用筷子戳的方法：拿一根筷子从鱼头后 1cm 的地方插入鱼肉，如果能轻易地把鱼肉插透，则说明鱼已经熟了。

（2）观察鱼眼变化法：由于活鱼的肌肉受热后收缩较大，鱼熟后眼睛会向外凸出，并且鱼眼睛的颜色会变白，这样就说明鱼熟了。

(拓展阅读)

西湖醋鱼的历史典故

西湖醋鱼是浙江杭州传统风味名菜，历史悠久，来源于"叔嫂传珍"的典故。

相传，宋朝西湖边有宋氏两兄弟，其中，宋兄已娶妻。一天，当地恶霸赵官人在西湖游玩，路上看见宋嫂，见其美姿动人就想霸占，并施用阴谋手段害死了宋兄。宋弟和宋嫂两人到处告官最终求告无门，反被赶出府衙。后来，宋嫂担心被恶霸报复，便劝弟弟逃离住所。临行前，宋嫂烧了一碗鱼，加糖加醋，烧法奇特。宋弟问嫂嫂："今天鱼怎么烧得这个样子？"宋嫂说："鱼有甜有酸，我是想让你在外不要忘记老百姓受欺凌的辛酸，不要忘记你嫂嫂饮恨的辛酸。"弟弟听了很是激动，吃了鱼，牢记嫂嫂的心意而去。后来，宋弟立志苦读取得了功名，回到杭州把赵官人惩办了。可这时宋嫂已经不知去向。有一次，宋弟出去赴宴，宴间吃到一道菜肴，味道就是他离家时嫂嫂烧的那样，宋弟连忙追问是谁烧的，才知道正是他嫂嫂的杰作。由此，嫂弟二人得以重逢。

后来曾有诗云："裙屐联翩买醉来，绿阳影里上楼台；门前多少游湖艇，半自三潭印月回。何必归寻张翰鲈，鱼美风味说西湖；亏君有此调和手，识得当年宋嫂无。"诗的最后一句指的就是西湖醋鱼的传说。

任务测验 ●━━

熘菜技能测评

1. 学习目标

（1）能运用熘的方法，在规定时间内独立完成技能测评的相关内容。

（2）检测本任务中知识、技能、素质目标的达成情况。

（3）能分析存在的问题和不足，为采取改进措施提供依据。

（4）能认真总结和反思学习过程，进一步巩固本任务的学习内容。

2. 测评方案

（1）熘菜技能测评菜肴品种为糖醋咕噜肉、糖醋瓦块鱼、滑熘鱼片、西湖醋鱼，学生采取抽签的方式，选定其中 1 道作为技能测评内容。

（2）操作完成时间为 45 分钟。

（3）教师负责主辅料、调料的准备，学生自备菜肴装饰物。

（4）菜肴制作的所有工序均在现场完成。成菜以 10 人量为准，另备一小碟（以 1 人量为准）供教师品评。

（5）学生完成菜肴制作后，填写标签，放在本人作品旁边，便于教师评分。

（6）学生根据技能测评方案，抽签确定本次技能测评菜肴品种。

3. 学习准备

（1）检查工具、用具。

刀具、砧板、炉灶、各类辅助用具及餐具。

（2）准备每份菜肴的主辅料。

糖醋咕噜肉：猪夹心肉 200g、菠萝 100g、鸡蛋 1 个、鹰粟粉、葱 10g、蒜 5g、青椒 30g、红椒 30g。

糖醋瓦块鱼：草鱼肉 500g、葱花 10g、蒜蓉 5g。

滑熘鱼片：草鱼 1 尾（重约 750g）、青红椒各 50g、冬笋肉 50g、湿木耳 25g、鸡蛋清 1 个、葱榄 10g、姜 10g。

西湖醋鱼：草鱼 1 条净重 750g、葱 10g、蒜 5g。

4. 学习过程

（1）接受任务。

（2）制订工作方案。学生根据抽签结果，制订本小组技能测评工作方案，交指导教师审核。

（3）实施工作方案。学生根据本小组技能测评方案进行菜肴操作；教师全场巡视，及时指导、记录学生操作过程情况，提醒各小组进度。

5. 综合评价

自评、小组互评、教师点评，填写技能测评评价表。

6. 总结与巩固

各小组完成本次技能测评的《实训报告》，总结和反思学习过程，进一步巩固本任务的学习内容。

 知识归纳

<h2 style="text-align:center">热菜烹调技法——熘</h2>

▶ **技法概念**

熘是指将加工整理好的原料经不同方法的初步熟处理，成为断生或全熟的原料，采用不同滋味的芡汁熘汁，使芡汁迅速裹匀原料成菜的烹调方法。

熘法是由炸法演变而来的烹调方法，区别在于最后一道工序要熘汁，故称之为熘法。在长期的实践中，熘法在内容和方法上有了许多新发展，除油炸外，还增加了蒸、浸、汆、焯等多种预制方法，丰富了菜肴风味的多样性。

▶ 技法特点

（1）原料预制方法多样化。除油炸外，熘法还有滑油、浸煮、蒸等多种预制成熟方法，形成了酥、脆、软、嫩等多种质感。

（2）味型多样。熘法常见的味型除咸鲜、酸甜外，还有麻辣、酸辣、咸甜、微酸、糟香、鱼香、酱香等。

（3）熘法操作的关键在于味汁的熘制。原料预制要为熘汁准备良好的条件，要根据菜肴制作的需要确定适当的熘汁方法，要掌握好调味品、汤汁和淀粉三者的比例关系，使芡汁的稀稠、软硬恰到好处。

▶ 技法分类

根据加热方法的不同，熘法通常分为脆熘、滑熘、软熘3种。各种熘法的对比见表1-4-5所列。

表1-4-5　各种熘法的对比

种类	定义	工艺流程	特点
脆熘	是将加工好的原料腌制入味、上浆挂糊，经滚粘干粉、旺火炸熟后，采用熘汁调味成菜的熘法	选料→切配→挂糊→炸制→熘汁→装盘	色泽金黄或红亮，成型大方美观，外酥脆、里熟嫩，卤汁裹覆原料，略有多余，滋味浓厚
滑熘	是加工好的不带骨小型原料经腌制、上浆后，先用温油滑至断生，再用足量芡汁淋汁或卧汁加热成菜的熘法	选料→切配→腌制上浆→滑油→熘汁→装盘	色泽明亮、质感滑嫩、鲜醇清香
软熘	是将加工处理好的原料用水浸或气蒸，经短时间加热至断生，浇上味汁成菜的熘法	选料→切配加工→水浸或气蒸→熘汁→装盘	滋味清鲜，质感极为软嫩，通常运用鱼类、水产品原料做主料

▶ 做一做

学生分组协作，首先完成实践菜例的工作方案书，然后到实训室以小组合作的方式完成实践菜例的制作，最后根据操作过程完成实践菜例的实验报告。

▶ **知识拓展**

1. 开展一次市场调研活动，了解市场鱼类的供应情况，观察除草鱼外还有哪些鱼品种适合运用熘的方法制作菜肴。

2. 通过查找网络资料、专业书籍等方式，了解松鼠鳜鱼、芙蓉鸡片、宋嫂鱼羹等菜肴的历史起源、风味特点及制作工艺。

思考与练习

一、填空题

1. 脆熘是将加工好的原料腌制入味、上浆挂糊，经＿＿＿＿＿＿＿＿，＿＿＿＿＿＿＿＿后，采用熘汁调味成菜的熘法。

2. 滑熘是加工好的不带骨小型原料经腌制、上浆后，先用＿＿＿＿＿＿＿＿＿＿＿，再用足量＿＿＿＿＿＿＿＿＿加热成菜的熘法。

3. 软熘是将加工处理好的原料用＿＿＿＿＿＿＿＿，经＿＿＿＿＿＿＿＿＿＿＿，浇上味汁成菜的熘法。

4. 按加热方法，熘法可以分为＿＿＿＿＿＿、＿＿＿＿＿＿、＿＿＿＿＿＿。

二、选择题

1. 脆熘的特点是（　　　）。

A. 外脆里嫩　　　B. 香甜可口　　　C. 口感酥松　　　D. 里外酥脆

2. 西湖醋鱼按照用料与操作采用的熘法是（　　　）。

A. 脆熘　　　　　B. 滑溜　　　　　C. 软熘　　　　　D. 醋熘

3. 糖醋瓦块鱼运用了（　　　）烹调方法加热成菜。

A. 炸、炒　　　　B. 炸、熘　　　　C. 煎、熘　　　　D. 煎、炸

4. 醋熘在制作过程中，调料中（　　　）稍大，是口味偏酸的烹调方法。

A. 酸味比例　　　B. 甜味比例　　　C. 咸鲜比例　　　D. 复合味

5. 西湖醋鱼属于（　　　）。

A. 粤菜　　　　　B. 桂菜　　　　　C. 浙菜　　　　　D. 鲁菜

6. 职工具有良好的（　　　）有利于企业的科技创新、降低成本、提高产品和服务质量，从而树立良好的企业形象，提高市场竞争能力。

A. 技术水平　　　B. 业务水平　　　C. 文化水平　　　D. 职业道德

7. （　　　）是企业文化的重要组成部分。

A. 技术水平　　　B. 业务水平　　　C. 文化水平　　　D. 职业道德

三、判断题

1. 西湖醋鱼又名"叔嫂传珍""宋嫂鱼"，前身为"宋嫂鱼羹"，是中国浙江省杭州市的

传统风味名菜，为浙江菜系。（　　）

2．熘是将加工、切配的原料用调料腌制入味，先经油、水或蒸气加热成熟后，再将调制的卤汁浇淋于烹饪原料上或将烹饪原料投入卤汁中翻拌成菜的一种烹调方法。（　　）

3．滑熘又称脆熘，是先将主料改刀处理，再放调料腌制入味，拍粉、挂糊、过油炸至酥脆，将兑好的芡汁入锅并投入炸好的主料翻拌均匀，或直接将芡汁浇淋在原料上熘制成菜的方法。（　　）

4．焦熘由滑炒而来，是主料先经改刀处理，腌制、上冻用温油划散制热处理后，再用调味的芡汁熘制成菜的一种烹调方法。（　　）

5．醋熘在制作过程中，调料中酸味比例稍大，是口味偏酸的烹调方法。醋熘的做法与焦熘、软熘、滑熘接近，其代表菜肴有醋熘白菜、醋熘土豆丝、醋熘肝尖。（　　）

6．职业道德建设的关键是员工的职业道德建设。（　　）

7．职业道德建设应与个人利益挂钩。（　　）

四、简答题

1．糖醋咕噜肉采用了哪种烹调技法？其特点是什么？

2．滑熘的定义是什么？

3．脆熘的定义是什么？

任务5　煎菜制作

☆ 了解煎法的概念、特点、操作关键及分类。
☆ 掌握实践菜例的制作工艺。
☆ 能运用煎法完成实践菜例的制作。
☆ 养成规范操作的习惯，培养注重食品卫生安全的意识。

实践菜例❶　香煎龙利鱼（干煎）

1．菜肴简介

龙利鱼也叫踏板鱼、牛舌鱼、鳎目鱼，其肉质细嫩、营养丰富，属于出肉率高、味道鲜美的优质海洋鱼类。龙利鱼的脂肪中含有不饱和脂肪酸，具有抗动脉粥样硬化的功效，对防治心脑血管疾病和增强记忆颇有益处。同时，据营养测定，龙利鱼中的一组多元不饱和脂肪酸可以抑制眼睛里的自由基，防止新血管的形成，降低晶体炎症的发生概率，因此，其鱼肉被称为"护眼鱼肉"。香煎龙利鱼的制作工艺简单、原料搭配巧妙，是一道简单易学的菜肴。

2. 制作原料

主料：龙利鱼 250g。

辅料：芦笋 150g、胡萝卜 50g。

调料：精盐 3g、味精 1g、白糖 1g、小青柠 1 个、姜葱酒 5g、黑胡椒碎 2g、白胡椒碎 2g、植物油 25g。

3. 工艺流程

鱼肉解冻→腌制→煎制→出锅装盘→成菜。

4. 制作流程

（1）将龙利鱼自然解冻，冲洗干净，用厨房用纸吸掉表面多余的水分；芦笋洗净，刨去表面纤维，胡萝卜洗净，改刀成榄核形备用。

（2）将龙利鱼放入姜葱酒、精盐、白糖、白胡椒粉中腌制入味，备用。

（3）将不粘锅烧热，放入植物油 25g，将龙利鱼蘸上薄薄的生粉，放入锅中，中火煎制两面定型，小火慢煎至金黄色即可出锅。

（4）将焯水好的芦笋排成竹排形，龙利鱼改刀后装在芦笋上，撒上现磨黑胡椒颗粒，将焯过水的胡萝卜与小青柠分别摆在旁边，稍做点缀即可。

5. 重点过程图解

香剪龙利鱼重点过程图解如图 1-5-1～图 1-5-6 所示。

图 1-5-1　吸干水分

图 1-5-2　调味腌制

图 1-5-3　煎制

图 1-5-4　辅料焯水

图 1-5-5　辅料垫底

图 1-5-6　装盘成菜

6. 操作要点

（1）龙利鱼要自然解冻，解冻后用干净的毛巾或厨房用纸吸掉表面多余的水分。

（2）煎制时要耐心，待鱼肉定型后才能翻动，否则容易碎烂。

7. 质量标准

香煎龙利鱼质量标准见表 1-5-1 所列。

表 1-5-1　香煎龙利鱼质量标准

评价要素	评价标准	配分
味道	调味准确、咸鲜适宜、口味适中	
质感	外酥脆、里鲜嫩	
刀工	厚薄成型均匀	
色彩	鱼表面色泽金黄，芦笋翠绿	
造型	成型美观、自然、摆盘协调	
卫生	操作过程、菜肴装盘符合卫生标准	

微课　香煎龙利鱼的制作

教你一招

煎鱼完整小诀窍

煎鱼的时候，鱼肉容易粘锅，导致鱼身不完整、鱼肉碎烂。想要把鱼煎好，这几个小窍门要掌握好。

（1）当鱼被宰杀后，尽可能地把表面水分去掉。这是因为水和油不相容，它们的导热速率也不同，容易使原料受热不均匀而造成粘锅，同时也容易使油飞溅，影响安全。

（2）锅要炙好。炙锅时，锅要洗净，放火上烧至锅底冒烟才能放油。

（3）鱼下锅时，温度尽可能高一些，油温在 160～190℃ 之间，鱼下锅后，不能马上移动，需要保持中小火力让鱼肉受热均匀，待鱼皮贴在锅的一面定型结壳固化后，翻到另一面继续煎制。

（4）煎鱼需要一把好的不粘锅。不粘锅可以更省事而且减少下油的量，让鱼没有那么油腻，让我们吃鱼更健康。

拓展阅读

龙利鱼和巴沙鱼的区别

龙利鱼属于优质的海洋鱼类，在烹饪中被广泛运用。然而，市场上有一种鱼，其鱼肉与龙利鱼很像，不良商家常用它来冒充龙利鱼，这种鱼叫巴沙鱼。

巴沙鱼是东南亚国家重要的淡水养殖品种，是湄公河流域中的一种特有的经济鱼类。巴沙鱼是淡水鱼，具有较重的泥腥味，而且富含饱和脂肪酸，人体食用后容易导致血胆固醇等升高，从而增加患心脑血管疾病的风险，所以从健康层面上来说，龙利鱼的质量要优于巴沙鱼。

可以从以下几种方法区分龙利鱼和巴沙鱼。

（1）看形状。巴沙鱼属于淡水鱼，个头和体型都比较大，身体无鳞圆润，背部蓝黑色，腹部较白；头部扁宽，腹部狭窄，身体侧面的肌肉可食用的部分较厚；圆头扁平而宽，端部圆宽，吻鼻周围具有肉质和白须，身侧有暗带，尾鳍较暗。龙利鱼属于海鱼，身材扁平，偏叶状。

（2）比价格。质优的龙利鱼柳价格在 50 元/500g 左右，甚至更高，市面上卖十几元一斤的基本上是假冒的。

（3）观肉质。龙利鱼的体态比较薄，所以处理好的鱼柳也不会太厚，而且龙利鱼的鱼肉颜色渐进，有花纹，肉质非常细腻。如果遇到肉质特别厚的"龙利鱼柳"，那么最好不要购买。

（4）品味道。龙利鱼是海鱼，身上的腥味很轻，略带一些海腥味；而巴沙鱼是河鱼，身上有比较重的土腥味，就算是经过"泡药水"处理，这种土腥味也无法完全去除。

实践菜例❷　香煎藕饼（湿煎）

1. 菜肴简介

莲藕，中通外直、不蔓不枝、清甜多汁、爽脆可口，无论是煎、炒、炖、煮，还是生吃熟食，都适合，自古就深受人们的喜爱。莲藕是秋天润肺祛燥、养胃补脾的好食材。香煎藕饼是将藕切片后与肉馅制成饼状煎制而成的菜肴，形状完整，带有金灿灿的"外衣"，口感酥、香、鲜、嫩，风味独特，诱人食欲。

2. 制作原料

主料：莲藕 200g、虾仁 100g。

辅料：猪肥膘 25g、水发香菇 20g、马蹄 30g、鸡蛋 1 个。

料头：香菜碎 10g、姜米 10g、葱花 10g。

调料：精盐 4g、生抽 5g、海鲜酱 15g、鸡粉 4g、白胡椒粉 2g、料酒 5g、干淀粉 60g、芝麻油 5g、鲜汤 50g。

3. 工艺流程

主辅料初加工→制虾肉馅→成型→调制味汁→煎制→装盘成菜。

4. 制作流程

（1）将莲藕去皮，切成厚 0.3cm 的片，放入清水中浸泡；马蹄去皮，切成粒；香菇泡发去柄，切成粒；姜洗净去皮，切成姜米；葱白切成葱花；香菜切碎备用。

（2）将虾仁洗净，挑去虾肠，剁成蓉，加入鸡蛋、精盐 2g、生抽 5g、鸡粉 2g、白胡椒粉 1g，顺一个方向搅拌上劲后与马蹄、香菇、姜米、葱花拌均匀。

（3）将藕片焯水，沥净水，先取一片藕撒些干淀粉，抹上一份虾馅，再放上一片藕，制成藕饼生坯，按此法逐一做完。

（4）将鲜汤放入一小碗内，放入海鲜酱、水淀粉，以及剩余的精盐 2g、鸡粉 2g、白胡椒粉 1g，调匀成味汁备用。

（5）将平底煎锅放在火上，放入植物油 25g，加热至 150℃左右，取藕饼生坯拍匀干淀粉，挂上蛋糊，下入油锅中煎制两面金黄。

（6）滗去余油，倒入调好的味汁，不停地晃动煎锅，待味汁收干时撒入香菜碎、淋入芝麻油即可出锅装盘，稍加点缀即成。

5. 重点过程图解

香剪藕饼重点过程图解如图 1-5-7～图 1-5-15 所示。

图 1-5-7　莲藕焯水

图 1-5-8　馅料调味

图 1-5-9　馅料搅打混合

图 1-5-10　藕夹上馅

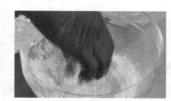
图 1-5-11　藕夹排粉

图 1-5-12　藕夹过蛋液

图 1-5-13　煎制

图 1-5-14　烹制

图 1-5-15　装盘成菜

6. 操作要点

（1）改刀要均匀。藕片要切得厚薄均匀，余水后要沥干水分。

（2）火候要讲究。煎制藕饼时，要注意控制火力，注意观察其颜色变化，以免外焦里生。

（3）调馅要上劲。调制馅料时，要顺时针搅起胶后，再与其他辅料拌匀。

（4）调味要精准。把握好烹入的味汁的分量，并且要不停地晃动锅，让其受热均匀和入味。

7. 质量标准

香煎藕饼质量标准见表 1-5-2 所列。

表 1-5-2　香煎藕饼质量标准

评价要素	评价标准	配分
味道	调味准确、鲜香味美、鲜甜适口	
质感	口感酥脆、鲜嫩、层次丰富	
刀工	刀工精细，厚薄、大小、成型均匀	
色彩	色泽黄亮，芡汁明亮，无泄芡现象	
造型	成型美观、自然	
卫生	操作过程、菜肴装盘符合卫生标准	

微课　香煎藕饼的制作

教你一招

如何鉴别脆藕和粉藕

莲藕就质地而言，主要分脆藕和粉藕两种，脆藕甘甜水嫩、降火清热，适合凉拌、清炒；粉藕粉糯清香，适合煨汤炖煮。两种莲藕在外形上差不多，如何鉴别脆藕和粉藕呢？

1. 观外形

一般来说，脆藕的藕节比较细长，表皮比较白嫩；而粉藕的藕节比较短、粗壮，颜色呈深黄色或褐色，而且表面麻点比较多。

2. 辨藕孔

脆藕的藕孔比较多，呈现九孔形状；粉藕的藕孔少，一般为七孔。

3. 尝口感

脆藕生吃比较清甜，而且水分也比较足；粉藕的淀粉含量高，生吃有轻微的涩味，炖煮后呈现粉红色，比较粉糯。

4. 掂重量

脆藕水分多，淀粉含量少，多是一些膳食纤维，质地比较轻盈；粉藕的淀粉含量高，质地比较粗糙、厚实。同样一节莲藕，拿在手里掂量一下就能明显感觉到脆藕轻粉藕重。

拓展阅读

说莲藕

国人对莲藕的喜爱是由莲藕中通外直、不蔓不枝的高洁品质所决定的。文人为了表达自己的高风亮节，以及不愿与世俗同流合污的品质，喜欢借称赞莲藕传递自己的情意。因此，莲藕不仅是饮食中的美食，还是人们托物言志的对象。在中国，各地出产的优良莲藕品种较多，最具代表性的有湖北洪泽湖产的洪湖莲藕。洪湖莲藕形状长、饱满、淀粉含量丰富，具有香、脆、清、利等特点，煮汤易烂、肉质肥厚、炒食甜脆、煨汤易粉。因品质优良，洪湖莲藕在唐代时就被列为贡品。

莲藕微甜而脆，既可生食又可做菜，烹调方法多样，尤其以炖煮和炒食居多。莲藕性寒，具有清热降火的功效，适量吃有助于缓和血热引起的上火症状。莲藕还是一种具有滋阴生津功效的食物，秋天天气燥热，人体容易出现咽干、皮肤干燥等症状，吃莲藕可以起到很好的滋养作用。

实践菜例❸　煎封金鲳鱼（煎封）

1. 菜肴简介

煎封金鲳鱼是广东传统名菜，运用煎法加热成熟，以及煎封汁调味制作而成。成品既有煎的芳香，又有焖的浓醇，滑软可口、风味别致。

2. 制作原料

主料：金鲳鱼 1 条 750g。

料头：蒜蓉 10g、姜米 20g、葱米 20g。

调料：煎封汁 250g、胡椒粉 2g、芝麻油 3g、生抽 10g、姜葱酒 15g、加饭酒 10g、湿淀粉 10g、植物油 50g。

3. 工艺流程

主辅料初加工→腌制主料→切配料头→调制味汁→煎制成熟→调入煎封汁→收汁→装盘成菜。

4. 制作流程

（1）将鱼宰杀，去鳞、鳃、内脏，洗净，在鱼的两面剖上花刀，用生抽、姜葱酒腌制 10 分钟；蒜洗净切成蓉，姜洗净去皮切成姜米，葱白洗净切成葱米；煎封汁、芝麻油、胡椒粉兑成芡汁。

（2）将锅置于火上，加入植物油 25g，待油面微微冒青烟时，放入金鲳鱼，待鱼皮结壳定型后，翻转另一面继续煎制，待鱼身两面呈金黄色时，捞起盛在盘中，把油倒回油盆。

（3）锅留底油，保持中火，下姜米、葱米、蒜蓉爆香，放入金鲳鱼，淋入加饭酒，下入煎封汁，不停晃动煎锅，待汁水浸入鱼肉且变得浓稠时，将金鲳鱼捞出装入盘中，原汁勾芡，加入尾油、芝麻油推匀，淋在鱼身上即成。

5. 重点过程图解

剪封金鲳鱼重点过程图解如图 1－5－16～图 1－5－21 所示。

图1-5-16　食材准备

图1-5-17　鱼剞花刀

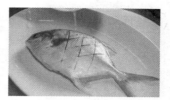
图1-5-18　腌制

图1-5-19　入锅煎制

图1-5-20　煎制

图1-5-21　装盘成菜

6. 操作要点

（1）金鲳鱼洗净后要吸去多余的水分，在鱼身剞上花刀便于入味。

（2）要按用料配方调制煎封汁，保证风味。

（3）注意把握煎鱼火候，待两面焦黄后盛出。

（4）放入煎封汁后，要晃动炒锅，让鱼受热、入味均匀。

7. 质量标准

煎封金鲳鱼质量标准见表1-5-3所列。

表1-5-3　煎封金鲳鱼质量标准

评价要素	评价标准	配分
味道	调味准确，咸鲜酸甜适口	
质感	外酥香、里软嫩，无渣口、老韧现象	
刀工	成型均匀，完整无损	
色彩	色泽红亮、饱满、明亮，成菜不泄油、	
造型	成型美观、自然，鱼身完整不烂	
卫生	操作过程、菜肴装盘符合卫生标准	

（教你一招）

煎封汁的调制方法

煎封汁色泽棕红，具喼汁香味，常用作海、河、塘鲜煎后的调色、调味。

原料：淡上汤1.25kg、喼汁1kg、生抽150g、白糖50g、老抽50g、味精25g、精盐25g。

调制方法：将上述原料混匀后，煮沸即成。

拓展阅读

说煎封

　　煎封是粤菜中较为常见的一种煎法，与烹调方法中的煎烹一致，实为一种煎为主烧为辅的方法。之所以叫煎封，首先跟煎烹的变音有关，其次它的另外一层含义就是务求卤汁紧紧地裹封着原料。

　　煎封技法多用于烹制肉厚的鱼类，其成品特点既有煎的芳香，又有烧的浓醇，滑软可口、风味别致。《吕氏春秋·本味》说道：“水居者腥，肉獲者臊，草食者膻”。所以一直以来，烹鱼时去除鱼的腥味是厨师的第一要务。煎封法先煎后烹，能有效利用料头所产生的“锅气味”去腥增香。另外，煎封汁运用大量噎汁调和而成，噎汁又称英国黑醋或伍斯特沙司，是一种起源于英国的调味料，运用大麦醋、白醋、糖蜜、糖、盐、凤尾鱼、罗望子、洋葱、蒜、芹菜、辣根、生姜、胡椒、大茴香等近30种香料和调味料，经加热熬煮、过滤制成，味道酸甜微辣，色泽黑褐，常用作海、河鲜煎后的调色、调味，风味独特。

任务测验

煎菜技能测评

1. 学习目标

（1）能运用煎的方法，在规定时间内独立完成技能测评的相关内容。

（2）检测本任务中知识、技能、素质目标的达成情况。

（3）能分析存在的问题和不足，为采取改进措施提供依据。

（4）能认真总结和反思学习过程，进一步巩固本任务的学习内容。

2. 测评方案

（1）煎菜技能测评菜肴品种为香煎龙利鱼、香煎藕饼、煎封金鲳鱼，学生采取抽签的方式，选定其中1道作为技能测评内容。

（2）操作完成时间为40分钟。

（3）教师负责主辅料、调料的准备，学生自备菜肴装饰物。

（4）菜肴制作的所有工序均在现场完成。成菜以10人量为准，另备一小碟（以1人量为准）供教师品评。

（5）学生完成菜肴制作后，填写标签，放在本人作品旁边，便于教师评分。

（6）学生根据技能测评方案，抽签确定本次技能测评菜肴品种。

3. 学习准备

（1）检查工具、用具。

刀具、砧板、炉灶、各类辅助用具及餐具。

（2）准备每份菜肴的主辅料。

香煎龙利鱼：龙利鱼 250g、芦笋 150g、胡萝卜 50g。

香煎藕饼：莲藕 200g、猪肥膘 25g、水发香菇 20g、马蹄 30g、鸡蛋 1 个、香菜碎 10g、姜 10g、葱 10g。

煎封金鲳鱼：金鲳鱼 1 条 750g、蒜 10g、姜 20g、葱 20g。

4. 学习过程

（1）接受任务。

（2）制订工作方案。学生根据抽签结果，制订本小组技能测评工作方案，交指导教师审核。

（3）实施工作方案。学生根据本小组技能测评方案进行菜肴操作；教师全场巡视，及时指导、记录学生操作过程情况，提醒各小组进度。

5. 综合评价

自评、小组互评、教师点评，填写技能测评评价表。

6. 总结与巩固

各小组完成本次技能测评的《实训报告》，总结和反思学习过程，进一步巩固本任务的学习内容。

 知识归纳

热菜烹调技法——煎

▶ **技法概念**

煎是指将加工成扁平状的原料经腌制入味、糊浆处理后入锅，加入少量油用中小火加热使原料成熟、表面呈金黄色而成菜的烹调方法。

▶ **技法特点**

（1）煎的主料一般要加工成为扁平形的片、块、段状，面积大而不厚，否则，不易煎到内外俱熟。

（2）煎的菜肴在加热过程中一般不再调味，大多数煎菜要先用各种调料浸渍入味，成熟上桌后，另跟味碟。

（3）煎的主料一般要拍粉或挂糊，根据原料的性质选择合适的粉料或糊浆。拍粉少而匀、糊浆薄而稀。

（4）煎制菜肴的火候很重要，下锅中火加热定型，接着中小火加热保证菜肴色泽，并使其受热均匀，起锅前用大火是外脆里嫩的关键。

（5）煎制菜肴外香酥、内软嫩，无汤无汁、甘香不腻形成了煎菜的独特风味。

▶ 技法分类

煎法通常分为干煎、湿煎、煎封。各种煎法的对比见表1-5-4所列。

表1-5-4 各种煎法的对比

种类	定义	工艺流程	特点
干煎	是把扁平状的原料腌制入味后拍粉、拖蛋液，放入锅中，用小火加热至表层金黄酥脆的一种煎法	原料初加工→腌制入味→拍粉、拖蛋液→煎→成菜	色泽金黄，表层酥脆，内里熟嫩，鲜咸香醇
湿煎	是把原料排入锅中，煎至表面呈金黄色后投入料头，加入少量汤水并调味焗制片刻成菜的煎法	原料初加工→腌制入味→煎→烹入味汁→焗→成菜	成品浅黄色，质感软嫩柔润
煎封	是先将加工腌制过的原料煎制成熟，再调入煎封汁加热入味成菜的煎法	原料初加工→腌制入味→煎→烹入煎封汁→焗→成菜	成品既有煎的芳香，又有焗的浓醇，滑软可口，味鲜香，风味别致

▶ 做一做

利用一块龙利鱼，实验用油炸和煎的方法烹制成菜，观察两者在成菜特点方面的区别。

▶ 知识拓展

1. 香煎牛仔粒是中西结合的一道菜肴，了解它的风味特色、制作工艺和操作要领。

2. 开展一次市场实地考察活动，实地了解粉藕和脆藕、龙利鱼和巴沙鱼的区别。

📖 思考与练习

一、填空题

1. 煎的种类有_____、_____、煎封。

2. 干煎是将小型原料腌制后拍上面粉直接_____成菜的方法。

3. 将加工腌制过的原料先用半煎半炸的方法加热成熟，再用调味汁加盖封熟成菜属于_____的烹调方法。

二、选择题

1. 下列不属于干煎的菜品是（   ）。

A. 香煎龙利鱼   B. 香煎藕饼   C. 干煎银鱼   D. 干煎里脊

2. 香煎藕饼按照用料与操作采用的煎法是（　　）。

A. 干煎   B. 湿煎   C. 煎封   D. 煎焗

3. 煎封金鲳鱼运用了（　　）的烹调方法加热成菜。

A. 干煎   B. 湿煎   C. 煎封   D. 煎焗

4. 将经糊浆处理的扁平状原料平铺入锅，加少量油用（　　）加热，使原料表面呈金黄而成菜的技法。

A. 大火   B. 中火   C. 小火   D. 中小火

5. 煎封是（　　）煎法中的一种，又叫煎碰，多用于烹制肉厚的鱼类。

A. 粤菜   B. 桂菜   C. 浙菜   D. 鲁菜

6. 尊师爱徒是指人与人之间的一种平和关系，晚辈、徒弟要谦逊，尊敬长者、师傅；师傅要指导、（　　）晚辈、徒弟。

A. 贡献   B. 关怀   C. 关爱   D. 爱护

7. 关于人与人的工作关系，下列观点正确的是（　　）。

A. 主要是竞争   B. 有合作，也有竞争

C. 竞争和合作同样重要   D. 合作多于竞争

三、判断题

1. 香煎藕饼是浙江的传统名菜。（　　）

2. 煎法起源于北魏时期的《齐民要术》，煎是以小火将锅烧热后，下入布满锅底适宜的油，烧热，将经加工处理好的原料下入，慢慢加热至成熟的烹调方法。（　　）

3. 煎制的时间是整个菜肴制作的关键。煎制菜肴的特点是色泽金黄、香脆酥松、软香嫩滑、原汁原味、油不腻、诱人食欲。（　　）

4. 煎封是指将加工腌制过的原料，先用半煎半炸的方法加热成熟，再用料酒和调味汁加盖封熟成菜的烹调方法。（　　）

5. 煎封在粤菜中常见，原料以鱼类、肉类为主，代表菜肴有煎封金鲳鱼等。（　　）

6. 尊师爱徒是指人与人之间的一种平和关系，是人与人平等友爱、相互尊敬的社会关系。（　　）

7. 精益求精即不懈不待、追求发展、争取进步。（　　）

四、简答题

1. 香煎藕饼采用了哪种烹调技法？其特点是什么？

2. 煎的定义是什么？

3. 湿煎的定义是什么？

项目2　以水为传热介质的热菜制作

▶ **项目概述**

在中国烹饪技法中，水和食用油一直被认为是并立的两大主要传热介质。水和油一样传热性能良好，可以使原料在水中均匀受热。水虽然蓄纳的温度比油低，无法取得油的高温效果，但水是良好的溶剂，具有很强的溶解力。以水为传热介质的制品质感、口味多样，质感包括嫩、酥、软、糯、烂、脆、柔、清、爽等，在口味上囊括了酸、甜、苦、辣、咸、鲜、香及数不胜数的复合味型。水还是安全的加热媒体，加热时不会产生有害物质及有害气体。总的来说，水烹法受到各大菜系的重视，并创作出许多名菜。

本项目将以水为传热介质的热菜制作作为主要学习内容，具体包括烧菜制作、焖菜制作、扒菜制作、煨菜制作、烩菜制作、灼菜制作、汆菜制作、煮菜制作8个学习任务，每个学习任务又包括若干个实践菜例。

▶ **项目目标**

1. 了解以水作为传热介质的特点。

2. 能掌握烧、焖、扒、煨、烩、灼、汆、煮8种烹调方法的定义、技法分类、技法工艺流程、技法机理、关键和特点。

3. 能运用水烹法的相关知识，小组合作完成以水为传热介质的热菜制作。

4. 培养团结协作、安全操作、精益求精的职业素养。

任务 1　烧菜制作

学习目标

☆ 了解烧法的概念、特点、操作关键及分类。

☆ 掌握实践菜例的制作工艺。

☆ 能运用烧法完成实践菜例的制作。

☆ 养成规范操作的习惯，培养注重食品卫生的安全意识。

实践菜例❶　红烧肉（红烧）

1. 菜肴简介

红烧肉在我国各地流传甚广，是一道著名的大众菜肴。红烧肉流派众多，比较著名的有苏式红烧肉、毛式红烧肉、广式红烧肉。苏式红烧肉浓油赤酱、香甜软糯、入口即化；毛式红烧肉色泽红润、光滑油亮、肥而不腻、香润可口；广式红烧肉皮酥鲜香。

2. 制作原料

主料：带皮五花肉 1.25kg。

料头：姜块 10g、葱条 5g。

调料：精盐 5g、植物油 25g、冰糖 100g、料酒 50g、酱油 10g、味精 3g、八角 2 粒、桂皮 2g。

3. 工艺流程

主料初加工→焯水→改刀→炒糖色→调味烧制→收汁→装盘成菜。

4. 制作流程

（1）将五花肉刮洗干净，放至沸水锅中煮至断生，取出放入凉水盆中漂冷后改刀成 3cm 见方的四方块。

（2）将锅烧热，放入植物油 25g、冰糖 50g 炒至红色，将五花肉放入，着上糖色，随即加入清水，下葱条、姜块，烹绍酒，加入桂皮、八角、酱油、白糖、精盐，旺火烧沸，撇去浮沫，转入砂锅慢火烧至五花肉软烂时改大火收汁至汤汁浓稠，挑除姜、葱、桂皮、八角，即可装盘上席。

5. 重点过程图解

红烧肉重点过程图解如图 2-1-1～图 2-1-6 所示。

图 2-1-1　主料煮制

图 2-1-2　五花肉漂冷水

图 2-1-3　炒糖色

图 2-1-4 煸炒五花肉

图 2-1-5 烧五花肉

图 2-1-6 装盘成菜

6. 操作要点

（1）选料讲究。五花肉应肥瘦相间、层次分明，不宜过肥或过瘦。

（2）成型要整齐。五花肉改刀前应先煮熟，便于切配成型。

（3）糖色要炒好。把握糖色的老嫩是成品色泽红亮的关键。

（4）火候要到位。采用旺火烧沸、小火烧透入味、旺火收汁的火候，成品熟烂软糯、入口即化。

（5）卤汁要适量。红烧肉成菜后带有一定的汤汁，讲究黏浓味厚。

动画 红烧肉
为什么不能先放盐

7. 质量标准

红烧肉质量标准见表 2-1-1 所列。

表 2-1-1 红烧肉质量标准

评价要素	评价标准	配分
味道	调味准确、咸鲜适宜、味道醇厚	30
质感	质感软糯酥烂，无夹生或焦煳的现象	10
刀工	大小成型均匀	10
色彩	色泽红亮，无走形现象	10
造型	成型美观、自然，摆盘协调	10
卫生	操作过程、菜肴装盘符合卫生标准	30

微课 红烧肉的制作

教你一招

炒糖色的技巧

糖色是烹制菜肴时的着色剂，是一种最原始、最天然的调味着色手法。在红烧类、红卤类菜肴的制作中被广泛运用。糖色的标准是颜色枣红、香气浓郁，没有苦味，没有明显的甜味。

（1）炒糖色最好选用老冰糖。将锅烧热，放入一勺清水，水和冰糖的比例控制在1∶1最佳。

（2）前期熬的时候保持中火，主要是为了化开冰糖，化冰糖的过程中锅内会出现大量气泡，大泡逐渐变小泡并且非常密集。

（3）当水分基本被熬干时，糖汁也会由白色变成微黄色，伴随着不停地搅拌颜色逐渐变深，变成棕红色，这时锅内会出现密集的小气泡，改小火继续搅拌。

（4）当见小气泡逐渐变浓密时，从锅边淋入一勺开水即可起锅。

拓展阅读

少着水慢着火，火候足时味自美

东坡肉开始是苏东坡在黄州制作的，那时他曾将烧肉之法写在《食猪肉》一诗中："黄州好猪肉，价贱如粪土，富者不肯吃，贫者不解煮。慢著火，少著水，火候足时它自美。每日早来打一碗，饱得自家君莫管。"但此菜当时并无名称，以其名字命名为"东坡肉"是在他到杭州做太守的时候。

宋神宗熙宁十年（1077），河堤决口，七十余日大水未退。苏轼亲率全城吏民抗洪，终于战胜洪水，并于次年修筑"苏堤"。百姓感谢苏东坡为民造福，纷纷杀猪宰羊，担酒携菜送至州府感谢苏公。苏公推辞不掉，收到许多猪肉后，便让家人将肉切成方块，加调味和酒，用他的烹调方法煨制成红烧肉，分送给参加疏浚西湖的民工。大家吃后，称赞此肉酥香味美、肥而不腻，于是人们便以他的名字将此烧肉命名为"东坡肉"。后来此菜流传开来，并成为中外闻名的传统佳肴，一直盛名不衰。

如今，在杭州制作东坡肉，金华的两头乌是原料的不二之选，待饲养一年之后，两头乌成长至75～90kg，此时肉质鲜嫩、肥瘦厚度适当。取其肉肋条上的五花肉，每块肉被严苛地控制在75g左右，每块东坡肉的尺寸为长4cm、宽4cm、厚约3cm。配料方面，绍兴黄酒和优质酱油是标配。将挑选好的肉块放入锅中，先用大火烧开10～15分钟，之后再用小火慢烧，加热两个半小时，待汤汁初浓、肉质达到9成熟后，用桃花纸包裹将其放入小砂锅。去除原汤上的肥油，将汤汁浇在肉块上，蒸两小时之后，酥嫩的东坡肉便跃然碗中了。

"慢着火、少着水，柴火罨烟焰不起，待它自熟莫催它，火候足时它自美。"即使已经传承了上千年，古法烧制依然被严苛地执行着。

实践菜例❷　鱼香茄子（红烧）

1．菜肴简介

鱼香茄子是川菜中鱼香味型的代表性菜肴，烹调时配以泡辣椒加上其他调料烧制而成，其味厚重悠长、余味缭绕、回味无穷，是四川省传统的特色名菜之一。

2．制作原料

主料：茄子500g。

辅料：猪肉 100g。

料头：姜米 10g、蒜蓉 20g、葱米 60g、泡辣椒末 40g。

调料：香醋 20g、白糖 15g、生抽 10g、精盐 5g、味精 2g、鲜汤 50g、干淀粉 15g、水淀粉 10g。

3. 工艺流程

主辅料初加工→切配料头→过油→调味烧制→收汁→装盘成菜。

4. 制作流程

(1) 将茄子洗净，切掉头尾，改刀成条形，放入干淀粉 15g 拌匀；姜洗净去皮切成姜米，蒜切成蒜蓉，葱洗净切成葱花。

(2) 分别将香醋、白糖、生抽、精盐、味精装入碗中，拌匀调成鱼香汁。

(3) 烧锅放油，加热至 180℃左右，放入茄子炸至表面金黄，捞出沥油。锅留底油，先放入姜米、蒜蓉、葱花炒香，再放入猪肉末煸炒，当放入泡辣椒炝出香味后放入炸过的茄子，淋入鱼香汁、鲜汤，烧透入味，勾芡，推匀即可装入烧热的砂锅，撒上葱花即可上席。

5. 重点过程图解

鱼香茄子重点过程图解如图 2-1-7～图 2-1-12 所示。

图 2-1-7 茄子拌粉　　　图 2-1-8 调制鱼香汁　　　图 2-1-9 炸茄子

 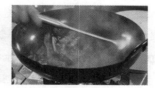 

图 2-1-10 煸炒底料　　　图 2-1-11 烧茄子　　　图 2-1-12 装盘成菜

6. 操作要点

(1) 要选用皮层较厚、色泽红亮、质软不绒、辣味适中、乳酸味浓郁的泡辣椒。

(2) 掌握好各种调料的用量比例。香醋、白糖、生抽、精盐的比例为 4:3:2:1，葱花、泡辣椒末、蒜蓉、姜米的比例为 6:4:2:1，如果主料为 200g，就应使用葱花 60g、泡辣椒末 40g、蒜蓉 20g、姜米 10g、醋 20g、白糖 15g、生抽 10g、精盐 5g。

(3) 掌握料头投放的顺序。先下姜米、蒜蓉爆香，再下泡辣椒末炝炒出红色，葱花在菜肴出锅前放入。各种料头各尽其责、各显其妙、互不压抑、互不抢味。

(4) 茄子油炸时应拍上适量的干淀粉，油温高达 180℃以上，可避免茄子过多地吸油。

7. 质量标准

鱼香茄子质量标准见表 2-1-2 所列。

表 2-1-2　鱼香茄子质量标准

评价要素	评价标准	配分
味道	调味准确、鲜香味美、鲜甜适口	30
质感	口感酥香、鲜嫩、层次丰富	20
刀工	刀工精细，厚薄、大小、成型均匀	5
色彩	色泽红亮，无泄油、泄芡现象	5
造型	成型美观、自然，呈堆砌型，完整无散碎	10
卫生	操作过程、菜肴装盘符合卫生标准	30

微课　鱼香茄子的制作

（教你一招）

如何判断茄子的老嫩

（1）看外观。茄子表皮覆盖一层蜡质，它不但可以使茄子有光泽，而且可以保护茄子。外观亮泽说明新鲜程度高，表皮皱缩、光泽黯淡说明已经不新鲜了。好的茄子以果形均匀周正、老嫩适度、无裂口、无腐烂、无锈皮、无斑点、皮薄、子少、肉厚、细嫩的为佳品。

（2）看"眼睛"。判断茄子老嫩有一个可靠的方法就是看茄子的"眼睛"大小。茄子的"眼睛"长在茄子的萼片与果实连接的地方，有一白色略带淡绿色的带状环。"眼睛"越大，表示茄子越嫩；"眼睛"越小，表示茄子越老。

（3）摸手感。嫩茄子手握有黏滞感，发硬的茄子是老茄子。

（拓展阅读）

鱼香味

川菜中的麻辣味、椒麻味、怪味、鱼香味是传统川菜独有的四大味型。其中的鱼香味把川菜调味技艺发挥得淋漓尽致，它有酸、甜、咸、辣四味，姜、葱、蒜的香味突出其口感特点，被誉为川菜的一颗明珠。鱼香味的由来主要有两种。第一种说法是在泡菜坛中放入鲜活鲫鱼，与辣椒一并入坛，辣椒泡制 3 个月左右，可闻到一股特殊的辛辣味和鱼的香味，用这种辣椒调味自然而然就有了不见鱼却有鱼香的味感。第二种说法是川渝两地老百姓在烹鱼时都喜欢使用泡辣椒、姜、蒜、葱、糖和醋作为祛腥增香的调味料，一次偶然机会，将烹鱼剩下的佐料用来炒肉丝，食后觉得味道十分特别，有一种烹鱼时的香气和味道，于是这种调味方法便逐渐流行开来，并被命名为鱼香味。

粤菜中也有鱼香菜肴，但"粤鱼香"非"川鱼香"，粤菜的鱼香味是通过霉香鱼实现的。霉香鱼是一种经过特殊腌制的咸鱼，准确说是经过二次加工的霉香鱼末调料。腌好的霉香鱼要经过预处理才能入菜，先将鱼洗净去骨，宰成细末，与花生油、姜蒜末同炒，再加入料酒提香即可。制好的霉香鱼末放入瓦钵存放，用时取出参与烹制，成菜有种特别的鱼香风味，其菜肴有鱼香肉丝、鱼香兔肉、鱼香豆腐、鱼香茄子煲等。从原料、制法和风味上看，"粤鱼香"和"川鱼香"有天壤之别。

实践菜例❸ 蒜子烧甲鱼（红烧）

1. 菜肴简介

蒜子烧甲鱼是粤菜中的传统名菜，以甲鱼为主要原料，加以大蒜、火腩等辅料制作而成，该菜肴具有色泽黄亮、绵糯润口、滋味鲜美、滋补养生的特点。该菜肴运用砂锅盛装，芡汁热油紧裹甲鱼，能保持较长时间的热度，极具特色。

2. 制作原料

主料：甲鱼 1kg。

辅料：火腩 100g、水发香菇 50g、胡萝卜 50g、大蒜 50g、干辣椒 5g。

料头：姜米 10g、蒜蓉 10g、葱度 10g、陈皮米 2g。

调料：精盐 5g、白糖 2g、味精 3g、老抽 3g、生抽 10g、蚝油 10g、料酒 15g、芝麻油 3g、胡椒粉 2g、干淀粉 10g、植物油 1.5kg（实耗 125g）。

3. 工艺流程

主辅料初加工→主料焯水→主料腌制→滑油→调味烧制→装盘成菜。

4. 制作流程

（1）将甲鱼割颈放血，放入 70℃ 的热水中烫去表皮的薄衣，沿背甲裙边开膛去内脏，拣去脂肪，洗净血污，斩成每件重约 25g 的小块；火腩切成 1.5cm 见方的丁，香菇切片，胡萝卜切菱形片，干辣椒切段；姜、葱、蒜洗净分别切成姜米、葱度、蒜蓉。

（2）将甲鱼用沸水焯过，捞起洗净，加入生抽 5g、干淀粉 10g 拌匀。

（3）将炒锅烧热，放入植物油 1.5kg，加热至四成热时，放入大蒜炸至金黄色，捞出；继续加热至 150℃ 左右时，放入甲鱼、火腩过油，捞出沥油。

（4）将炒锅放回火上，下入姜米、蒜蓉、葱度，淋入绍酒炝锅，放入甲鱼块、火腩、香菇、炸大蒜、陈皮米、干辣椒，下鲜汤 400g，调入精盐 5g、白糖 2g、老抽 3g、生抽 5g、蚝油 10g，转中火烧 5 分钟，待汤汁黏稠时加入胡萝卜、味精、胡椒粉、芝麻油略烧片刻装入盘中即成。

5. 重点过程图解

蒜子烧甲鱼重点过程图解如图 2-1-13～图 2-1-19 所示。

图 2-1-13　甲鱼过水去衣

图 2-1-14　切块焯水

图 2-1-15　调味腌制

图 2-1-16　过油炸制

图 2-1-17　煸炒入味

图 2-1-18　红烧成菜

6. 操作要点

（1）甲鱼腥味较重，宰杀时血要放净，去净表面薄衣，甲鱼体内的脂肪腥味较重，一定要除净。

（2）合理运用加热、调味等方法去除甲鱼的异味，赋予其美味。

图 2-1-19　成菜装盘

（3）甲鱼含有丰富的胶原蛋白，要注意油炸时干淀粉的用量，避免菜肴过于黏稠。

（4）准确运用火候，使菜肴原汁原味、软烂可口、香味浓郁。

7. 质量标准

蒜子烧甲鱼质量标准见表 2-1-3 所列。

表 2-1-3　蒜子烧甲鱼质量标准

评价要素	评价标准	配分
味道	调味准确、咸鲜适宜、口味浓郁	20
质感	质感绵糯润口，无焦煳的现象	20
刀工	成型均匀，大小适中	15
色彩	色泽黄亮，无泄油现象	15
造型	成型美观、自然，摆盘协调	10
卫生	操作过程、菜肴装盘符合卫生标准	20

微课　蒜子烧甲鱼的制作

 教你一招

如何挑选甲鱼

一看：优等甲鱼外形完整，裙边厚而向上翘，肌肉肥厚，腹部有光泽，腿粗壮有劲，而且动作比较敏捷，反之为劣等甲鱼。

二抓：用手抓住甲鱼的后腿腋窝处，活动迅速、四脚乱蹬、凶猛有力的为优等甲鱼；活动不灵活、四脚微动甚至不动的为劣等甲鱼。

三查：主要检查甲鱼颈部有无钩、针，有钩、针的甲鱼，不能久养和长途运输。检查的方法：用一硬竹筷刺激甲鱼头部，让它咬住，一手拉动筷子，以拉长它的颈部，另一手在颈部细摸。

四试：将甲鱼仰翻之后放置在地面上，如果发现它能立刻翻转过来，而且跑起来比较迅捷，就是优等甲鱼；如果发现它的反应比较慢，翻转也比较慢，就是劣等甲鱼。

须格外注意的是，一定不能使用死的甲鱼烹制菜肴，因为甲鱼死后体内会分解大量有毒物质，容易引起食物中毒。

拓展阅读

说甲鱼

甲鱼是我国传统的美食补品，中国人喜食甲鱼的历史最早可以追溯到周代，当时的周人就把甲鱼当作是宫廷膳食。与龟一样，甲鱼也是长寿的象征，我国自古就有"千年王八万年龟"的说法。过年吃甲鱼的寓意是身体健康、长命百岁。甲鱼的肉具有鸡、鹿、牛、羊、猪5种肉的美味，故素有"美食五味肉"的美称。甲鱼肉质鲜美、营养丰富，它的蛋白质含量极高，含有人体所必需的各种氨基酸和微量元素，具有滋阴补肾、消热清淤、健脾健胃、延缓衰老等功效，是食品营养学家和美食家公认的营养食品、保健食品、疗效食品，送甲鱼的寓意就是"送健康"。

甲鱼肉和其提取物能预防和抑制肝癌、胃癌、急性淋巴性白血病等，能防治因放疗、化疗引起的虚弱、贫血等症状，甲鱼也因此而身价大增。

实践菜例❹ 干烧鲫鱼（干烧）

1. 菜肴简介

干烧鲫鱼是川菜中很受人们喜爱的一道菜肴。泡辣椒、青尖椒、豆瓣酱混合，让这道菜肴的口味很有层次感。该菜肴具有色泽棕红、干香滋润、味道醇厚的特点。

2. 制作原料

主料：鲫鱼1尾（重500g）。

辅料：猪肉末100g、青尖椒25g。

料头：葱白段50g、姜米10g。

调料：精盐 2g、生抽 25g、料酒 15g、姜葱酒 10g、味精 1.5g、豆瓣酱 15g、泡辣椒 15g、醪糟汁 30g、芝麻油 15g、植物油 200g（实耗 100g）。

3. 工艺流程

主料初加工→腌制→切配辅料→煎鱼→调味烧制→收汁→装盘成菜。

4. 制作流程

（1）将鲫鱼刮鳞去鳃、去内脏，去除腹腔黑衣，清洗干净，然后用刀在鱼身两面剖上刀距约 4cm、刀深约 0.5cm 的花刀，加入精盐、姜葱酒腌制 5 分钟。将青尖椒洗净，切成粒；泡辣椒去籽，切成小段。

（2）将炒锅放火上，下入植物油 200g，旺火加热至六成热时，下入鲫鱼煎至鱼身发挺、两面呈金黄色，并逼出鱼体中大部分水分，即可捞出控油。

（3）锅留底油 50g，烧热，放入豆瓣酱炒出红油后，下入猪肉末炒香，加入葱白段、姜米、泡辣椒翻炒均匀后，加入鲜汤、醪糟汁、生抽、料酒和煎好的鲫鱼，烧开，撇去浮沫，移到中小火上烧 8～10 分钟，至鱼肉成熟入味。

（4）将鱼盛入盘内，旺火收汁，见卤汁水分收干并发亮时，撒入味精，淋入芝麻油，颠翻均匀，浇在鱼身上即成。

5. 重点过程图解

干烧鲫鱼重点过程图解如图 2-1-20～图 2-1-26 所示。

图 2-1-20　调味腌制

图 2-1-21　煎制

图 2-1-22　炒辅料

图 2-1-23　烧制

图 2-1-24　半成品装盘

图 2-1-25　旺火收汁

6. 操作要点

（1）鲫鱼在烧制前要进行腌制入味处理。

（2）煎制的油温稍高些，保证鱼身的完整。

（3）在烧制时须不断晃动锅身，防止粘锅和入味不匀，切忌烧制时间过长，以免将鱼肉烧老，失去鲜嫩风味。

（4）注意烧制的火候和调料投放的比例。

图 2-1-26　浇汁成菜

7. 质量标准

干烧鲫鱼质量标准见表2-1-4所列。

表2-1-4　干烧鲫鱼质量标准

评价要素	评价标准	配分
味道	酱香、咸鲜、香甜、微辣适宜，口味醇厚	20
质感	外酥香、里鲜嫩，无焦煳的现象	20
刀工	辅料厚薄成型均匀，小料粗细合适	10
色彩	色泽棕红，无黑点	10
造型	成型美观、自然，完整不散碎	20
卫生	操作过程、菜肴装盘符合卫生标准	20

微课　干烧鱼的制作

教你一招

如何挑选鲫鱼

（1）看眼睛。新鲜鲫鱼的眼睛明亮外凸，不新鲜鲫鱼的眼睛凹陷、黯淡无光。新鲜鲫鱼的眼球黑白分明，不新鲜鲫鱼的眼球浑浊，看起来黑白不分。

（2）看体型。鲫鱼生长速度相对其他鱼种慢，体型比较修长，体型肥大的鲫鱼则是饲料喂养的。选购鲫鱼时尽量选择身体扁平、色泽偏浅的，这样的鲫鱼生长的环境较好，其肉质鲜嫩、滋味鲜美。

（3）看颜色。质优的鲫鱼色泽呈浅金黄色，有的连尾巴都是金黄色的，这是鲫鱼中的极品。半养殖的鲫鱼是灰黑色的，纯养殖的鲫鱼颜色更黑，质量略次。另外，质优的鲫鱼鱼鳞发亮，不掉鳞。

（4）看动作。当捞起鲫鱼时，质优的鲫鱼跳跃有力，这种鲫鱼肉质细嫩。

拓展阅读

舌尖上的鱼水之欢——顺德无骨鲫鱼

无骨鲫鱼来自美食之都——顺德。无骨鲫鱼并不是没有骨头的鱼种，而是把鲫鱼剔骨而成的。鲫鱼的肉质鲜美，具有健脾暖胃、补虚益气的功效，是我们餐桌上常见的食物，也是孕妇的滋补品。鲫鱼有一个缺点，就是小骨刺非常多。不管是红烧，还是清蒸、煲汤，都解决不了鲫鱼骨刺多的问题，特别是对于小孩和老人来说，食用十分不便，害怕卡到鱼刺，无骨鲫鱼正好弥补了这些缺点。在顺德厨师手起刀落的刹那间，鲫鱼的鱼磷、鱼鳃再到鱼骨，甚至细小的鱼刺都被去除得干干净净，一旦有客人点单，厨师便会取新鲜活鱼当场去骨做菜，十几分钟后，菜肴便可上桌，鱼肉中完全看不到小鱼刺，非常适合小孩和老人食用。

能在短短的几分钟内把鲫鱼里面的小鱼刺去除是非常不容易的功夫，这要求厨师具备娴熟的刀工，在手法上有独到之处。刀工是没有捷径可走的，需要厨师的不断练习，积累经验。

实践菜例❺　红烧豆腐（红烧）

1. 菜肴简介

红烧豆腐是一道经典的特色名菜，以内酯豆腐为主料，运用红烧技法，经拍粉、油炸、调味烧制而成，成菜具有酥嫩鲜香、营养丰富的特点。

2. 制作原料

主料：内酯豆腐 4 根。

辅料：猪里脊肉 60g、玉米笋 30g、香菇 30g、胡萝卜 20g、青椒 50g、鸡蛋 1 个。

料头：葱度 15g、蒜蓉 15g。

调料：精盐 3g、白糖 3g、生抽 15g、蚝油 25g、芝麻油 5g、胡椒粉 1g、干淀粉 25g、料酒 10g、鲜汤 100g。

3. 工艺流程

主辅料初加工→主料拍粉→炸制→调味烧制→装盘成菜。

4. 制作流程

（1）将原料洗净，猪里脊肉切成片腌制上浆，香菇涨发后切成片，玉米笋斜切成片，青椒、胡萝卜切成菱形片，葱切成葱度，大蒜切成蒜蓉。

（2）将内酯豆腐切成约 2.5cm 的段，拍上干淀粉后入六成热的油锅中炸至表面金黄，猪里脊肉片滑油至断生。

（3）锅留底油烧热，料头炝锅，先加入胡萝卜片、玉米笋片、猪里脊肉片、内酯豆腐、鲜汤，调入精盐、白糖、生抽、蚝油烧 3 分钟，再用水淀粉勾芡，淋上芝麻油，撒上胡椒粉即可。

5. 重点过程图解

红烧豆腐重点过程图解如图 2-1-27～图 2-1-33 所示。

图 2-1-27　腌制猪里脊肉片

图 2-1-28　将内酯豆腐拍上干淀粉

图 2-1-29　炸制

图2-1-30 炒辅料

图2-1-31 炒制豆腐

图2-1-32 收汁勾芡

6. 操作要点

（1）内酯豆腐非常嫩，在油炸前需要拍上干淀粉。

（2）炸制内酯豆腐时油面要宽，油温要高，确保内酯豆腐表面迅速凝结。

（3）准确运用火候。烧制时加入的汤水不能太多，火力要旺一些，烧透入味即可。

图2-1-33 装盘成菜

7. 质量标准

红烧豆腐质量标准见表2-1-5所列。

表2-1-5 红烧豆腐质量标准

评价要素	评价标准	配分
味道	酥嫩鲜香、咸鲜适宜、口味适中	20
质感	外酥香、里鲜嫩，无夹生或焦煳的现象	20
刀工	厚薄成型均匀	15
色彩	色泽丰富，无过芡、少芡现象	15
造型	成型美观、自然，摆盘协调	10
卫生	操作过程、菜肴装盘符合卫生标准	20

微课 红烧豆腐的制作

(教你一招)

如何挑选豆腐

一看色泽：优质豆腐所呈现出来的颜色是均匀的乳白色或淡黄色，是豆子磨浆的色泽；劣质豆腐的颜色呈深灰色，没有光泽。

二看弹性：优质豆腐富有弹性，结构均匀、质地嫩滑、形状完整；劣质豆腐比较粗糙，摸上去没有弹性，不滑溜，发黏。

三闻味道：优质豆腐会有豆制品特有的香味；劣质豆腐豆腥味比较重，并且还有其他的异味。

四尝口感：优质豆腐瓣一点品尝，味道细腻清香；劣质豆腐口感粗糙，味道比较淡，还会有苦涩味。

说豆腐

相传，豆腐是汉高祖刘邦的孙子淮南王刘安所创，距今已有两千多年的历史，是我国最常见的豆制品。豆腐生产过程一是制浆，二是凝固成型，豆浆在热与凝固剂的共同作用下凝固成含有大量水分的凝胶体就是豆腐。

豆腐有传统豆腐和内酯豆腐之分。传统豆腐生产工艺过程是首先浸泡大豆使其软化，将浸泡后的大豆磨浆；然后通过过滤将豆渣分离获得豆浆，蒸煮豆浆；最后加入凝固剂等使大豆蛋白质胶凝成型得到豆腐。传统豆腐又分南豆腐和北豆腐。南豆腐采用石膏作为凝固剂，质地比较软嫩、细腻；北豆腐又被称为老豆腐、硬豆腐，采用盐卤（氯化镁）作为凝固剂，北豆腐的硬度、弹性和韧性较强。传统豆腐工艺复杂、产量低、储存期短、易吸收。内酯豆腐以葡萄糖酸内酯为凝固剂，洁白细腻、有光泽、口感好、保存时间长。毛豆腐、豆花、臭豆腐、干豆腐、豆腐皮是豆腐的衍生品。

豆腐是中国的传统食品，其营养价值高，素有"植物肉"之美称。在五代时，人们就称豆腐为"小宰羊"，认为豆腐的白嫩与营养价值可与羊肉相提并论。同时，豆腐为补益清热养生食品，除有增加营养、帮助消化、增进食欲的功能外，还对牙齿、骨骼的生长发育颇为有益。

2014 年，"豆腐传统制作技艺"入选中国第四批国家级非物质文化遗产代表性项目名录，这道神奇的中国美食开始在商品价值之外，被赋予更多的文化内涵和传承意义。

实践菜例 ❻　麻婆豆腐（软烧）

1. 菜肴简介

相传，麻婆豆腐始创于清朝同治元年（1862 年），当时在成都万福桥边，有一家原名"陈兴盛饭铺"的店面。店主陈春富（陈森富）早殁，小饭店便由老板娘经营，老板娘面上微麻，人称"陈麻婆"。陈氏对烹制豆腐有一套独特的烹饪技巧，烹制出的豆腐色、香、味俱全，不同凡响，深得人们喜爱，她创制的烧豆腐，则被称为"陈麻婆豆腐"，其饮食小店后来也以"陈麻婆豆腐店"为名。麻婆豆腐是川菜的传统名菜之一，此菜肴麻、辣、鲜、香、烫、翠、嫩、酥，将川菜麻辣味型的特点展现得淋漓尽致。如今麻婆豆腐远渡重洋，在世界各地"安家落户"，从一味家常小菜一跃而登上大雅之堂，成了国际名菜。

2. 制作原料

主料：豆腐 500g。

辅料：牛肉 75g。

料头：姜末 5g、蒜蓉 5g、葱米 5g、葱花 5g。

调料：精盐 2g、味精 2g、白糖 1g、老抽 2g、生抽 3g、豆豉 15g、花椒粉 3g、辣椒粉

10g、郫县豆瓣酱 15g、黄酒 5g、淀粉水 15g、花生油 25g、辣椒油 20g、胡椒粉 2g、鲜汤 50g。

3. 制作流程

（1）将豆腐切成 2cm 见方的块，豆豉、豆瓣酱剁碎，葱姜切成末，牛肉切成肉末。

（2）向锅中放入水，烧开，加入少许盐，将豆腐放入焯水，去除豆腥味，捞出用清水浸泡；将炒锅烧热，放入花生油，将牛肉放入炒至呈金黄色，炝入黄酒，放入豆瓣酱、豆豉、姜末、葱米、辣椒粉炒香，下入鲜汤煮沸，将豆腐放入煮 3 分钟，先加入老抽、生抽、精盐、味精、白糖调味，再用淀粉水勾芡，待芡汁包裹均匀后，淋入红油，盛出后撒上花椒面、葱花即可。

4. 重点过程图解

麻婆豆腐重点过程图解如图 2-1-34～图 2-1-39 所示。

图 2-1-34　准备调辅料　　　　　图 2-1-35　豆腐焯水

图 2-1-36　炒制调辅料　　　图 2-1-37　加汤烧制　　　图 2-1-38　勾芡

5. 操作要点

（1）制作麻婆豆腐应选石膏豆腐做主料，豆香味比较浓郁。

（2）豆腐切块后，用沸腾的淡盐水焯水，先用大火加热 15 秒，再用小火浸 1 分钟，可以去除豆腐涩味，使豆腐口感细嫩且不易碎。

（3）制作麻婆豆腐对红油、花椒粉等调料的质量要求

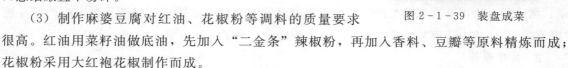

图 2-1-39　装盘成菜

很高。红油用菜籽油做底油，先加入"二金条"辣椒粉，再加入香料、豆瓣等原料精炼而成；花椒粉采用大红袍花椒制作而成。

（4）掌握正确的勾芡方法。制作麻婆豆腐需要勾芡 3 次，豆腐质地非常细嫩，内部含水分较多，一次勾芡往往掌握不好菜肴的浓稠度，每次淋芡后都要大火推芡，而非小火。

6. 质量标准

麻婆豆腐质量标准见表 2-1-6 所列。

表 2-1-6　麻婆豆腐质量标准

评价要素	评价标准	配分
味道	突出麻、辣、鲜、香、烫、翠、嫩、酥	30
质感	豆腐滑嫩，无渣口、老韧现象	10
刀工	成型均匀、完整无损	10
色彩	色泽红亮、饱满、明亮，成菜不泄油	20
造型	成型美观、自然，完整不烂	20
卫生	操作过程、菜肴装盘符合卫生标准	10

微课　麻婆豆腐的制作

教你一招

如何挑选花椒

中国的花椒产区很多，如四川、陕西、甘肃、山西、山东等地，著名的品种有四川茂汶花椒、四川汉源花椒、武都大红袍花椒等。现在市场上很多黑心商贩为了增加利润，会用各种手段来迷惑消费者，以次充好。挑选花椒时应注意以下3个原则。

（1）看。优质花椒颜色深红，无杂色，花椒颗粒饱满、大而均匀，无黑色花椒籽、高粱等杂质。花椒麻味的来源是花椒麻素，主要存在于花椒果实表面的凸起（小疙瘩）中。一般来说，表面凸起大、数量多、密而饱满的花椒，其味道较浓、麻味较重。

（2）摸。优质花椒干燥不潮湿，捏起来会有沙沙的声音，捏完之后手掌无杂质。

（3）闻。优质花椒闻起来则会有一股天然的麻香味，有刺激性，但闻起来又觉得舒适。如果花椒质量不好，闻起来会有一些异味。闻花椒也是有讲究的，抓一把花椒在手里片刻，闻一下手背的味道，如果从手背能明显闻到花椒的麻香味，就说明花椒的质量不错，挥发油含量较高。

拓展阅读

川味中的麻辣味

说到川菜的味道，很多人首先想到的就是麻辣味，这是因为麻辣味是川菜最具代表性的一种味型。麻辣味主要由辣椒、花椒、精盐、味精、料酒调制而成，其特点是麻辣鲜香、咸鲜醇厚，广泛应用于冷、热菜中。麻辣味的菜肴成菜后都应具有咸、香、麻、辣、烫、鲜等特点。具有代表性的麻辣味菜肴有水煮肉片、麻婆豆腐、干煸牛肉丝、毛肚火锅等。调制麻辣味所用辣椒与花椒因菜而异，调制辣味有的用郫县豆瓣酱，有的用干辣椒，有的用红油辣椒，有的用辣椒粉；调制麻味有的用花椒粒，有的用花椒粉。麻辣味是否协调而突出，要看辣椒粉、花椒粉的比例，比例不对就会有空辣、空麻的现象，且整体风味会发腻。辣椒粉用量以菜肴色泽红亮、香辣味突出为准，辣而香，辣而不燥；花椒粉用量以菜肴香麻味突出但不含苦味为佳。麻辣味与其他复合味味型一样，除要用麻味、辣味调料外，还离不开咸味、鲜味、香味调料的辅佐，如果咸味不够，则往往会出现干麻、燥辣的现象；而如果鲜味、香味不够，麻辣味则显得鲜香淡薄，味感较差。因此调制麻辣味时，还要根据不同的菜肴用到姜、葱、白糖、醪糟、豆豉、酱油、鸡精、香油、味精等调料。

在实际运用中，麻辣味的调制最主要有两种方式。一种是凉菜麻辣味的调制，是把精盐、白糖、酱油、红油辣椒、花椒粉、味精、芝麻油等调匀的方式，用于制作凉菜。另一种是热菜麻辣味的调制，是把剁成蓉的豆豉、辣椒粉炒香出色，收浓味汁，最后起锅撒花椒粉而成的方式，这种麻辣味的调制主要运用于烧菜。

任务测验

烧菜技能测评

1. 学习目标

（1）能运用烧的方法，在规定时间内独立完成技能测评的相关内容。

（2）检测本任务中知识、技能、素质目标的达成情况。

（3）能分析存在的问题和不足，为采取改进措施提供依据。

（4）能认真总结和反思学习过程，进一步巩固本任务的学习内容。

2. 测评方案

（1）烧菜技能测评菜肴品种为红烧肉、干烧鲫鱼、红烧豆腐，学生采取抽签的方式，选定其中1道作为技能测评内容。

（2）红烧肉操作完成时间为90分钟，干烧鲫鱼、红烧豆腐操作完成时间分别为45分钟。

（3）教师负责主辅料、调料的准备，学生自备菜肴装饰物。

（4）菜肴制作的所有工序均在现场完成。成菜以10人量为准，另备一小碟（以1人量为准）供教师品评。

（5）学生完成菜肴制作后，填写标签，放在本人作品旁边，便于教师评分。

（6）学生根据技能测评方案，抽签确定本次技能测评菜肴品种。

3. 学习准备

（1）检查工具、用具。

刀具、砧板、炉灶、各类辅助用具及餐具。

（2）准备每份菜肴的主辅料。

红烧肉：带皮五花肉750g、姜10g、葱10g。

干烧鲫鱼：鲫鱼1尾重500g、猪肉末100g、青尖椒25g、葱白段50g、姜10g、泡辣椒

15g、醪糟汁 30g。

红烧豆腐：内酯豆腐 4 根，猪里脊肉 60g、玉米笋 30g、香菇 30g、胡萝卜 20g、青椒 50g、鸡蛋 1 个、葱 15g、蒜 15g。

4．学习过程

（1）接受任务。

（2）制订工作方案。学生根据抽签结果，制订本小组技能测评工作方案，交指导教师审核。

（3）实施工作方案。学生根据本小组技能测评方案进行菜肴操作；教师全场巡视，及时指导、记录学生操作过程情况，提醒各小组进度。

5．综合评价

自评、小组互评、教师点评，填写技能测评评价表。

6．总结与巩固

各小组完成本次技能测评的《实训报告》，总结和反思学习过程，进一步巩固本任务的学习内容。

 知识归纳

热菜烹调技法——烧

▶ 技法概念

烧是指将预制好的原料放入锅内，加入适量汤汁和调料，用旺火烧沸后，改用中小火加热，使原料适度软烂，而后旺火收汁成菜的烹调方法。

▶ 技法特点

（1）烧法往往要经过两种或两种以上的加热过程才能完成制品。第一步，初步处理为烧的半成品；第二步，加入调料和适量的汤汁，烧熟成菜。后一道工序被叫作"烧"，在这道工序中，又分为旺火烧开、中小火烧透、大火收汁 3 个阶段。

（2）烧法适用范围广。荤料中的肉禽、水产、蛋，素料中的根、茎、叶、瓜果菜，以及各种豆制品均可选作烧菜的原料，因而烧菜的品种极为丰富。烧菜的原料既可用生料，又可用熟料；既可用整料，又可用各式各样的碎料。预制的方法也较多，如煎、炸、蒸、煮、酱、卤等。

（3）烧法以鲜嫩和酥嫩为主要特色。从多数品种看，烧菜均以烧熟为主，烧透入味即可，特别是鱼类和蔬菜类等原料，不能过长时间加热，否则就会失去这类烧菜的鲜嫩特色。禽畜肉类原料要求烧酥，断生脱骨，恰到好处，不能烧得过于软烂。

（4）烧法的口味丰富。红烧的咸中微甜，干烧的鲜咸香辣，以及其他一些复合型口味，如酸甜、麻辣、酸辣、鱼香等，都受到人们的喜爱。

（5）烧法注重色彩，讲究赏心悦目，要求做到"色正"，即红似火、黄似金、白如玉、绿如翠，使顾客获得视觉享受。所以，大多数烧菜在烧制时，需要运用各种手段进行着色、增色的处理，以求得理想的菜肴色泽。

（6）烧法一般在成菜后带有汤汁，稀稠不一，多数要求有浓稠的卤汁。其中，红烧菜肴汁量较宽，一般占成菜的1/4；干烧菜肴汁紧，卤汁要附着在原料表面，食后盘内有油无汁。

▶ 技法分类

烧法分为红烧、干烧、软烧。各种烧法的对比见表2-1-7所列。

表2-1-7　各种烧法的对比

种类	定义	工艺流程	特点
红烧	是将加工切配的原料经过初步熟处理下入锅内，加入有色调料、适量汤水，用旺火烧开后，改用中小火加热至原料酥软、入味后，用旺火收浓汤汁，勾芡成菜的烧法	选料→切配→预制处理→入锅加汤调味→勾芡成浓汁→装盘	色泽红亮、味鲜汁香、软嫩适口
干烧	是将初步熟处理的原料和适量的汤水、调料用中小火进行加热，至原料软嫩入味后，用旺火收干味汁成菜的烧法。菜肴因食后盘内无汁，故名干烧	选料→切配→预制处理→入锅加汤调味→烧制→收干味汁→装盘	口味以鲜咸香辣为多，香浓醇厚、亮油少汁、质感多样、味型丰富
软烧	是将质地软嫩的原料经过滑、煎、炸或焯烫等初步熟处理后，放入锅内，加入调料和适量汤水，用旺火烧开后，改用中小火加热较长时间，烧透入味成菜的烧法。因菜肴质感以软嫩、软糯为主，故名软烧	选料→切配→预制处理→入锅加汤调味→烧制→收干味汁→装盘	质感软嫩或软糯，鲜香入味、软而不碎、烂而不糊、香味浓郁、汁稠醇厚

▶ 做一做

学生分组协作，首先完成实践菜例的工作方案书，然后到实训室以小组合作的方式完成实践菜例的制作，最后根据操作过程完成实践菜例的实验报告。

▶ 知识拓展

1. 通过查找网络资料、翻阅专业书籍等方式，了解毛氏红烧肉、东坡肉、广式红烧肉的制作工艺及风味特点的异同。

2. 通过查找网络资料、翻阅专业书籍等方式，进一步掌握糖色形成的原理。

📖 思考与练习

一、填空题

1. 烧法以水为主要的_____。

2. 烧法按颜色分类可分为_____、_____。

3. 红烧一般烧制成_____、酱红、枣红、金黄等暖色。

二、选择题

1. 下列属于红烧的菜品是（　　）。

A. 梅菜扣肉　　　　　B. 浓汤鱼肚　　　　　C. 干烧冬笋　　　　　D. 蒜子烧甲鱼

2. 浓汤鱼肚按照用料与操作判断，采用的烧法是（　　）。

A. 红烧　　　　　　　B. 白烧　　　　　　　C. 干烧　　　　　　　D. 酿烧

3. 烧法所用的火力以（　　）为主，加热时间的长短因原料的老嫩和大小而不同。

A. 中小火　　　　　　B. 中大火　　　　　　C. 大火　　　　　　　D. 小火

4. 红烧一般烧制成深红、浅红、酱红、（　　）、金黄等暖色。

A. 黄色　　　　　　　B. 暗色　　　　　　　C. 枣红　　　　　　　D. 白色

5. 豆瓣鲤鱼采用了（　　）的烹调方法成菜。

A. 红烧　　　　　　　B. 白烧　　　　　　　C. 干烧　　　　　　　D. 酿烧

6. 在职场中，（　　）是基本的规范之一，要尊重他人、虚心诚信，积极主动协同他人做好各项事务等。

A. 文明礼貌　　　　　B. 竞争合作　　　　　C. 团结合作　　　　　D. 和平共处

7. （　　）是指事物已经非常出色了，却还要追求更加完美，好了还可以更好。

A. 追求完美　　　　　B. 精益求精　　　　　C. 完美无瑕　　　　　D. 尽心竭力

三、判断题

1. 烧法以油为主要的传热介质。（　　）

2. 烧法所选用的主料多数是经过油炸、煎、炒或蒸煮等熟处理的半成品，少数也可以直接采用新鲜的原料。（　　）

3. 烧法所用的火力以中小火为主，加热时间的长短因原料的老嫩和大小而不同。（　　）

4. 干烧与红烧相似，但是干烧不用水淀粉收芡，是在烧制中用中火将汤汁基本收汁，使滋味渗入原料的内部或是粘附在原料表面上成菜的方法。（　　）

5. 酱烧和红烧基本相同，都着重于酱品的使用，常用的酱有黄酱、甜面酱、腐乳酱、海鲜酱、排骨酱等，炒酱的火候很重要，要炒出香味，不要欠火候和过火。（　　）

6. 爱岗敬业的最高要求：投身于社会主义事业，把有限的生命投入到无限的为人民服务当中去。（　　）

7. 一个人能精通本职业的业务，是做好本职工作的关键，也是衡量一个人为国家、集体和他人做多大贡献的一个重要尺度。（　　）

四、简答题

1. 红烧豆腐采用了哪种烹调技法？其特点是什么？

2. 干烧的定义是什么？

3. 红烧的特点是什么？

任务 2　焖菜制作

☆ 了解焖法的概念、特点、操作关键及分类。

☆ 掌握实践菜例的制作工艺。

☆ 能运用焖法完成实践菜例的制作。

☆ 养成规范操作的习惯，培养注重食品卫生的安全意识。

实践菜例❶　双冬黄焖鸡（生焖）

1. 菜肴简介

冬笋、冬菇历来被人们视为"山珍"，是营养丰富且具有医药功能的美味食品，用其作为烹饪原料由来已久。双冬黄焖鸡是冬笋、冬菇是与鸡肉搭配制作而成的菜肴，既有了冬笋、冬菇的清香脆嫩，又增加了鸡肉的肥厚香浓。

2. 制作原料

主料：光鸡项 500g。

辅料：冬笋肉 150g、冬菇 50g。

料头：姜片 10g、葱度 10g、香菜段 15g。

调料：精盐 3g、白糖 2g、味精 1.5g、老抽 3g、生抽 15g、蚝油 10g、柱侯酱 20g、料酒 10g、胡椒粉 1g、芝麻油 2g、干淀粉 25g、植物油 75g。

3. 工艺流程

主辅料初加工→腌制主料→滑油→调味焖制→收汁、勾芡→装盘成菜。

4. 制作流程

（1）将光鸡项洗净，斩成块状，加入精盐 1g、味精 0.5g、料酒 5g、干淀粉 10g 腌制；

冬菇用温水泡发洗净去柄，冬笋肉滚刀切成块状，姜、葱洗净分别切成指甲姜片和葱度，香菜洗净切成 1cm 长的段备用。

（2）将冬笋用沸水焯过，鸡块入油锅滑油捞出待用。

（3）锅留底油烧热，首先下入料头、柱侯酱炒香，再放入鸡块、冬菇、冬笋；其次调入精盐 2g、老抽 5g、生抽 15g、料酒 10g、清水 250g，旺火烧沸，加盖，改用小火焖至汁黏稠；然后调入味精 1g、蚝油 10g、勾芡，撒胡椒粉，淋芝麻油，加尾油后装入砂锅中；最后将砂锅放在煲仔炉上加热至上汽，撒上香菜段即可上席。

5. 重点过程图解

双冬黄焖鸡重点过程图解如图 2-2-1～图 2-2-6 所示。

图 2-2-1 食材准备

图 2-2-2 鸡切块

图 2-2-3 冬菇、冬笋焯水

图 2-2-4 鸡块炒制

图 2-2-5 调味焖制

图 2-2-6 装盘成菜

6. 操作要点

（1）宜选用质地优良的三黄鸡做主料，冬笋要选脆嫩部位，冬菇以厚菇为宜。

（2）斩件要均匀一致，调味要咸淡适宜、口味浓郁。

（3）掌握焖制的火候，芡汁要适宜。

7. 质量标准

双冬黄焖鸡质量标准见表 2-2-1 所列。

表 2-2-1 双冬黄焖鸡质量标准

评价要素	评价标准	配分
味道	调味准确、咸鲜适宜、口味浓郁	
质感	质感软嫩，无夹生或焦煳的现象	
刀工	厚薄、大小、成型均匀	
色彩	色泽丰富，无泄油、枯萎现象	
造型	成型美观、自然，摆盘协调	
卫生	操作过程、菜肴装盘符合卫生标准	

教你一招

如何挑选鸡项

广东人称没下过蛋的母鸡为"鸡项"，挑选鸡项时，应注意以下几个方面。

（1）看鸡是否健康。健康的鸡的鸡冠与肉髯颜色鲜红，鸡冠挺直，羽毛紧密而油亮，活泼，眼睛有神、灵活，行动自如，叫声清脆响亮。

（2）鉴别鸡的老嫩。嫩鸡脚掌皮薄无趼，脚尖磨损少，用手轻轻地捏一捏鸡胸，鸡胸紧实、饱满；老鸡手感松弛柔软。

（3）鉴别是否散养鸡。散养鸡的脚爪细而尖长、粗糙有力；而圈养鸡脚短、爪粗、圆而肉厚。宰杀鸡之后，散养鸡皮肤表面薄而紧致，毛孔细致，呈网状排列，而速成鸡皮糙肉厚、表皮松弛、毛孔粗大。在鸡肉煮好之后，散养鸡汤底透明干净，脂肪团聚集在汤的表面，香味浓；而饲料鸡汤色浑浊，汤表面的脂肪团聚集较少。

拓展阅读

粤菜中的鸡项、生鸡、鸡乸、鸡公与骗鸡

广东人喜欢吃鸡，除烹饪方法讲究外，他们对鸡的叫法也很有意思，如鸡项、生鸡、鸡乸、鸡公、骗鸡。

鸡项指的是没有生过蛋的嫩母鸡，鸡项肉质鲜美、滑嫩，常用清蒸或白切的方法烹制，保持它的原汁原味。生鸡指的是童子鸡，生鸡肉质细嫩紧实，一般用来爆炒、黄焖等。鸡乸指的是生过蛋，而且养了一定年限的老母鸡，用鸡乸熬汤，汤汁鲜香有营养。老母鸡由于生长的时间长，其肉中所含的鲜味物质要比嫩鸡多，很适合产妇、身体病弱者食用。鸡公往往指的是老公鸡，老公鸡皮脆肉红、骨硬肉紧，通常用于红烧、炖汤或一菜多吃的烹调方法，但是老公鸡比较燥热，不宜多吃，特别是体质虚和有隐疾的人更不适合多吃。骗鸡指的是阉鸡，骗鸡在没有或仅有极少的雄性激素作用下，肌肉比例、肌内脂肪含量等会发生一定程度的改变，肉质和口感会比较鲜嫩，常用于白切、余汤、滑炒等烹调方法。

实践菜例 ❷ 鲶鱼焖豆腐（生焖）

1. 菜肴简介

鲶鱼肉质细嫩、营养丰富，特别适合体弱虚损、营养不良之人食用。中国自古就有食用鲶鱼的记载。隋代谢讽撰写的饮食著作《食经》中记载："主虚损不足，令人皮肤肥美。"明代李时珍撰写的《本草纲目》中记载："鲇鱼反荆芥。"一年四季当中，仲春和仲夏之间是食

用鲶鱼的最佳季节。

鲶鱼焖豆腐是一道以鲶鱼为主料的特色家常菜品，讲究原汁原味。鲶鱼刺少肉多、质地鲜嫩，而豆腐同样是嫩滑的口感，两者一起焖煮，相辅相成，豆腐因吸进了鲶鱼鲜香的滋味而变得异常可口、鲜甜。

2. 制作原料

主料：鲶鱼 1 条（约 750g）。

辅料：水豆腐 500g、番茄 150g、尖椒 50g。

料头：姜米 10g、葱花 10g、蒜蓉 10g。

调料：精盐 6g、白糖 3g、味精 3g、老抽 5g、生抽 15g、蚝油 25g、柱侯酱 25g、姜葱酒汁 10g、啤酒 250g、干淀粉 25g、胡椒粉 1g、芝麻油 5g、植物油 2000g（实耗 100g）。

3. 工艺流程

主辅料初加工→腌制主料→煎豆腐→鲶鱼滑油→调味焖制→收汁、勾芡→装盘成菜。

4. 制作流程

（1）将鲶鱼拍晕，放入 80℃ 的热水中浸烫片刻，待表面颜色发白时即可取出，随即用刀刮去表面黏液，去除内脏，洗净，砍成厚约 1cm 的块；水豆腐切成厚 1cm、长 5cm、宽 3cm 的块；番茄洗净切成滚刀块；尖椒切成长 1cm 的段；姜洗净切成指甲片；葱白切成葱段、葱叶切成葱花；大蒜切成蒜蓉。

（2）将鲶鱼加入精盐 2g、姜葱酒汁 10g、淀粉 25g 腌制 15 分钟待用。

（3）将锅置于火上，烧热后放入少量油，将豆腐煎至两面金黄，将鲶鱼放入 180℃ 的热油锅中炸至表面微黄；分别将尖椒、番茄炒熟入味备用。

（5）烧锅放油，下入姜片、葱段、蒜蓉、柱侯酱炒香后，先放入鱼块、豆腐块，调入精盐 4g、白糖 3g、老抽 5g、生抽 15g、啤酒 250g，旺火烧沸，加盖，转中小火慢焖 5 分钟，再放入炒熟的番茄、尖椒，调入蚝油、味精焖 2～3 分钟，待卤汁黏稠时，勾薄芡，撒胡椒粉，淋入芝麻油、尾油，出锅撒上葱花即可。

5. 重点过程图解

豆腐焖鲶鱼重点过程图解如图 2-2-7～图 2-2-13 所示。

图 2-2-7　鲶鱼剁块

图 2-2-8　鲶鱼腌制

图 2-2-9　鲶鱼煎制

图 2-2-10　豆腐煎制

图 2-2-11　加入鲜汤烹制

图 2-2-12　加入豆腐调味

6. 操作要点

（1）选料讲究。做豆腐焖鲶鱼时，最好选用没有污染的生态鲶鱼，这样的鲶鱼腥味小。

（2）做好初步加工。宰杀鲶鱼时，最好将其放入热水中稍烫，去除表面黏液，这样能有效去除鲶鱼的腥味；焖制前将鱼块过油，以及将豆腐煎制一下，能有效保持鱼块和豆腐的完整性并进一步去腥。

图 2-2-13 装盘成菜

（3）准确把握火候。烹制时先大火烧开，再转中火焖煮。出锅前保留一定量的汤汁，让味道的发挥更淋漓尽致。

7. 质量标准

豆腐焖鲶鱼质量标准见表 2-2-2 所列。

表 2-2-2 豆腐焖鲶鱼质量标准

评价要素	评价标准	配分
味道	调味准确、咸鲜适宜、口味适中	
质感	鲜嫩可口，无夹生或焦煳的现象	
刀工	厚薄、成型均匀	
色彩	色泽丰富，无泄油、枯萎现象	
造型	成型美观、自然	
卫生	操作过程、菜肴装盘符合卫生标准	

微课 豆腐焖鲶鱼的制作

教你一招

如何去除鲶鱼表面黏液

鱼类上皮细胞中普遍存在一种腺体细胞，叫鱼类黏液细胞。这种黏液细胞主要分布在鱼的皮、鳃及消化道的上皮中，能分泌大量黏液。黏液中含有多种活性物质，如黏多糖、糖蛋白、免疫球蛋白及各种水解性酶类等，对鱼的许多生理功能有重要影响。这层黏液非常黏滑，容易给加工处理带来不便，而且这种黏液往往带有泥腥味，需要先清理干净再烹煮。那么有什么方法可以让我们有效地去除鲶鱼身上的黏液呢？

（1）在宰杀鲶鱼之前，可以将鲶鱼放在浓盐水里，使其挣扎，或者用盐搓洗其表面，这样能去掉很多黏液。

（2）用小苏打粉搓洗鲶鱼身上的黏液，去除黏液后用清水洗净即可。

（3）最有效的办法是将宰杀后的鲶鱼放入温度为 80℃ 左右的热水中，待鲶鱼身上的黏液出现凝固现象时再将其洗净即可。

广西十大名菜——灵马鲶鱼

　　灵马鲶鱼是广西壮族自治区南宁市武鸣区灵马镇的一道代表性菜肴，也是武鸣乃至整个广西饮食产业的一个响亮的品牌。灵马鲶鱼选用野生鲶鱼做主料，采用焖的方法制作而成，原汁原味、细腻鲜美。2013 年，"灵马鲶鱼制作技艺"被公布为第五批南宁市级非物质文化遗产代表性项目名录。同时，灵马鲶鱼被广西烹饪餐饮行业协会授予"广西十大名菜"称号。

　　相传，在武鸣区灵马镇圩头乡，住着一户朱姓的贫苦人家，祖辈世代耕耘，勤勤恳恳。某日，父亲在田间捉到一条野生鲶鱼，回家烹煮时发现一条鲶鱼根本不够一家人吃。恰巧，母亲从邻家带回一盘豆腐，父亲灵机一动，就把鲶鱼跟豆腐一起焖，没想到鲶鱼刺少肉多、质地鲜嫩，而豆腐因为吸进了鲶鱼鲜香的滋味，不但口感嫩滑，而且变得异常可口。这首菜也因此成了一家人宴请宾客的佳肴。20 世纪 80 年代初，已成家的三位儿子在南宁市至百色市的过境公路边开设了第一家灵马鲶鱼饭店，儿子们在父亲原有的制作方法上推陈出新，将鲶鱼的口味更上一层，并结合本地实情不断创新，创出了一系列的灵马农家特色菜。

　　真正令灵马鲶鱼声名鹊起的是一个关于义气救人的故事。在一个风雨交加的寒夜，有一个外省货车在灵马镇境内翻了车，司机受了伤爬上路边等待救援，很多过往的司机都扬长而去。朱姓兄弟路过时，把受伤的司机救起带到家中，并将灵马鲶鱼给他吃，司机吃后觉得十分美味。此后，这位司机每次路过灵马镇必停车拜访救命恩人，还逢人就说灵马人的义气和鲶鱼的美味。一传十，十传百，灵马鲶鱼在众多司机的宣传之下成为南百公路线上的名菜，许多食客慕名而来，灵马街成了灵马鲶鱼一条街。灵马鲶鱼从此声名远扬、驰名八桂。

实践菜例❸　煎焖苦瓜酿（煎焖）

1. 菜肴简介

煎焖苦瓜酿是一道色、香、味俱全的家常菜，在我国南方广为流传。此菜肴色泽黄亮、软烂咸鲜，苦瓜香气诱人、微苦鲜香、味道怡人，具有清热解毒、明目败火、开胃消食之功效。

2. 制作原料

主料：苦瓜 500g、前胛肉 300g。

料头：葱花 5g、蒜蓉 10g。

调料：精盐 4g、白糖 1g、味精 2g、老抽 3g、生抽 5g、泡辣椒 25g、豆豉 10g、胡椒粉 1g、芝麻油 2g、绍酒 10g、干淀粉 20g、植物油 250g（实耗 50g）。

3. 工艺流程

主辅料初加工→调制馅心→酿入馅心→煎制→调味焖制→收汁、勾芡→装盘成菜。

4. 制作流程

（1）将前胛肉剁成蓉，加入精盐2g、味精1g、姜蓉、葱粒、干淀粉10g制成鲜肉馅；苦瓜洗净，切去头尾，斜切成段，每段长约6cm，挖去瓜瓤。

（2）在苦瓜段内壁拍上干淀粉，塞入鲜肉馅，两端抹平。

（3）将炒锅烧热，下入植物油250g，加热至微冒青烟，将苦瓜逐一放入，肉面朝下，中小火煎至两面呈焦黄色，捞出沥油。

（4）锅留底油烧热，下入蒜蓉、泡辣椒段、豆豉炒香，放入苦瓜酿，淋入绍酒，加入精盐2g、白糖1g、老抽3g、生抽5g调味，放入清水淹没过苦瓜酿，使用旺火至水微沸时，加盖转小火焖至苦瓜质地软烂，下入胡椒粉、味精，用湿淀粉勾芡，最后加入芝麻油、尾油装盘即成。

5. 重点过程图解

煎焖苦瓜酿重点过程图解如图2-2-14～图2-2-19所示。

图2-2-14　主料煮制

图2-2-15　调制馅心

图2-2-16　苦瓜去瓤

图2-2-17　酿入馅心

图2-2-18　煎制

图2-2-19　装盘成菜

6. 操作要点

（1）酿入馅心时，要在苦瓜内壁抹上干淀粉，增加苦瓜对馅心的吸附；要将馅心塞紧，避免焖制时脱落。

（2）加热时间要充分，确保苦瓜熟烂入味。

（3）水要一次性加够，避免中途加水。

7. 质量标准

煎焖苦瓜酿质量标准见表2-2-3所列。

表 2-2-3　煎焖苦瓜酿质量标准

评价要素	评价标准	配分
味道	调味准确、咸鲜适宜、口味适中	
质感	鲜嫩软烂，无夹生或焦煳的现象	
刀工	厚薄、长短、成型均匀	
色彩	色泽丰富，无泄油、枯萎现象	
造型	成型美观、自然，摆盘协调	
卫生	操作过程、菜肴装盘符合卫生标准	

(教你一招)

如何制作猪肉馅

原料：猪夹心肉 500g（肥瘦比例为 1：2）、食粉 1g、嫩肉粉 1g、精盐 6g、味精 5g、白糖 3g、生粉 25g、清水 130g。

制作方法：首先将前夹肉洗净，剁成蓉（或用绞肉机绞成肉蓉），然后放在干净的钢盆中，调入食粉、嫩肉粉、精盐、味精、白糖、生粉和清水，顺一个方向搅拌均匀，并且用力摔打至起胶，用保鲜盒盛起，置入冰箱冷藏 30 分钟左右即可使用。

小技巧：①剁肉时加入精盐一起剁可以增加猪肉馅的筋力，从而形成弹牙的口感，同时，也可以起到一定的防腐作用；②加入适量的食粉、嫩肉粉的作用是增加猪肉的粘合力，改善猪肉馅的口感；③可在猪肉馅里加入适量的酱油或黄豆酱等，赋予猪肉馅酱香滋味；④可在猪肉馅中加入木耳、香菇、笋肉、马蹄等配料，以丰富口感、突出风味。

(拓展阅读)

舌尖上的美味——平乐十八酿

十八酿是桂林的特色美食之一，又称平乐十八酿、瑶家十八酿。平乐十八酿是采用 18 种不同的原料作为酿壳，以肉、蛋、豆腐等作为馅料，采用包、填、酿、夹等手法制作而成的，包括田螺酿、豆腐酿、柚皮酿、竹笋酿、香菌酿、蘑菇酿、南瓜花酿、蛋酿、苦瓜酿、茄子酿、辣椒酿、冬瓜酿、香芋酿、老蒜酿、蕃茄酿、豆芽酿、油豆腐酿、菜包酿等，是桂北地区民间家常美食佳肴。

其实，平乐酿菜品种远不止 18 种，"十八"只是泛指其多。在平乐当地，几乎家家户户都擅长制作酿菜，几乎所有的食材到了平乐人的手里都可以"酿"，素有"无菜不酿"的说法。平乐酿菜的风格在于其外观浓淡相宜，品质清淡自然，荤素搭配、醇香可口。它最显著特色的还是精细，如螺蛳酿、竹笋酿、蒜酿、豆芽酿等，其中细小的原料制作起来颇费功夫，做成后小巧玲珑，既是道美食，又是艺术佳作，让人耳目一新、食欲顿开。来到桂林，一定要尝一下那些别具风味的酿菜，才能品味出"山水与心灵同美"的桂林人的饮食文化精髓。

实践菜例❹ 土豆焖牛腩（熟焖）

1. 菜肴简介

土豆焖牛腩是一道运用牛腩做主料，配以土豆焖制成菜的家常菜肴，在调味时，运用咖喱调味，赋予了菜肴浓厚的南亚风味，香浓味美、别具特色。

2. 制作原料

主料：牛腩 400g。

辅料：土豆 250g、胡萝卜 100g。

料头：姜块 15g、葱条 15g、姜米 10g、葱米 10g、蒜蓉 10g。

调料：精盐 4g、白糖 3g、味精 1.5g、生抽 10g、咖喱粉 15g、咖喱酱 25g、三花淡奶 50g、椰浆 25g、辣椒油 15g、八角 2 粒、料酒 10g、鲜汤 150g、植物油 1000g（实耗 50g）。

3. 工艺流程

主辅料初加工→切配料头→熟处理→焖制→收汁、勾芡→装盘成菜。

4. 制作流程

（1）将牛腩洗净，土豆、胡萝卜削去外皮，切成边长约 2.5cm 的四方块；姜洗净去皮，取 15g 拍裂成姜块，取 10g 切成姜米，葱洗净留葱条 15g，取葱白 10g 切成葱米；大蒜洗净切成蒜蓉。

（2）将洗净的牛腩放入水锅中，加入料酒、姜块、葱条、八角煮 40 分钟后取出，晾凉后切成边长约 2.5cm 的块，煮牛肉的汤过滤备用；将土豆放入 180℃ 的热油锅中炸至呈金黄色备用。

（3）将炒锅烧热，放入植物油 50g，加热至油面微冒青烟，下入牛腩炒干表面水分后铲出；将锅复于置火上，加入植物油，放入姜米、蒜蓉、葱米、咖喱粉和咖喱酱，小火炒香后喷入料酒，随即先加入牛腩、土豆，再加入三花淡奶、椰浆、精盐、白糖、牛肉原汤（淹没过原料），加盖，中小火焖至熟透软烂，旺火收汁，待卤汁黏稠时再加入辣椒油、味精、尾油即可出锅装盘。

5. 重点过程图解

土豆焖牛腩重点过程图解如图 2-2-20～图 2-2-25 所示。

图2-2-20 食材准备

图2-2-21 牛腩切块

图2-2-22 土豆炸制

图2-2-23 牛腩焯水

图2-2-24 调味焖制

图2-2-25 装盘成菜

6. 操作要点

（1）牛腩须先用水煮至全熟，这样既可去除原料血污及膻味，又可调整牛腩、土豆与胡萝卜的成熟度。

（2）土豆焖制前用油炸制，焖制不易散碎。

（3）火候上，用旺火烧沸，小火较长时间加热焖制，直至原料焖烂入味。

7. 质量标准

土豆焖牛腩质量标准见表2-2-4所列。

表2-2-4 土豆焖牛腩质量标准

评价要素	评价标准	配分
味道	调味准确、鲜香味美、咖喱味道浓郁	
质感	口感软烂、粉糯、层次丰富	
刀工	厚薄、大小、成型均匀	
色彩	色泽金黄，芡汁明亮，无泄油、泄芡现象	
造型	成型美观、自然，呈堆砌包围型	
卫生	操作过程、菜肴装盘符合卫生标准	

教你一招

自制印度咖喱汁

原料：咖喱粉800g、三花淡奶600g、椰浆600g、香菜粉50g、西芹粉50g、沙姜粉100g、砂仁粉250g、杏仁粉200g、萝卜粉50g、野胡椒粉10g、香茅200g、石栗油100g、干葱蓉25g、蒜蓉25g、味精35g、精盐20g、白糖25g、脱白奶油300g。

制作方法如下。

　　（1）取香茅根茎泡软切碎，并用搅拌机搅烂、过滤。

　　（2）先用猛火烧热平底锅，再转中火下入脱白奶油，并放入干葱蓉和蒜蓉爆香，见干葱蓉、蒜蓉色泽转微焦黄时，放入咖喱粉、三花淡奶、椰浆、香菜粉、西芹粉、沙姜粉、砂仁粉、杏仁粉、萝卜粉、野胡椒粉、香茅蓉、石栗油，改以慢火不断翻铲以防炒焦，待至汁酱炒香，放入味精、精盐及白糖调好味道便成。

拓展阅读

说咖喱

　　"咖喱"一词来源于泰米尔语，指的是多种香料调配而成的调味料，大多为黄色或红色，多油，味辛辣且浓郁，常见于印度菜、泰国菜和日本菜等菜系。印度最初的肉食以膻味较浓的羊肉为主，单一种香料未能祛除其膻味，故以生姜、大蒜、洋葱、姜黄、小茴香、辣椒等香料粉末组合而成的浓汁来烹调，取得出奇的效果。

　　咖喱最开始在南亚和东南亚等地传播，到17世纪，欧洲殖民者来到亚洲时把这些香料带到欧洲，以肉食为主的欧洲人将其视如珍品，咖喱在这个时期变得更加流行。经过不断地发展普及，咖喱菜式早已传播到世界各地，成为亚太地区主流菜肴之一。

　　咖喱在世界各地结合不同饮食文化而演变出各种不同风格的咖喱，代表性的有印度咖喱、泰国咖喱、马来西亚咖喱、日本咖喱、斯里兰卡咖喱等。

　　地道的印度咖喱以丁香、小茴香籽、胡荽籽、芥末籽、黄姜粉和辣椒等香料调配而成，由于用料重，加上少量椰浆来减轻辣味，正宗的印度咖喱辣度强烈兼浓郁。泰国咖喱分青咖喱、黄咖喱、红咖喱等多个种类，其中红咖喱最辣。泰国咖喱还经常加入香茅、鱼露、月桂叶等香料，令泰国咖喱独具一格。马来西亚咖喱一般会加入芭蕉叶、椰丝及椰浆等当地特产，味道偏辣。日本咖喱一般不太辣，因为加入了浓缩果泥，所以甜味较重。斯里兰卡咖喱与印度咖喱同样有悠久的历史，由于斯里兰卡出产的香料质量较佳，做出来的咖喱就似乎更胜一筹。

任务测验

焖菜技能测评

1. 学习目标

（1）能运用焖的方法，在规定时间内独立完成技能测评的相关内容。

（2）检测本任务中知识、技能、素质目标的达成情况。

（3）能分析存在的问题和不足，为采取改进措施提供依据。

（4）能认真总结和反思学习过程，进一步巩固本任务的学习内容。

2．测评方案

（1）焖菜技能测评菜肴品种为双冬黄焖鸡、豆腐焖鲶鱼，学生采取抽签的方式，选定其中1道作为技能测评内容。

（2）操作完成时间为90分钟。

（3）教师负责主辅料、调料的准备，学生自备菜肴装饰物。

（4）菜肴制作的所有工序均在现场完成。成菜以10人量为准，另备一小碟（以1人量为准）供教师品评。

（5）学生完成菜肴制作后，填写标签，放在本人作品旁边，便于教师评分。

（6）学生根据技能测评方案，抽签确定本次技能测评菜肴品种。

3．学习准备

（1）检查工具、用具。

刀具、砧板、炉灶、各类辅助用具及餐具。

（2）准备每份菜肴的主辅料。

双冬黄焖鸡：光鸡项400g、冬笋250g、冬菇50g、姜20g、葱度20g、香菜15g。

豆腐焖鲶鱼：鲶鱼1条（约750g）、水豆腐500g、番茄150g、尖椒50g、姜10g、葱10g、蒜10g。

4．学习过程

（1）接受任务。

（2）制订工作方案。学生根据抽签结果，制订本小组技能测评工作方案，交指导教师审核。

（3）实施工作方案。学生根据本小组技能测评方案进行菜肴操作；教师全场巡视，及时指导、记录学生操作过程情况，提醒各小组进度。

5．综合评价

自评、小组互评、教师点评，填写技能测评评价表。

6．总结与巩固

各小组完成本次技能测评的《实训报告》，总结和反思学习过程，进一步巩固本任务的学习内容。

 知识归纳

热菜烹调技法——焖

▶ **技法概念**

焖是指将加工处理过的原料放入锅中，加入适量的汤水和调料，盖紧锅盖烧开，改为中小火进行较长时间的加热，使原料酥软入味、卤汁紧包成菜的烹调方法。

▶ **技法特点**

(1) 要选用质地较老韧的动物性原料或较耐加热的植物性原料，如牛肉、牛筋、牛鞭、羊肉、狗肉、鸡肉、鸭肉、香菇、冬笋、板栗等。

(2) 刀工成型要大方美观，不宜薄小。

(3) 汤水要一次加足，底油要略多一点，便于其在焖制过程中乳化增香。盐可以分次加入，不宜过早一次加足，以免影响老韧原料的软烂成熟。

(4) 恰当地把握火候。初步熟处理过油时要上色均匀、脱水适度，煸炒时则要旺火煸透，使原料既收缩脱水，又吸油入味。中小火焖制阶段是成菜的关键，火力要小且烧匀锅底，加热时间稍长。中小火加热使原料的胶质充分溶解，充分吸入呈味物质，形成味透肌里、酥软香热的美感。收汁时火力也要小一点，并及时旋锅，密切关注卤汁的数量、色泽及浓稠度，必要时可以勾芡增强卤汁的黏稠度，卤汁较烧菜要少。

(5) 运用酱料调味。甜面酱、柱侯酱、沙茶酱、海鲜酱、香辣酱等都比较适用于焖制菜肴，有利于菜肴浓香、黏稠及红润色泽的形成。

▶ **技法分类**

根据原料熟处理与否，焖法通常可分为生焖、熟焖；根据菜肴色泽，焖法通常可分为红焖、黄焖。各种焖法的对比见表 2-2-5 所列。

表 2-2-5 各种焖法的对比

种类	定义	工艺流程	特点
生焖	是将加工整理好的原料经焯水、滑油或煸炒等方法处理后，直接放入锅中，加入调料和足量的汤水，盖上锅盖，在密封条件下用中小火较长时间加热焖制，使原料酥烂入味、留少量味汁而成菜的焖法	选料→切配→焯水、滑油或煸炒预制→入锅加汤调味→加盖密封→较长时间焖制→收浓味汁→装盘	色泽深红（有的是金黄、酱红）、汤汁黏稠、口味醇厚
熟焖	是将经过初步加工的原料经过油炸或水煮等方法的处理后，放入砂锅或铁锅中，加入调味品和鲜汤，盖上锅盖，先用旺火烧开，再改用中小火焖制，直至原料酥烂而成菜的焖法	选料→切配→油炸或水煮等预制→入锅加汤调味→加盖密封→较长时间焖制→收浓味汁→装盘	色泽红亮、质地酥烂、香鲜醇厚、浓汁黏滑

注：红焖与黄焖在制作工艺上几乎完全相同，主要区别在于调味时色泽的深浅不同。

▶ 做一做

黑鱼表面非常黏滑，试验一下，怎样才能有效去除其表面液？

▶ 知识拓展

1. 通过查找资料，归纳烧与焖的区别。

2. 啤酒鱼是广西十大经典名菜之一，试通过查找网络资料、翻阅专业书籍、实地考察等方式，了解其由来、制作工艺、风味特色等。

思考与练习

一、填空题

1. 按预制加热方法，焖可分为＿＿＿＿、＿＿＿＿。

2. 按调味种类，焖可分为＿＿＿＿、＿＿＿＿、＿＿＿＿等。

3. 焖是指将加工处理过的原料放入锅中，加入适量的汤水和调料，盖紧锅盖烧开，改为＿＿＿＿＿＿＿＿的加热，使原料酥软入味、＿＿＿＿成菜的烹调方法。

二、选择题

1. 下列属于熟焖菜肴的是（　　）。

A. 双冬黄焖鸡　　　B. 豆腐焖鲶鱼　　　C. 煎焖苦瓜酿　　　D. 土豆焖牛腩

2. 双冬黄焖鸡按照用料处理办法来区别，所采用的焖法是（　　）。

A. 生焖　　　　　　B. 熟焖　　　　　　C. 油焖　　　　　　D. 酱焖

3. 焖是指将加工处理过的原料放入锅中，加入适量的汤水和调料，盖紧锅盖烧开，改为（　　）的加热，使原料酥软入味、卤汁紧包成菜的烹调方法。

A. 中小火长时间　　B. 中大火长时间　　C. 中小火短时间　　D. 中大火短时间

4. 红焖一般烧制成深红、浅红、酱红、（　　）等暖色。

A. 黄色　　　　　　B. 暗色　　　　　　C. 枣红　　　　　　D. 白色

5. 焖按预制加热方法可分为（　　）。

A. 生焖、熟焖　　　B. 生焖、红焖　　　C. 熟焖、黄焖　　　D. 红焖、黄焖

6. 职业道德有（　　）、广泛性、多样性、实践性的特点。

A. 具体性　　　　　B. 利益性　　　　　C. 收获性　　　　　D. 目标性

7. 职业道德建设的关键是（　　）的职业道德建设。

A. 技术员　　　　　B. 企业领导干部　　C. 经理　　　　　　D. 员工

三、判断题

1. 黄焖同红焖相似，只是在颜色上较红焖浅一些，呈金黄色，代表菜肴为黄焖

鸡。（　　）

2. 酱焖同油焖、红焖、黄焖方法相同，只是在放入主辅料前，先将各种酱料炒酥、炒香，再将主辅料焖至酥烂，代表菜肴为酱焖鲤鱼。（　　）

3. 红焖是将加工好的原料经焯水或过油后放入锅中，加入的调味品主要以红色调味品为主，加适量鲜汤，盖上锅盖，旺火烧沸后焖制，直至原料酥烂成菜的焖法。（　　）

4. 按调味种类，焖法可分为红焖、黄焖、酱焖。成品特点：质感以柔软酥嫩为主。（　　）

5. 油焖是加工好的原料经过油炸排出适量水分，使之受到油脂的充分浸润，然后放入锅中，加入调味品和适量鲜汤，盖上锅盖，先用旺火烧开，再转用中小火焖制，边焖制边入加一些油，直到原料酥烂而成菜的焖法。（　　）

6. 职业道德建设的关键是全社会公民的职业道德建设。（　　）

7. 职业道德有广泛性、多样性、实践性、具体性的特点。（　　）

四、简答题

1. 土豆焖牛腩采用了哪种烹调技法？其特点是什么？

2. 红焖的定义是什么？

3. 生焖的定义是什么？

任务3　扒菜制作

☆ 了解扒法的概念、特点、操作关键及分类。

☆ 掌握实践菜例的制作工艺。

☆ 能运用扒法完成实践菜例的制作。

☆ 养成规范操作的习惯，培养注重食品卫生的安全意识。

实践菜例❶　鱼腐扒菜心（烧扒）

1. 菜肴简介

鱼腐是将鱼蓉和鸡蛋、面粉（或生粉）按一定比例混合、搅拌后油炸而成的，形似面筋、口感软滑，因具有豆腐般的质感而得其名。鱼腐扒菜心采用鱼腐做主料，配以菜心，运用烧扒技法烹制而成，是一道口感细嫩、口味鲜美、营养丰富的菜肴。

2. 制作原料

主料：净草鱼肉 500g。

辅料：鸡蛋 300g、面粉或生粉 100g、清水 250g、广东菜心 10 棵。

料头：姜片 10g、葱度 10g。

调料：精盐 15g、味精 8g、浓缩鸡汁 15g、湿淀粉 15g、鸡油 50g、植物油 2500g（实耗 50g）。

3. 工艺流程

鱼肉洗净制蓉→搅拌上劲→加入面粉或生粉拌匀→挤丸→油炸→调味烧制→菜心焯水→装盘成菜。

4. 制作流程

（1）将鱼肉切成片状，放入清水中漂去血水，用搅拌机搅成蓉状；菜心洗净改刀。将清水 250g、鸡蛋 300g、面粉或生粉 25g 调匀备用。

（2）将鱼蓉放入大碗中，先将精盐 12g、味精 5g 分 3 次放入鱼蓉中，顺一个方向搅拌上劲，再将鸡蛋面糊分 5 次加入鱼胶中搅拌均匀备用。

（3）将锅置于火上，加入植物油 2500g，旺火加热至 50℃左右转小火，将打好的鱼腐用手挤成丸状放入锅中，慢慢升高油温至 120℃左右，待鱼丸膨胀、色泽金黄时捞出备用。

（4）将菜心焯水，装在盘中。

（5）向烧锅中放入鸡油，下入姜片和葱度爆香，随后加入清水 250g，调入精盐、浓缩鸡汁，放入炸好的鱼腐，旺火烧沸后，转中小火烧制 5 分钟，勾芡，加入味精、尾油，将鱼腐盛出，扒在菜心上即可。

5. 重点过程图解

鱼腐扒菜心重点过程图解如图 2-3-1～图 2-3-6 所示。

图 2-3-1 食材准备

图 2-3-2 鱼肉制蓉

图 2-3-3 调制鱼腐

图 2-3-4 挤丸炸制

图 2-3-5 调味烧制

图 2-3-6 装盘成菜

6. 操作要点

（1）鱼肉制蓉时要使其细腻，最好用滤袋将筋膜滤掉，保证鱼腐的嫩滑。

（2）要充分搅拌、摔打至鱼蓉起胶。

（3）鱼蓉与鸡蛋、面粉、清水的比例要恰当。鱼腐制作配方：净鲮鱼肉 500g、鸡蛋 300g、清水 250g、面粉或生粉 100g、精盐 12g、味精 5g。

7. 质量标准

鱼腐扒菜心质量标准见表 2-3-1 所列。

表 2-3-1　鱼腐扒菜心质量标准

评价要素	评价标准	配分
味道	调味准确、口感软滑、肉质细嫩鲜美	
质感	细嫩，无刺、无杂质	
刀工	刀工精细，成型均匀，净料率达 80％以上	
色彩	浅黄淡雅，芡汁明亮，无泄油、泄芡现象	
造型	成型美观、自然	
卫生	操作过程、菜肴装盘符合卫生标准	

教你一招

制作鱼蓉技巧

制作鱼蓉一般适宜选用青鱼、花鲢、鲮鱼、草鱼等品种，将鱼宰杀之后，不急着制蓉，这是因为鱼肉经排酸后制鱼蓉的效果更佳。鱼刚死时，其肉处于尸僵期，pH 值下降，持水能力较低，易影响鱼蓉制品的弹性和嫩度。实践证明，鲜活的鱼肉延伸性较差，吃水量小，制成的鱼蓉缺乏黏性和弹性，成品质感较老，切面较粗糙；经排酸的鱼肉（即将鱼宰杀后，放入冷藏室放置 3 小时左右）质地会因氧化而柔软，持水性增强，呈鲜物质也逐渐分解，风味显著增加。

拓展阅读

非遗美食——罗定皱纱鱼腐

罗定皱纱鱼腐是广东省罗定市的特产，中国国家地理标志产品，其历史悠久，风味独特，久负盛名，以色泽金黄、味道鲜美、幼滑甘香、烹调方法多样而深受人们的喜爱。

据《罗定史志》（2009 年 1、2 期）和《罗定县志》等有关史料记载，罗定皱纱鱼腐始创于元朝大德年间（1292—1307 年），已有 700 多年的历史。罗定属于丘陵盆地，自古山塘众多，盛产鲮鱼，皱纱鱼腐之所以质优味美，是因为其选用泷江流域水源养育的新鲜鲮鱼制作而成。将鲮鱼起肉去骨、剥皮、取净肉、剁成肉蓉，加入蛋清、生粉、食盐等调味，顺一个方向搅拌成鱼胶，挤成鱼丸，放入油锅炸至金黄即可。因其如豆腐般嫩滑，所以叫鱼腐，又因其薄如蝉翼、透如轻纱，故得"皱纱鱼腐"的美名。

罗定皱纱鱼腐可以制作出不同的菜式，常见的烹调方法有煨、打火锅、锅仔、烩、煮等。罗定鱼腐煲、冬菇蚝油扒鱼腐、菜胆金菇扒鱼腐、上汤韭黄鱼腐窝、浓汤杂菌烩鱼腐、浓汤鱼腐野菌煲、羊肉鱼腐煲、咸鸡鱼腐杂菌煲等都是罗定皱纱鱼腐的代表名菜。

如今，罗定皱纱鱼腐已被列为云浮市级非物质文化遗产保护名录，加以保护。2010 年 2 月 24 日，原国家质量监督检验检疫总局（以下简称国家质检总局）批准对"罗定皱纱鱼腐"实施地理标志产品保护。

实践菜例 ❷　红扒圆蹄（蒸扒）

1. 菜肴简介

圆蹄即猪的臀部和膝部之间的肘肉，带骨的被称为猪肘，去骨的被称为圆蹄。红扒圆蹄是一道色、香、味俱全的传统名菜，其色泽大红、肉质软烂、入口即烂、香味浓郁、肥而不腻。因其色泽红亮且呈圆形，寓意合欢团圆、幸福美满，为民间喜筵常用之品。

2. 制作原料

主料：圆蹄 1 个（重约 1250g）。

辅料：菜心 10 棵。

料头：姜块 10g、葱条 10g。

调料：精盐 5g、老抽 5g、生抽 25g、白糖 25g、冰糖 50g、绍酒 25g、麦芽糖 10g、湿生粉 15g、八角 2 粒、植物油 2500g（实耗 100g）。

3. 工艺流程

圆蹄初加工→焯水→抹麦芽糖水→油炸→调制卤汁→上蒸笼蒸炖至软烂→装盘→菜心焯水围边→原汁勾芡淋上→装盘成菜。

4. 制作流程

（1）将麦芽糖 10g 放入碗中，加入清水 60g 溶解成麦芽糖水备用；圆蹄刮洗干净，在肉的一面剞上刀距为 3cm、深度为 2/3 的"十"字花刀，放入沸水锅中煮熟，捞出洗去表面浮沫，趁热在表面抹上麦芽糖水备用；姜洗净去皮，用刀拍裂；葱洗净。

（2）将炒锅放在旺火上，加入植物油 2500g，加热至 120℃ 左右时，下入圆蹄浸炸至呈柿红色及表面酥脆时捞出，然后皮朝下装入大碗中。

（3）锅留底油 25g，放入白糖 25g 炒成糖色，装入碗中备用。

（4）向锅内加入清水 250g，下入葱条、姜块，加入精盐 5g、老抽 5g、生抽 20g、冰糖 50g、绍酒 25g、八角 2 粒、糖色，旺火烧沸，撇去浮沫，倒入装有圆蹄的大碗中，上笼蒸 2 小时至圆蹄软烂时取出。

（5）将圆蹄表皮朝上，扒在盘中，菜心焯水围边，取原汁150g，旺火收汁，勾芡淋在圆蹄上即成。

5. 重点过程图解

红扒圆蹄重点过程图解如图2-3-7～图2-3-12所示。

图2-3-7　食材准备

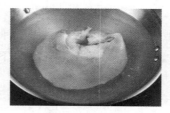

图2-3-8　焯水

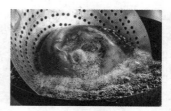

图2-3-9　油炸

图2-3-10　上笼蒸制

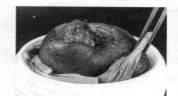

图2-3-11　摆菜心

图2-3-12　打芡成菜

6. 操作要点

（1）油炸圆蹄时，要将其放入热油中浸炸，以炸至表面呈柿红色且质感酥脆为度，只有这样才能使圆蹄中的油脂有效溢出，肥而不腻并呈虎皮状。

（2）圆蹄含丰富的胶原蛋白，烹制时不易软烂，所以蒸制的时间要长，一般为两个小时以上，这样能保证肉质软烂，并使滋味透入肉内。

（3）准确把握炒制糖色的火候，否则会影响成品的色泽及口味。

7. 质量标准

红扒圆蹄质量标准见表2-3-2所列。

表2-3-2　红扒圆蹄质量标准

评价要素	评价标准	配分
味道	调味准确、咸鲜适口、味道浓郁	
质感	圆蹄质感软糯、丰腴可口、肥而不腻	
刀工	刀工精细，成型均匀	
色彩	色泽红亮，芡汁明亮	
造型	成型美观、原形原样、不散不乱	
卫生	操作过程、菜肴装盘符合卫生标准	

教你一招

炒糖色

糖色是烹制菜肴的红色着色剂，常用于烧、酱、卤等菜肴的制作，糖色能使菜肴色泽红润明亮、香甜味美。

炒糖色共有3种方法，一是油炒，二是水炒，三是水油混合炒。油炒的优点是熬糖速度快，缺点是新手不易掌握。水炒的优点是容易把控颜色，缺点是熬糖速度慢。水油混合炒的比例是2份糖、1份水、少量的油，优点是既有油加快导热速度，又有水控制导热速度，比油炒慢一些，比水炒快一些，更适合普遍的家庭操作。

油炒法举例：向炒锅中加入25mL油和250g白砂糖或冰糖，用中火加热并不断搅拌至糖融化，调成小火继续熬煮，糖汁会出现冒泡的现象，先从小泡变为大泡再逐渐平复，在糖汁颜色变为深褐色并且大泡开始消失的时候加入200mL开水，搅拌均匀即成糖色。

拓展阅读

舌尖上的美味——周庄万三蹄

万三蹄是江南水乡周庄最出名的美食。此菜肴采用带骨猪肘做主料，经褪毛、过油、蒸炖等工序制作而成，筷子触皮即破，外肥内瘦，肥肉肥而不腻，瘦肉滑而不柴，遇齿则烂，入口齿颊留香，令人回味无穷。

据说此菜的来历与明太祖朱元璋和明代江南首富沈万三有关。洪武初年，沈万三捐资重修长城和南京城，受到明太祖朱元璋的猜忌。有一次，沈万三宴请朱元璋吃饭，朱元璋点名要吃猪蹄。为讨皇上的欢喜，沈万三亲自下厨制作，用小火把猪蹄烧得肉质非常酥软，色泽非常红亮，只要轻轻一碰，就可以把它分开。宴席中，朱元璋想刁难一下沈万三，突然指着猪蹄问他说："这是什么菜？"如果沈万三回答是"猪蹄"的话，"猪"和"朱"同音，那不就是吃皇帝的脚吗？必然冒犯了皇帝，皇帝定他个死罪也不是不可能的！沈万三想了片刻说："这是'万三蹄'，请皇上品尝。"这样，沈万三化解了这一道生死攸关的考题。在周庄，红烧猪蹄因此改名为"万三蹄"。如今，万三蹄已成为周庄的一张美食名片。

实践菜例 ❸　海米扒瓜脯（蒸扒）

1. 菜肴简介

海米扒瓜脯是一道美味可口的广东传统名菜，制作原料主要有冬瓜、海米、香葱等。此菜肴汁浓味鲜、瓜嫩爽滑。

2. 制作原料

主料：冬瓜 750g。

辅料：干海米 20g。

料头：黄酒 25g、姜片 10g、葱条 10g。

调料：精盐 5g、鸡粉 3g、蚝油 10g、生抽 8g、鱼露 8g、白糖 3g、料酒 5g、淀粉 6g、上汤 350g。

3. 工艺流程

冬瓜初加工、成型→干海米浸泡、蒸发→冬瓜脯过油→调制味汁→蒸制→摆盘→原汁勾芡→装盘成菜。

4. 制作流程

（1）将冬瓜去皮洗净，直刀开成四边形，去掉瓜瓤后切成长 10cm、宽 4.5cm 的长方块。随后在冬瓜块表皮一面打上深为冬瓜厚度 2/3、刀距为 1cm 的菱形花刀。

（2）把干海米用清水浸泡至回软，装入小碗中，加入黄酒、姜片、葱条，上锅蒸 20 分钟备用。

（3）起锅将植物油烧热至 150℃，放入改刀的冬瓜块炸至表面微黄，捞出装入碗中。

（4）炒锅留底油烧热，放入上汤，加入海米、精盐、鸡粉、蚝油、生抽、鱼露、料酒、白糖煮沸，倒入冬瓜碗中，入蒸锅中蒸 30 分钟。

（5）将冬瓜取出装盘，原汁勾芡淋在冬瓜上即可。

5. 重点过程图解

海米扒瓜脯重点过程图解如图 2-3-13～图 2-3-18 所示。

图 2-3-13　食材准备

图 2-3-14　冬瓜切块

图 2-3-15　干海米浸泡

图 2-3-16　冬瓜炸制

图 2-3-17　上笼蒸制

图 2-3-18　装盘成菜

6. 操作要点

（1）主料成型要一致，长宽要均匀。

（2）控制加热时间，注意勾芡稠度。

7. 质量标准

海米扒瓜脯质量标准见表2-3-3所列。

表2-3-3　海米扒瓜脯质量标准

评价要素	评价标准	配分
味道	调味准确、咸鲜适口	
质感	冬瓜清爽入味，海米咸鲜十足	
刀工	刀工精细，成型均匀	
色彩	明油亮芡，成菜无泄油、泄芡现象	
造型	成型美观、自然	
卫生	操作过程、菜肴装盘符合卫生标准	

教你一招

如何挑选海米

海米为海虾经加盐水焯烫、晒干脱壳等工序制成的海产干制品。如何挑选海米呢？

(1) 看色泽：体表鲜艳发亮、发黄或呈浅红色的为上品，这种海米都是晴天晒制的。色暗而不光洁的多数是在阴雨天晾制的。在同一批次中，海米颜色大体一致最好，出现两种以上颜色的，说明是好与坏掺和的。

(2) 看体形：海米体形弯曲的，说明是用活虾加工的；体形笔直或不大弯曲的，则说明大多数是用死虾加工的。

(3) 看杂质：优质的海米大小匀称、无杂质。

(4) 看水分：选购海米时，抓一把海米用力攥一下，看它能不能黏到一块，如果黏到一起就说明海米水分大，容易腐烂变质。

(5) 闻香味：新鲜的海米味道鲜香，闻起来没有异味。

(6) 尝口味：取一个海米放在嘴中嚼一嚼，感到鲜而微甜的为上品，盐味重的质量差。

认识烹饪中的"脯"

"脯"读作 pú 或 fǔ，其字义很多，读作 pú 时是胸脯的意思，读作 fǔ 时是肉干、果干的意思。在烹饪中，"脯"字也比较常见。肉脯指的是猪肉或牛肉经腌制、烘烤的片状肉制品。果脯指的是干燥脱水的瓜果果肉。同时，动物的胸部或胸部的肉也被称作"脯"，如鸡脯肉、鸭脯肉等。在粤菜厨房中，瓜脯往往特指加工成长10cm、宽4～6cm 的块状冬瓜脯。

任务测验

扒菜技能测评

1. 学习目标

（1）能运用扒的方法，在规定时间内独立完成技能测评的相关内容。

（2）检测本任务中知识、技能、素质目标的达成情况。

（3）能分析存在的问题和不足，为采取改进措施提供依据。

（4）能认真总结和反思学习过程，进一步巩固本任务的学习内容。

2. 测评方案

（1）扒菜技能测评菜肴品种为鱼腐扒菜心、海米扒瓜脯，学生采取抽签的方式，选定其中1道作为技能测评内容。

（2）操作完成时间为90分钟。

（3）教师负责主辅料、调料的准备，学生自备菜肴装饰物。

（4）菜肴制作的所有工序均在现场完成。成菜以10人量为准，另备一小碟（以1人量为准）供教师品评。

（5）学生完成菜肴制作后，填写标签，放在本人作品旁边，便于教师评分。

（6）学生根据技能测评方案，抽签确定本次技能测评菜肴品种。

3. 学习准备

（1）检查工具、用具。

刀具、砧板、炉灶、各类辅助用具及餐具。

（2）准备每份菜肴的主辅料。

鱼腐扒菜心：净草鱼肉500g、鸡蛋300g、面粉或生粉100g、广东菜心10棵、姜10g、葱10g。

海米扒瓜脯：冬瓜750g、干海米20g、姜片10g、葱条10g。

4. 学习过程

（1）接受任务。

（2）制订工作方案。学生根据抽签结果，制订本小组技能测评工作方案，交指导教师审核。

（3）实施工作方案。学生根据本小组技能测评方案进行菜肴操作；教师全场巡视，及时指导、记录学生操作过程情况，提醒各小组进度。

5. 综合评价

自评、小组互评、教师点评，填写技能测评评价表。

6. 总结与巩固

各小组完成本次技能测评的《实训报告》，总结和反思学习过程，进一步巩固本任务的学

习内容。

 知识归纳

热菜烹调技法——扒

▶ **技法概念**

扒是指将初步熟处理的原料加工成型或以整体形态整齐下锅，加入汤水及调味品，中小火加热入味成熟，勾芡稠汁，大翻锅后装入盛器，菜形不散不乱，保持原有美观形状的烹调方法。

▶ **技法特点**

（1）扒制菜肴具有选料精细、切配讲究、形状整齐美观、原形原样、不散不乱、略带芡汁、色泽光亮、口味鲜香、醇厚浓郁的特点。

（2）扒讲究精湛的刀功刀法。扒菜的美观形态大多来源于精细的刀法，凡加工好的料，必须做到大小相同、长短一致、厚薄均匀、精细相等、整齐划一、清爽利落。

（3）须具备一定的艺术素养和造型技能，能利用摆、排、堆、叠、覆、盖等多种手法，装配成美不胜收的花色菜形，给人以美的享受。

（4）严格控制火候和掌握勾芡方法。扒菜的火候以保持锅内适当的温度为准，既要原料入味成熟，又要不损坏菜形。扒菜的勾芡随菜形而定。芡汁要勾成稀薄芡，芡汁在锅内停留时间不能过长，否则，芡汁成熟过度，混浊发煳，甚至凝结成块，会破坏菜形与菜肴的风味。

（5）须掌握大翻锅技巧。通过大翻勺使锅内菜肴翻身，一是把菜肴美观的正面翻转到上面来，二是使菜肴表面色泽更加油润光亮。

▶ **技法分类**

根据加热方式，扒法通常分为烧扒、蒸扒；根据色泽，扒法通常分为红扒、白扒。各种扒法的对比见表2-3-4所列。

各种扒法的对比

种类	定义	工艺流程	特点
烧扒	是将原料加工和预制后，切配成美观形状摆放在锅中，加入汤水和调料，烧开，改用中小火烧至原料适度软烂、完全入味，勾芡扰汁，大翻锅盛入盘内，保持菜肴原有造型的扒法	原料切配成型→初步熟处理→葱、姜炝锅后下料→添汤→调味→烧制→勾芡→淋明油→大翻勺→整理装盘	色泽光亮、口味鲜香、醇厚浓郁

（续表）

种类	定义	工艺流程	特点
蒸扒	是将原料摆成一定的图案后，加入汤汁调味，上笼进行蒸制，最后出笼，汤汁烧开，勾芡浇在菜肴上即成的扒法	原料切配成型→初步熟处理→葱、姜炝锅后下料→添汤→调味→装盘→上蒸笼蒸制→勾芡→淋明油→大翻勺→整理装盘	原形原样、不散不乱、略带芡汁

▶ **技法比较**

红扒与白扒的区别：红扒加入有色调料焖烧，成菜红润光亮、色泽诱人、味道浓郁；白扒加入无色调料焖烧，成菜汤汁浓郁、鲜香味醇、口味清淡爽口。

▶ **做一做**

大翻勺是制作扒菜必须具备的一项基本功，试运用一些植物性原料做大翻勺练习。

▶ **知识拓展**

1. 归纳烧扒与蒸扒、红扒与白扒的区别。

2. 扒菜品种较多，也有不少经典名菜。试通过查找网络资料、翻阅专业书籍、实地考察等方式，收集几道富有地方风味特色的扒菜，了解其由来、制作工艺、风味特色等。

📖 思考与练习

一、填空题

1. 根据色泽的不同，扒法可分为_____、_____两种。

2. 扒法多用于_____、_____的原料。

3. 扒制菜肴需要_____。

4. 成菜翻勺时，要注意保护菜肴形态的_____，并沿锅边_____。

二、选择题

1. 以下关于扒制菜肴的描述正确的是（　　）。

A. 原料整齐入锅、整齐出锅是扒制菜肴的一大特色

B. 扒制菜肴一般采用旺火

C. 扒制菜肴根据色泽可分为鸡油扒、葱油扒

D. 扒制菜肴大多数不需要勾芡

2. 下列哪一道菜肴不属于扒制菜肴(　　)。

A. 红扒鱼翅　　　　　　　　　　B. 冰糖扒蹄

C. 海米扒瓜脯　　　　　　　　　D. 京酱肉丝

3. 根据加热时间及调味品不同,扒法可以分为(　　)等。

A. 红扒、白扒　　　　　　　　　B. 奶油扒、红扒

C. 白扒、鸡油扒　　　　　　　　D. 奶油扒、鸡油扒

任务 4　煨菜制作

☆ 了解煨法的概念、特点、操作关键及分类。

☆ 掌握实践菜例的制作工艺。

☆ 能运用煨法完成实践菜例的制作

☆ 养成规范操作的习惯,培养注重食品卫生的安全意识。

实践菜例❶　清炖鲫鱼汤

1. 菜肴简介

清炖鲫鱼汤是一道养身汤,运用煨的技法烹制而成。该菜肴汤色乳白、味道鲜甜,具有健脾祛湿的功效。

2. 制作原料

主料:鲫鱼 500g。

辅料:白萝卜 200g。

料头:姜片 10g,葱结 10g、香菜碎 10g。

调料:精盐 5g、味精 3g、白胡椒粉 2g。

3. 工艺流程

鲫鱼宰杀、洗净→白萝卜切成中丝→煎鲫鱼→煨制→调味→装盘成菜。

4. 制作流程

(1) 宰杀鲫鱼,并洗净沥干水;将白萝卜去皮,切成中丝;将姜、葱、香菜洗净,姜切成片,葱扎成葱结,香菜切碎。

(2) 将锅烧热,放入油 100g,把鲫鱼放入煎至两面金黄。

(3) 将鲫鱼、姜片、葱结放入砂锅中,倒入 2.5kg 开水,放在煲仔炉上,旺火烧沸后,转中小火加热 40 分钟。

(4) 当汤呈奶白色后,放入白萝卜丝继续煨煮 10 分钟,随后放入精盐、味精、白胡椒粉,弃掉姜片、葱结,撒入香菜即可。

5. 重点过程图解

清炖鲫鱼汤重点过程图解如图 2-4-1～图 2-4-3 所示。

图 2-4-1　鲫鱼煎制　　　　图 2-4-2　煨制调味　　　　图 2-4-3　装盘成菜

6. 操作要点

(1) 鲫鱼在煨制前要煎香，这样能有效去腥，煨出的汤汁效果更佳。

(2) 煨制时，火力不能太小，否则汤汁乳白效果不好。

7. 质量标准

清炖鲫鱼汤质量标准见表 2-4-1 所列。

表 2-4-1　清炖鲫鱼汤质量标准

评价要素	评价标准	配分
味道	汤色乳白、味道鲜美	
质感	萝卜质感爽脆	
刀工	精细均匀，萝卜丝符合中丝标准	
色彩	色泽乳白	
造型	成型美观、自然	
卫生	操作过程、菜肴装盘符合卫生标准	

教你一招

熬制奶汤技巧

　　奶汤乳白醇鲜、色味俱佳，是烹制某些菜肴的必备原料，也是一些名菜的特殊风味形成的重要原因。鲜汤呈白色是脂肪乳化的结果，将脂肪加入水中，水在旺火加热的状态下沸腾，脂肪剧烈震荡，逐渐被粉碎成微小的脂肪球而和水充分混合，这些微小的脂肪球在水中对光线有反射和折射的作用，致使汤汁发白。因此，在奶汤制作过程中，脂肪、水、旺火加热是必备的物质条件。

　　但是，仅仅如此就足够了吗？有人做了这样的实验，将适量的猪油放入翻滚的开水中旺火加热几分钟，清澈透明的开水变成浓白的汤汁。然而，放置一段时间后，奶汤出现了分层状态，实践证明，只有脂肪和水的乳状液是不稳定的，会在很短的时间内分层。那如何让奶汤稳定呢？这就需要奶汤中有足够的脂肪球的载体，这个载体就是明胶。制汤原料中的胶原蛋白在持续加热下被逐渐水解为明胶而溶于汤中，明胶分子能与脂肪球形成一种特殊的结构，在汤水中成为稳定的乳状液，增加奶汤的稳定性。因此，制作奶汤不仅需要有脂肪、水、旺火加热，还需要有富含胶原蛋白的原料及充足的加热时间。

拓展阅读

鲫鱼汤的营养价值及功效

鲫鱼肉质细嫩，营养价值很高，具有健脾利湿、活血通络、和中开胃、温中下气的药用价值，对肾脾虚弱、水肿、溃疡、气管炎、哮喘、糖尿病患者有很好的滋补食疗作用。鲫鱼汤含有全面而优质的蛋白质，可对肌肤的弹力纤维构成起到一定的强化作用，具有美容抗皱等功效，经常食用可延缓衰老。鲫鱼汤是良好的蛋白质来源，含有多种维生素、微量元素及人体所必需的氨基酸，经常食用可增强体质，适宜肝炎、肾炎、高血压、心脏病、慢性支气管炎等疾病患者食用。鲫鱼汤是产妇的催乳补品，经常食用鲫鱼汤可以让产妇乳汁充盈，避免乳汁分泌不足。

实践菜例 ❷　海带冬瓜排骨汤

1. 菜肴简介

海带冬瓜排骨汤是一道家常菜，运用煲的技法制作而成。该菜肴具有利尿消肿、清热解暑、降低血压等功效。

2. 制作原料

主料：排骨 500g。

辅料：冬瓜 750g、海带 50g、淡菜 15g、薏米 15g、芡实 15g。

料头：姜片 10g、葱结 10g。

调料：精盐 8g、味精 2g、料酒 10g、生粉 20g。

3. 工艺流程

海带泡软改刀、冬瓜去瓤切块→排骨斩件焯水→煲制→调味→装盘成菜。

4. 制作流程

(1) 将海带放入清水中浸泡 30 分钟，待海带泡发后加入精盐 3g、生粉 20g 抓洗干净，切成长 6cm、宽 4cm 的片备用；冬瓜去瓤、洗净、切块；排骨斩成长约 3cm 的段，洗净后焯水；淡菜、薏米、芡实用清水洗净备用；姜洗净去皮，切成片；葱扎成葱结。

(2) 将排骨、冬瓜、海带、淡菜、薏米、芡实、姜块、葱结放入砂煲，加入开水 2.5kg，旺火烧沸后，转小火煲制 1.5 小时。

（3）在汤中先放入精盐 5g，加盖小火加热 5 分钟，再放入味精 2g，弃掉姜片、葱结即可上席。

5. 重点过程图解

海带冬瓜排骨汤重点过程图解如图 2-4-4～图 2-4-9 所示。

图 2-4-4 食材准备

图 2-4-5 排骨焯水

图 2-4-6 加入海带

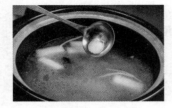
图 2-4-7 调味煨制

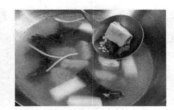
图 2-4-8 煨制

图 2-4-9 装盘成菜

6. 操作要点

（1）冬瓜表面不去皮，清热解暑的效果更佳。

（2）当清洗海带时，加入适量的精盐和生粉会有效去除海带表面的黏液。

（3）排骨冷水下锅焯水效果更好。

7. 质量标准

海带冬瓜排骨汤质量标准见表 2-4-2 所列。

表 2-4-2 海带冬瓜排骨汤质量标准

评价要素	评价标准	配分
味道	调味准确、汤浓味美	
质感	排骨软烂脱骨	
刀工	成型均匀、大小一致	
色彩	色泽乳白	
造型	成型美观、自然	
卫生	操作过程、菜肴装盘符合卫生标准	

教你一招

砂锅使用技巧

砂锅在使用过程中容易开裂，怎样避免这种情况的发生呢？

当新砂锅被洗净、烧干水分后，先将其内外都涂上食用油，再加热即可防止开裂；使用砂锅时，不要突然在大火上烧，否则容易开裂；新买回来的砂锅第一次先用来熬粥，这样就可以堵住砂锅细小的孔隙，可以防止砂锅渗水、开裂；砂锅不用的时候要倒放晾干，最好放到通风的地方；当把砂锅从火上拿下来的时候，不能直接放到地面或者有水的地方，最好用木板或者垫子垫一下。

拓展阅读

广东老火靓汤

老火靓汤又称广府汤，是广东人传承数千年的食补养生秘方。广府人喝老火靓汤的历史由来已久，这与广东湿热的气候密切相关。据史书记载："岭南之地，暑湿所居。粤人笃信汤有清热去火之效，故饮食中不可无汤。"长年以来，煲汤就成了广东人生活中必不可少的一个内容，"宁可食无菜，不可食无汤"成了广东人的饮食习惯。如今，老火靓汤与广州凉茶一道当仁不让地成了广东饮食文化的标志，先上汤，后上菜，几乎成为广州宴席的既定格局。

广东人煲汤的方式与其他地方不同，首先是对炊具有要求，制作时必须用陶制的砂锅；其次是种类繁多，可以用各种汤料和烹调方法烹制出各种不同口味、功效的汤来。加热时间长是老火靓汤的一大特点，加热时间往往达到2~3小时，甚至更长，原料的鲜香物质、营养成分能充分地分解到汤汁当中。不同的时令煲不同的汤，春夏秋冬，各有不同。搭配不同的滋补药材，形成不同的滋补效果，养胃的、去湿气的、下火的……应有尽有。例如，养肝、益气、补血、滋阴的阿胶红枣乌鸡汤，健脾、和胃、益气、祛湿的山药茯苓乳鸽汤，润肺、止咳、补中、益气的玉竹百合鹌鹑汤，补肾、滋阴、益精、健骨的黄精枸杞牛尾汤。慢火煲煮的老火靓汤火候足、时间长，既取药补之效，又取入口之甘甜；既是调节人体阴阳平衡的养生汤，又是治疗、恢复身体的药膳汤。

实践菜例❸　白果老鸭汤

1. 菜肴简介

白果老鸭汤是广西的传统名菜，运用煨的技法制作而成。成菜具有汤汁味美、营养丰富的特点。鸭肉性寒味甘，具有补中益气、消食和胃、利水消肿及解毒的作用；白果性平、味甘，具有抑菌、润肺、止咳、降低血清胆固醇、扩张冠状动脉等作用。两者合而成菜，具有开胃生津、化痰止咳、润肺益气的功效。

2. 制作原料

主料：老鸭肉500g。

辅料：白果100g、猪瘦肉50g。

料头：姜片10g、葱条10g。

调料：精盐10g、味精3g、陈皮15g、白胡椒粒5g、料酒15g。

3. 工艺流程

主辅料初加工→焯水→煨制→调味→装盘成菜。

4. 制作流程

（1）将白果去壳去皮，先放入沸水锅内焯一下，再用牙签去胚芽，焯水备用。

（2）将老鸭洗净斩成"日"字块，猪瘦肉洗净切成1.5cm见方的丁，一起放入沸水锅内焯水，洗净备用。

（3）将鸭块、陈皮、姜片、葱条、料酒放入砂锅中，随后放入清水2.5kg，旺火烧沸后，转小火煲2小时。

（4）将白果放入砂锅中，调入精盐，再煲1小时，弃掉姜片、葱条，调入味精即可成菜。

5. 重点过程图解

白果老鸭汤重点过程图解如图2-4-10～图2-4-14所示。

图2-4-10　食材准备

图2-4-11　鸭子斩块

图2-4-12　鸭块焯水

图2-4-13　放入白果煨制

图2-4-14　装盘成菜

6. 操作要点

（1）鸭肉选料是关键，应选用小脚麻鸭中的老鸭做主料；白果初加工时要注意去除胚芽，否则白果有苦味。

（2）白果应在成菜前 1 小时左右放入与鸭肉一起煨制，过早放入容易把白果煲烂。

7. 质量标准

白果老鸭汤质量标准见表 2-4-3 所列。

表 2-4-3 白果老鸭汤质量标准

评价要素	评价标准	配分
味道	调味准确、汤浓味美	
质感	鸭肉软烂，无渣口、老韧现象	
刀工	成型均匀，大小一致	
色彩	色泽乳白	
造型	成型美观、自然	
卫生	操作过程、菜肴装盘符合卫生标准	

教你一招

白果加工技巧

银杏果俗称生白果，是营养价值丰富的食物，可润肺、定喘、涩精、止带、祛寒热。白果表面有一层坚韧的外壳，果肉覆盖一层薄衣，其果肉中含有胚芽，胚芽带有苦味，加工时要注意去除，因此白果初加工相对麻烦。那么，白果初加工有何诀窍呢？

将白果的壳棱朝上，先用小锤轻敲，使壳开裂；再将敲过的白果放入保鲜盒内，加盖，放进微波炉，中火加热约 3 分钟，闻到香味即可取出剥壳，能快速去除白果表面的薄衣；最后用小螺丝刀破开较大的那头，挖出胚芽即可。

拓展阅读

中国银杏之乡

我国有六处极具盛名的"银杏之乡"，它们分别是：江苏省邳州市、江苏省泰兴市、湖北省安陆市、山东省郯城县、广东省南雄市、浙江省长兴县。邳州是全国五大银杏基地之一，2010 年 12 月，经国家质检总局审核，决定对"邳州银杏"实施国家地理标志产品保护。泰兴市是闻名退迩的"银杏之乡"，古银杏、银杏定植数、银杏产量、银杏品质均居全国之冠，享有华夏"银杏第一市"的美誉。1995 年 6 月，全国人大常委会副委员长田纪云欣然为泰兴市题词"银杏第一市"。1996 年春，国务院发展研究中心市场经济研究所在全国"中华之最"评选中，授予泰兴市"中国银杏之乡"的称号。安陆市素有"中华银杏市"的美誉，现存银杏大树 2.9 万株，千年以上的古银杏达 59 株，500 年以上的古银杏有 1468 株。郯城县有"天下银杏第一县"之称，县内银杏古梅园内有棵银杏树，树高 47m、胸径 2.3m、胸围 7.1m。据史料记载，该树距今有 2000 多年的历史，系全国银杏雄树之冠。该树于 1979 年被列为县级重点保护文物。南雄市素有"银杏之乡"之美誉，有银杏林 10 万多亩（1 亩 ≈ 666.67m²），上百年树龄的有 1000 多株。长兴县为全国五大银杏基地之一，曾被林业部、国家科学技术委员会誉以"银杏第一园""优质高产银杏示范基地""国家科技开发中心银杏试验基地"等称号。

实践菜例❹ 当归生姜羊肉汤

1. 菜肴简介

当归生姜羊肉汤是一道深受大众喜爱的菜肴，采用煨的技法制作而成，该菜肴具有口味鲜美、营养丰富的特点。古人云"冬至补一补，一年精气足"而羊肉在《本草纲目》中被称为"补元阳益血气"的上佳补品。因此冬季食用当归生姜羊肉汤可补血活血、散寒止痛，具有补虚温中止痛的功效，可起到进补和防寒的双重效果。

2. 制作原料

主料：带皮羊肉 500g。

辅料：当归 5g、红枣 5 颗、枸杞 5g。

料头：姜片 50g、大葱 20g。

调料：精盐 6g、味精 1.5g、料酒 25g、胡椒粉 1g、植物油 25g。

3. 工艺流程

羊肉洗净斩件→焯水→煸炒→煨制→调味→装盘成菜。

4. 制作流程

（1）将羊肉洗净，切成 2cm 见方的块，加入大葱 20g、姜片 15g、料酒 10g 腌制 10 分钟；当归洗净切片，红枣、枸杞洗净。

（2）将羊肉焯水，洗净后沥水备用。

（3）将炒锅放在火上烧热，放入植物油 25g，下入姜片爆香，放入羊肉和料酒翻炒，待羊肉表面水分被炒干后加入鲜汤烧开，撇掉泡沫。

（4）将原料装入砂锅中，先放入当归、红枣，转中小火煨煮 90 分钟，再放入枸杞、精盐，加热 5 分钟，上席前加入味精调味、撒上胡椒粉即可。

5. 重点过程图解

当归生姜羊肉汤重点过程图解如图 2-4-15～图 2-4-20 所示。

图 2-4-15 食材准备

图 2-4-16 羊肉斩块

图 2-4-17 羊肉焯水

图 2-4-18 煨制

图 2-4-19 调味

图 2-4-20 装盘成菜

6. 操作要点

（1）羊肉膻味较重，应提前用大葱、生姜、料酒腌制，然后再焯水，这样能有效去除羊肉的膻味。

（2）根据羊肉的老嫩程度掌握加热时间。

7. 质量标准

当归生姜羊肉汤质量标准见表 2-4-4 所列。

表 2-4-4 当归生姜羊肉汤质量标准

评价要素	评价标准	配分
味道	调味准确、汤清味美	
质感	羊肉软烂	
刀工	成型均匀，大小一致	
色彩	色泽清澈	
造型	成型美观、自然	
卫生	操作过程、菜肴装盘符合卫生标准	

教你一招

羊肉的去腥技巧

去除羊肉膻味的 6 种方法如下。

（1）将萝卜块和羊肉一起下锅，半小时后取出萝卜块。

（2）每千克羊肉放入绿豆 5g，煮沸 10 分钟后，将水和绿豆一起倒出。

（3）放入半包山楂片。

（4）将两三个带壳的核桃洗净打孔放入。

（5）1kg 羊肉加入剖开的甘蔗 200g。

（6）1kg 水烧开，加入羊肉 1kg、醋 50g，煮沸后捞出，再重新加水加调料。

拓展阅读

中国原产地标志产品——马山黑山羊

马山黑山羊是引进外地品种与本地品种杂交，经过多年精心培育而来的优良山羊品种。马山黑山羊具有肉质鲜嫩、味美膻气少、香甜可口、营养价值高等独特之处，在我国东南沿海一带及港澳台地区享有较高声誉，是优质山羊品种。

2003年6月，马山黑山羊的原产地广西壮族自治区南宁市马山县被中国特产之乡推荐评定委员会授予"中国黑山羊之乡"称号，马山黑山羊的发展得到世人的认可。2003年，其原产地正式获得"中国黑山羊之乡——马山县"的称号。2003年，通过国家质检总局审核，马山黑山羊获准使用"中国原产地标志"，至此，马山黑山羊品牌走出广西，叫响全中国乃至世界。经医学专家测定，马山黑山羊中羊胎素等主要药物成分的含量均高于其他的山羊品种。黑山羊肉不仅味道鲜美，还是济世良药。中医说它是助元阳、补精血、疗肺虚、益劳损之妙品，为一种良好的滋补强壮药，其吃法常见的有涮火锅、羊肉扣、红焖羊肉等。

任务测验

煨菜技能测评

1. 学习目标

（1）能运用煨的方法，在规定时间内独立完成技能测评的相关内容。

（2）检测本任务中知识、技能、素质目标的达成情况。

（3）能分析存在的问题和不足，为采取改进措施提供依据。

（4）能认真总结和反思学习过程，进一步巩固本任务的学习内容。

2. 测评方案

（1）以小组的方式自行设计并制作1道煨菜作为技能测评内容。

（2）操作完成时间为150分钟。

（3）各小组负责主辅料、调料的准备。

（4）菜肴制作的所有工序均在现场完成。成菜以10人量为准，另备一小盅（以1人量为准）供教师品评。

（5）学生完成菜肴制作后，填写标签，放在本人作品旁边，便于教师评分。

3. 学习准备

（1）检查工具、用具。

刀具、砧板、炉灶、各类辅助用具及餐具。

（2）准备每份菜肴的主辅料。

4．学习过程

（1）接受任务。

（2）制订工作方案。学生根据抽签结果，制定本小组技能测评方案，交指导教师审核。

（3）实施工作方案。学生根据本小组技能测评方案进行菜肴操作；教师全场巡视，及时指导、记录学生操作过程情况，提醒各小组进度。

5．综合评价

自评、小组互评、教师点评，填写技能测评评价表。

6．总结与巩固

各小组完成本次技能测评的《实训报告》，总结和反思学习过程，进一步巩固本任务的学习内容。

 知识归纳

热菜烹调技法——煨

▶ **技法概念**

煨是指将经过初步熟处理后的原料放入陶制器皿中，加入较多汤水后先用旺火烧沸，再用中火或微火长时间加热至酥烂成菜的一种烹调方法。

▶ **技法特点**

（1）主料大多选用富含鲜香滋味、质地老韧的动物性原料，而植物性原料大多作为辅料；根据季节变换的需要选择搭配原料，根据菜肴制作的需要合理搭配功能性滋补原料以增加菜肴的营养价值。

（2）煨制的原料不可切得太小，所用主料一般是大块料或整料。

（3）原料大多要进行初步熟处理（如煎、炸、焯水等），其目的是除去异味、增加汤汁的浓度和香味。

（4）加热时，要严格控制火力，首先用旺火烧沸后限制在小火范围内，使锅内水面保持微沸而不腾，然后加入去腥调料，撇去浮沫，转入中火煨至酥烂。

（5）使用多种原料的，要根据原料性质特点把握下料顺序。煨制时，性质坚实、能耐长时间加热的原料可以先下入，而耐热性较差的辅料在主料煨制半酥时下入。

（6）原料在加热时不宜先调味，调味均在原料基本酥烂后进行。否则，将大大延长加热的时间。

（7）为了突出原料自身具有的鲜香美味，煨法使用的调料品种相对简单，调味也相对清淡，除用适量的味精助鲜外，只使用葱、姜、料酒和盐，一般不用带色味料和浓味香料。

▶ **做一做**

学生分组协，首先作完成实践菜例的工作方案书，然后到实训室以小组合作的方式完成实践菜例的制作，最后根据操作过程完成实践菜例的实验报告。

▶ **知识拓展**

1. 在煨菜的制作过程中，常常需要加入部分滋补药材来增加菜肴的营养功效。试了解具有补气、补血、健脾、除湿、温阳补肾等功能的常用滋补药材有哪些。

2. 汤营养丰富，既可滋养身体，又可调节人体阴阳平衡。试通过查找网络资料、翻阅专业书籍等方式，收集四季养生靓汤各3道，分析它们的养生功效。

思考与练习

一、填空题

1. 煨制菜肴要根据原料_____、_____，酌量加入各种香料、调料，以免冲淡主味。

2. 煨菜要求汤汁_____、_____。

3. 煨菜调味时多使用_____调味品。

二、选择题

1. 煨是指将经过(   )后的原料放入陶制器皿中，加入较多汤水后先用(   )烧沸，再用中火或微火长时间加热至酥烂成菜的一种烹调方法。

A. 粗加工，小火   B. 初步熟处理，旺火

C. 熟处理，旺火   D. 未处理，中火

2. 煨多选用结缔组织较多，蛋白质、脂肪含量较丰富的原料，如(   )等。

A. 五花肉、鸡胸肉   B. 里脊肉、外脊肉

C. 牛筋、牛蹄   D. 猪脑花、毛肚

3. (   )没有应用煨的烹调技法。

A. 煨脐门   B. 母油船鸭

C. 红煨牛肉   D. 麻辣鸡丁

任务 5　烩菜制作

☆ 了解烩法的概念、特点、操作关键及分类。

☆ 掌握实践菜例的制作工艺。

☆ 能运用烩法完成实践菜例的制作

☆ 养成规范操作的习惯，培养注重食品卫生的安全意识。

实践菜例 ❶　西湖牛肉羹（白烩）

1. 菜肴简介

西湖牛肉羹是浙江省杭州市的一道传统名菜。据专家考证，西湖牛肉羹由胡辣汤演变而来。世界第一部由官方主持编撰的成药标准，宋代《太平惠民和剂局方》中记载，在食物里加入辛温香燥药物有益行气，故辛辣味食品颇为流行，在此基础上改进为胡辣汤。宋室南渡后，胡椒、八角、肉桂等常见香料在杭州被简化，而江南特产的一些时鲜货如菇类、春笋等也被加入到了胡辣汤之中，酸和辣的胡辣汤，渐渐演变成鲜醇爽口的牛肉羹。又因为这道羹汤是由淀粉和鸡蛋清调成的，状似湖水涟漪，又似"稀糊"，所以取"西湖"之谐音，美其名曰西湖牛肉羹。

2. 制作原料

主料：牛肉 100g。

辅料：内酯豆腐 100g、鸡蛋清 2 个、金华火腿 10g、香菜 10g、鲜汤 1250g。

料头：姜米 10g、蒜末 10g。

调料：精盐 6g、味精 3g、胡椒粉 2g、芝麻油 1g、干淀粉 10g、植物油 10g。

3. 工艺流程

牛肉洗净、切片腌制、剁碎→切配辅料、料头→内酯豆腐焯水→料头爆香→放入鲜汤、调味→下入主辅料→勾芡→下入鸡蛋清→调味成菜。

4. 制作流程

（1）将牛肉洗净后腌制上浆，剁成粒；内酯豆腐切成 0.5cm 见方的丁焯水；生姜、大蒜、火腿切成末；鸡蛋清打散。

（2）将锅置于火上，下入植物油，将姜末、蒜末、火腿末小火炒香，加入鲜汤，旺火烧沸，调入精盐，下入牛肉粒、内酯豆腐丁，烧沸后撇掉汤面浮沫，保持中小火加热 2 分钟，勾芡，汤汁呈米汤状即可。

（3）将鸡蛋清缓慢倒入锅中，同时手勺推匀，待蛋花均匀地悬浮于汤汁中即可撒上香菜碎，调入味精、胡椒粉、芝麻油即可。

5．重点过程图解

西湖牛肉羹重点过程图解如图2-5-1～图2-5-6所示。

图2-5-1　牛肉剁粒

图2-5-2　豆腐切丁

图2-5-3　调制肉汤

图2-5-4　勾芡

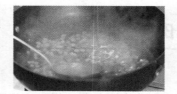
图2-5-5　推蛋花

图2-5-6　装盘成菜

6．操作要点

（1）牛肉粒在下锅前用鲜汤化开，避免相互粘连。

（2）勾芡时，要注意左右手配合，芡汁缓缓淋入时，手勺配合推匀，防止芡汁结团。

（3）下鸡蛋清前应先勾芡，这样鸡蛋清才能滑散均匀。

7．质量标准

西湖牛肉羹质量标准见表2-5-1所列。

表2-5-1　西湖牛肉羹质量标准

评价要素	评价标准	配分
味道	调味准确、咸度适宜、口味鲜香	
质感	牛肉、豆腐滑嫩	
刀工	刀工精细，成型标准	
色彩	色泽清爽无杂质，芡汁明亮，芡汁浓稠适度	
造型	原料漂浮、蛋花飘逸、无明显肉汁分层	
卫生	操作过程、菜肴装盘符合卫生标准	

微课　西湖牛肉羹的制作

教你一招

羹菜的勾芡作用与技巧

羹菜用汤量较多，原料与汤液的用量几乎各半。一般用于制作羹菜的原料质量都比水大，因此都沉于汤液下层，而羹菜要求原料要悬浮于汤液的各个部位，也就是说，每舀起一汤勺羹菜，都应该达到汤液与原料各半的要求。这就要求我们提高汤液的比重来增大其浮力，通过勾芡可以达到这个目的。在羹菜制作过程中，如果芡汁太稠如糨糊，则不但糊口难以下咽，而且浓厚的淀粉味也影响到菜肴的品质；如果芡汁过于稀薄，则原料悬浮不均匀，甚至上汤下料，达不到汤料各半的均匀效果。从业者应该反复实践，找准用芡量与菜肴品种、分量和质地的联系，准确调配出"羹芡"的效果。

拓展阅读

羹的由来

古人的主要肉食是羊肉，常用"羔""美"表示肉的味道鲜美。关于"羹"的字义，《说文解字》给出的解释是"五味和羹"。先秦时期的"羹"是指用肉或菜调和五味做成的带汁的食物，而不是汤。"羹"表示汤的意思是汉唐以后的事情了。现在，"羹"泛指用蒸、煮等方法烹制的糊状或带浓汁的食品。

据历史书中记载"相传自唐筑城时，天寒以是犒军，遂成故事"。说的是唐朝初年，临海常受海盗抢掠，当时的刺史尉迟恭便派兵筑城防盗，开工之日正值正月十四，民间照常要闹元宵，海盗趁机从台州湾登陆，守城官兵便边筑城边剿盗，加之天寒地冻，筑城进展十分缓慢。当地百姓想出用带糟新酒当水，调入各种切成颗粒状的蔬菜、肉类、海鲜，和粉搅成糟羹答谢筑城官兵，官兵们喝了糟羹，觉得又好吃又御寒，进度大大加快。从此，每年正月十四喝糟羹的习俗便流传至今了。

实践菜例❷　拆烩鳝丝（红烩）

1. 菜肴简介

拆烩鳝丝是广东云浮地区的十大名菜之一，在央视《舌尖上的年味》节目中有过详细的报道。该菜肴以黄鳝为主料，以冬笋、香菇等为辅料烹饪而成，口感滑嫩、口味清香，具有气血双补、补虚养身、健脾开胃等功效。

2. 制作原料

主料：黄鳝500g。

辅料：冬笋肉50g、水发香菇30g、金华火腿20g、韭黄50g。

料头：姜丝3g、葱白丝5g、蒜蓉3g、陈皮丝2g。

调料：精盐5g、味精3g、白糖2g、老抽3g、蚝油4g、料酒5g、芝麻油1g、胡椒粉2g、干淀粉20g、植物油15g、鲜汤1.5kg。

3. 工艺流程

拆黄鳝丝→切配主辅料、料头→煸炒→加入清水烧开→调味→勾芡→装盘成菜。

4. 制作流程

（1）将黄鳝摔晕，放入蒸笼中小火蒸 1 分钟，待表面黏液变白时取出，用清水冲洗干净。

（2）将黄鳝放入蒸笼中旺火蒸 5 分钟，取出，去骨、去内脏，将黄鳝肉拆成丝状；冬笋、香菇、韭黄、金华火腿、姜、葱白切丝，蒜拍碎剁成蓉。

（3）将炒锅放在火上烧热，先加入植物油 15g，再放入姜丝、蒜蓉爆香，炝入料酒，下陈皮丝、黄鳝丝、冬笋丝、香菇丝、韭黄丝、金华火腿丝炒香，加入鲜汤 1.5kg，旺火烧沸，调入精盐 5g、味精 3g、白糖 2g、老抽 3g、蚝油 4g、胡椒粉 2g，勾薄芡，最后放入芝麻油 1g、葱白丝推匀即可装盘。

5. 重点过程图解

拆烩鳝丝重点过程图解如图 2-5-7～图 2-5-12 所示。

图 2-5-7　食材准备

图 2-5-8　拆黄鳝丝

图 2-5-9　煸炒

图 2-5-10　烩制

图 2-5-11　勾芡

图 2-5-12　装盘成菜

6. 操作要点

（1）在对黄鳝进行初加工时注意去除表面黏液，去腥效果明显。

（2）主辅料烩煮之前下锅煸炒片刻，可去腥增香。

（3）勾芡要适度，汤汁呈米汤状口感最佳。

7. 质量标准

拆烩鳝丝质量标准见表 2-5-2 所列。

表 2-5-2　拆烩鳝丝质量标准

评价要素	评价标准	配分
味道	调味准确，咸味适度，鲜味突出	
质感	鳝丝滑嫩、冬笋脆口、汤汁滑口	

（续表）

评价要素	评价标准	配分
刀工	刀工精细，成型均匀，粗细均匀	
色彩	色泽微黄，芡汁明亮，浓稠适度	
造型	原料漂浮、无明显肉汁分层	
卫生	操作过程、菜肴装盘符合卫生标准	

教你一招

如何杀死黄鳝体内寄生虫

黄鳝体内寄生虫的种类较多，其中，新棘虫、胃瘤线虫是黄鳝体内最常见的寄生虫。黄鳝体内的寄生虫一般只有针尾般细小，呈白色，能够通过食道进入人体肠道。进入肠道后，这些寄生虫能像蛔虫一样在人体内待上很长时间，不易被发现。在烹调过程中，杀死黄鳝体内寄生虫最简单的方法就是高温煮食。黄鳝体内寄生虫不耐高温，用100℃以上的高温将黄鳝彻底煮熟，就能将其体内寄生虫杀死。另外，需要注意的是，烹调食物过程中应生、熟分开，特别是切了生黄鳝的砧板就不能再切熟食，以防污染食物，使寄生虫通过消化道感染人体。

拓展阅读

小暑黄鳝赛人参

入夏之后，黄鳝体壮而肥，进入产卵期，其滋味愈加鲜美，滋补功能也达到高峰，小暑节气是一年当中品尝黄鳝的最佳时节，民间有"小暑黄鳝赛人参"的说法。一方面，中医认为黄鳝性温味甘，具有补中益气、补肝脾、除风湿、强筋骨等作用，是一种比较理想的补益食品。另一方面，"小暑黄鳝赛人参"的说法与中医学"春夏养阳"的养生思想是一致的，蕴涵着"冬病夏治"之意。中医理论认为夏季往往是慢性支气管炎、支气管哮喘、风湿性关节炎等疾病的缓解期。此时，若内服具有温补作用的黄鳝，可以达到调节脏腑、改善不良体质的目的，到冬季就能最大限度地降低上述疾病的发病概率，或避免其发生。因此，慢性支气管炎、支气管哮喘、风湿性关节炎的患者在小暑时节吃黄鳝进补可达到事半功倍的效果。黄鳝的营养价值极高，含有丰富的DHA和卵磷脂，所含的特种物质鳝鱼素能降低和调节血糖，对糖尿病有较好的治疗作用。黄鳝的蛋白质含量很高，每100g黄鳝肉中含有蛋白质18.8g，脂肪却只有0.9g，适合中老年人和病后体虚者食用。

实践菜例 ❸ 菠萝银耳羹

1. 菜肴简介

菠萝银耳羹是我国民间流传比较广泛的一道甜菜，也是传统婚宴当中常见的一道甜菜，寓意甜甜蜜蜜。除此之外，菠萝银耳羹的营养非常丰富。银耳滋阴、润肺、养胃、生津，能治虚劳咳嗽、痰中带血、虚热口渴，被称为"素燕窝"。尤其在夏季，吃银耳有很多好处。夏天人体阳气浮于体表，内脏反而空虚，脾胃也如此，每当夏季时人的胃口大多不太好。《黄帝内经》中说道，夏季应当以清淡易消化的羹剂为主，菠萝银耳汤即属此列。

2. 制作原料

主料：银耳 50g、菠萝 200g。

辅料：红枣 20g、枸杞 5g。

调料：冰糖 100g、精盐 2g、清水 2kg。

3. 工艺流程

银耳泡发、菠萝去皮制净→切配主料→加热→调味→装盘成菜。

4. 制作流程

（1）将银耳清洗干净，冷水浸泡 3～4 小时后，去除根蒂，撕成小块待用。

（2）将菠萝去皮、去心清洗后切成 0.8cm 的正方体，用盐水浸泡；红枣清洗、去核，切成小粒，枸杞泡水待用。

（3）向锅中加入清水，放入银耳、红枣，大火烧开后改为小火，慢煮至汤汁黏稠，随后放入冰糖、菠萝丁、枸杞，稍煮即成。

5. 重点过程图解

菠萝银耳羹重点过程图解如图 2-5-13～图 2-5-17 所示。

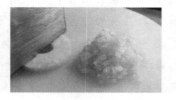

图 2-5-13　食材准备　　　　图 2-5-14　菠萝切丁　　　　图 2-5-15　银耳泡发

图 2-5-16　下菠萝丁　　　　图 2-5-17　成品

6. 操作要点

（1）加工菠萝时要用淡盐水将其浸泡片刻，这样可有效去除菠萝蛋白酶，避免其对消化道产生刺激和过敏。

（2）菠萝不宜太早放入，放入后稍煮即可，这样能保持脆度和防止发酸。

（3）银耳胶质较多，大火烧开后转小火慢煮，防止煮煳。

（4）是否需要勾芡取决于银耳胶质的多少，可根据实际情况决定。

7. 质量标准

菠萝银耳羹质量标准见表 2-5-3 所列。

表 2-5-3　菠萝银耳羹质量标准

评价要素	评价标准	配分
味道	调味准确、甜度适口、入口滑爽	
质感	银耳糯滑、菠萝脆口	
色彩	色泽自然和谐、芡汁明亮	
造型	汤料融合、无分层	
卫生	操作过程、菜肴装盘符合卫生标准	

教你一招

如何辨别银耳的质量

一看。品相好的银耳朵大且圆，朵是完整的，不是散开一片一片的。正常的银耳是淡黄色的，用硫黄熏过的银耳颜色较白。

二摸。质优的银耳晒得干，质感脆、重量轻，用手轻轻一碰，就能将银耳的耳瓣掰掉。

三闻。银耳有淡淡的菌香味，这个味道和蘑菇的味道是一样的，用硫黄熏过的银耳没有菌香味，甚至有些银耳有刺鼻的硫黄味，这说明用硫黄熏得过度了。

四尝。将干银耳放在嘴里嚼，正常的银耳有股淡淡的甜味，而用硫黄熏过的银耳有辛辣味。

拓展阅读

说 "糖水"

甜羹，粤港澳地区的人们习惯将其称作 "糖水"，多用牛奶、豆类、坚果等原料加水和糖熬煮成汤状、糊状、羹状或沙状。如今，糖水早已是广东人饮食文化中重要的组成部分之一。在广东地区，糖水是人们平日里必不可少的存在，各种形态的糖水都让人欲罢不能。有意思的是，和广东人煲汤的滋补理念相同，糖水同样讲究"夏秋去暑燥，冬春防寒凉"。在食材的选择上更是遵循着医食同源、择时而食的原则。夏天的糖水以清凉为主，食材多为水果类，甜凉入心。秋冬则要食用热糖水，以温补为主，食材多为黑芝麻、红豆、花生等。番薯糖水是大部分广东人的儿时回忆，在寒冷的冬天里，尤其需要一碗番薯糖水，只有温暖了身心，才能有勇气走出家门。在以前不那么富有的年代，番薯相对于其他食材更易种植，而且番薯糖水的做法也极为简单，是流传极为广泛的广东糖水。

任务测验

烩菜技能测评

1. 学习目标

（1）能运用烩的方法，在规定时间内独立完成技能测评的相关内容。

（2）检测本任务中知识、技能、素质目标的达成情况。

（3）能分析存在的问题和不足，为采取改进措施提供依据。

（4）能认真总结和反思学习过程，进一步巩固本任务的学习内容。

2. 测评方案

（1）烩菜技能测评菜肴品种为西湖牛肉羹。

（2）操作完成时间为 45 分钟。

（3）教师负责主辅料、调料的准备。

（4）菜肴制作的所有工序均在现场完成。成菜以 10 人量为准，另备一小盅（以 1 人量为准）供教师品评。

（5）学生完成菜肴制作后，填写标签，放在本人作品旁边，便于教师评分。

3. 学习准备

（1）检查工具、用具。

刀具、砧板、炉灶、各类辅助用具及餐具。

（2）准备菜肴的主辅料。

牛肉 100g、内酯豆腐 100g、鸡蛋清 2 个、金华火腿 10g、香菜 10g、姜 10g、蒜 10g。

4. 学习过程

（1）接受任务。

（2）制订工作方案。学生制订本小组技能测评工作方案，交指导教师审核。

（3）实施工作方案。学生根据本小组技能测评方案进行菜肴操作；教师全场巡视，及时

指导、记录学生操作过程情况，提醒各小组进度。

5. 综合评价

自评、小组互评、教师点评，填写技能测评评价表。

6. 总结与巩固

各小组完成本次技能测评的《实训报告》，总结和反思学习过程，进一步巩固本任务的学习内容。

 知识归纳

热菜烹调技法——烩

▶ 技法概念

烩是指将经加工和初步熟处理的多种小型原料放入锅中，加入适量汤水，用较短的时间加热，调味、勾芡成菜的烹调方法。成品具有汤宽汁稠、菜汁合一、细嫩滑润、清淡鲜香、色泽美观的特点。在烩菜中，有部分烩菜的原料富含胶质，加热后能使汤汁黏稠，成菜时不用勾芡，此类烩菜称清烩，勾厚芡的烩菜常以"羹"命名。

▶ 技法特点

（1）烩有"大杂烩"之意，原料种类多是烩菜的主要特点之一，成菜讲究鲜味和色彩的搭配。

（2）主辅料大多加工成丁、丝、条、片、粒等小型形状。

（3）主辅料在烩制前，一般预制成半成品。

（4）烩菜汤汁较宽、黏稠不腻，并讲究清爽香醇。因此，烩菜对汤汁的质量要求很高，以清澈见底的清汤为主。

（5）烩菜的汤汁具有一定的黏性。因此，烩菜出锅前大多使用湿淀粉勾芡。一般来说，烩菜勾芡以薄芡为主，产生形似米汤、菜不沉底、汤与菜融为一体的效果。

（6）部分烩菜要下蛋液，下蛋清还是全蛋要视具体菜肴而定，不管用蛋清还是全蛋，一律在勾芡以后进行。

▶ 技法分类

按照不同的分类标准，烩法可分为不同的种类：①按照汤汁的色泽可分为红烩、白烩；②按照调料的区别可分为糟烩、酸辣烩、甜烩；③按照制作的方法不同可分为清烩、烧烩。各种烩法的对比见表 2-5-4 所列。

表 2-5-4　各种烩法的对比

种类	定义	工艺流程	特点
红烩	是以有色调料烩之于菜的烩法	原料初加工→初步熟处理→加热→调味、勾芡→成菜	汁稠色重、口味浓郁
白烩	是以无色调料烩之于菜的烩法	原料初加工→初步熟处理→加热→调味、勾芡→成菜	汤汁浓白、口味醇厚
糟烩	是以糟汁为明显调料的烩法	原料初加工→初步熟处理→加热→调味、勾芡→成菜	糟香味浓郁
酸辣烩	是以醋和胡椒粉为调料烩之成菜的烩法	原料初加工→初步熟处理→加热→调味、勾芡→成菜	口味咸鲜、酸辣味重
甜烩	是以甜味为主的烩法	原料初加工→初步熟处理→加热→调味、勾芡→成菜	甜香利口
清烩	是不加有色调料、成菜不勾芡烩之成菜的烩法	原料初加工→加热→调味→成菜	汤清味醇
烧烩	是原料先经过炸制，再烩之成菜的烩法	原料初加工→初步熟处理→加热→调味、勾芡→成菜	汤浓味厚

▶ 做一做

部分烩菜在制作过程中需要在汤汁中加入蛋液，蛋液受热凝固，悬浮在汤汁中，不仅丰富了菜肴的营养，还使汤汁更富美观效果。试验一下，勾芡前下蛋液与勾芡后下蛋液的汤汁效果有何不同？

▶ 知识拓展

烩菜在河南、河北、山西、东北等地比较流行，了解这些地区的烩菜的风味特点、历史文化。

📖 思考与练习

一、填空题

1. 烩是指将经加工和初步熟处理的多种_____放入锅中，加入适量_____，用

_____时间加热，调味、勾芡成菜的烹调方法。

2. 烩有"_____"之意，原料种类多为其主要特点之一。成菜讲究_____和_____的搭配。

3. 烩菜_____、_____，并讲究_____。

二、选择题

1. 烩菜的汤汁具有一定的黏性，因此，其出锅前大多使用（   ）勾芡。

A. 湿淀粉　　　　　B. 面粉　　　　　C. 澄面　　　　　D. 吉士粉

2. 西湖牛肉羹加工的技法采用的是（   ）。

A. 烩　　　　　B. 扒　　　　　C. 烧　　　　　D. 煮

3. （   ）的特点是蔬菜品种丰富、多种多样，尽管都掺杂在了一起但是又各有各的味道、各有各的色彩、各有各的形状。

A. 炒菜　　　　　B. 烧菜　　　　　C. 烩菜　　　　　D. 炖菜

4. 烩菜汤汁（   ）、（   ）不腻，并讲究清爽香醇。因此，烩菜对汤汁的质量要求很高，以清澈见底的清汤为主。

A. 较宽、黏稠　　　　　　　　B. 较窄、稀薄

C. 较宽、稀薄　　　　　　　　D. 较窄、黏稠

5. 菠萝银耳羹加工的技法采用的是（   ）。

A. 烩　　　　　B. 扒　　　　　C. 烧　　　　　D. 煮

三、判断题

1. 烩是指将经加工和初步熟处理的多种小型原料放入锅内，加入适量汤水和调味品，用较短的时间加热，勾芡成菜的烹调方法。（   ）

2. 烩菜大多为许多原料一起炖、炒而成。（   ）

3. 烩菜具有汤宽汁稠、菜汁合一、细嫩滑润、清淡鲜香的特点。（   ）

4. 烩菜指的是一种烹调的方法，而不是某种菜式的名称。（   ）

5. 烩有"大杂烩"之意，原料多为其主要特点。成菜讲究鲜味和色彩的搭配。（   ）

四、简答题

1. 西湖牛肉羹采用了哪种烩法？其特点是什么？

2. 烩的定义是什么？

五、叙述题

叙述拆烩鳝丝的制作原料、制作流程、注意事项及成品特点。

任务6 灼菜制作

实践菜例 ❶ 白灼虾

1. 菜肴简介

白灼虾是粤菜中的一个常见菜肴，烹调技法看似简单，实则不然。它对原料的要求较为严格，火候掌握要求精准，菜肴具有鲜、爽、嫩、滑的特点。菜肴成熟后佐以蘸料食用，突出虾的清鲜之味，原料的鲜味、营养与安全取得最佳平衡点。常用于白灼虾制作的有基围虾、斑节虾、罗氏虾、明虾等虾品种。

2. 制作原料

主料：基围虾 500g。

料头：姜片 10g、葱条 10g、葱丝 10g、红椒丝 10g。

调料：精盐 2g、白糖 1g、海鲜豉油 50g、蚝油 3g、花生油 20g、绍酒 10g、清水 2kg。

3. 工艺流程

清洗原料→切配料头→调制蘸料→灼制→出锅装盘→跟蘸料成菜。

4. 制作流程

（1）将辣椒丝、葱丝盛于小碗中，用中火烧热炒锅，先下入花生油烧至微沸，淋在辣椒丝和葱丝上，再下入海鲜豉油，制成蘸料。

（2）利用锅内余油，放入姜片、葱条，烹绍酒，加入清水 2kg，旺火烧沸，将虾放入锅内，保持旺火加热约 2 分钟至熟，捞起并沥去水分，在碟上砌成山形，佐以蘸料即成。

5. 重点过程图解

白灼虾重点过程图解如图 2-6-1～图 2-6-4 所示。

图 2-6-1 调制蘸料　　图 2-6-2 开水灼虾　　图 2-6-3 将虾灼透

6. 操作要点

（1）选料讲究。制作白灼虾须选择新鲜生猛的活虾，无脱壳、无黑头。

（2）火力要猛。给虾加热时火力要猛，只有这样灼出来的虾才会爽脆嫩滑。

（3）加热时间要短。当虾身呈"钩"状、虾眼凸出变白时，虾就基本成熟了。

图 2-6-4　装盘成菜

7. 质量标准

白灼虾质量标准见表 2-6-1 所列。

表 2-6-1　白灼虾质量标准

评价要素	评价标准	配分
味道	虾肉清鲜、蘸料咸鲜	
质感	虾肉 Q 弹	
刀工	蘸料刀工精细、标准	
色彩	虾色泽红亮、蘸料酱红	
造型	拼摆整齐、装饰得当	
卫生	操作过程、菜肴装盘符合卫生标准	

教你一招

快速去虾线的方法

方法 1：用左手捏住虾身，右手拿住虾头，首先将虾头和虾身同时往下压，压出虾脑，然后将虾脑拿住，把虾线扯出来。用这个方法可以将虾脑和虾线一并去除，而剩下的部分都是可食用的部分，虾身非常完整，不影响外观。这个方法非常适用于白灼虾等需要保持虾身完整的菜肴。

方法 2：准备一支牙签，从虾头和虾身的连接处向下数第 3 个关节处，用牙签穿过虾身，一手拿虾，一手拿牙签轻轻向外挑，虾线就会被挑出。

方法 3：将虾充分清洗干净，将其平放在砧板上，取一把锋利的刀，在虾的背部切上一刀，切完之后可以很清楚地看到一条虾线，用手将其取出来即可。开虾背取虾线的方法非常简单，适用于需要用蒜蓉蒸或者是需要炸制的菜肴。

拓展阅读

哪些人群不宜吃虾

虾的营养价值很高，而且味道鲜美。虾本身含有丰富的氨基酸、脑磷脂和碳水化合物；虾皮的营养价值也很高，它含有钙、磷、钾等多种人类所需的营养成分。因此，经常吃虾对人身健康是有利的。那么什么人不能吃虾呢？具体内容如下。

（1）哮喘患者。哮喘患者吃虾易刺激喉而导致气管痉挛。

（2）子宫肌瘤患者。虾属于发性食物，子宫肌瘤患者不宜吃虾、蟹等海鲜发物。

（3）甲状腺功能亢进者。甲状腺功能亢进者应少吃海鲜，因为含碘较多，会加重病情。

（4）脾胃虚弱者。平日吃冷凉食物容易腹泻和胃肠敏感的人应当少吃海鲜，以免发生腹痛、腹泻的状况。

（5）痛风患者。患有痛风症、高尿酸血症和关节炎的人不宜吃海鲜，因海鲜嘌呤过高，易在关节内沉积尿酸结晶加重病情。

（6）虾是高蛋白食物，部分过敏体质者会对虾产生过敏症状，如身上起红点、起疙瘩等，这类人最好不要食用虾。

实践菜例❷ 白灼鹅肠

1. 菜肴简介

白灼鹅肠源自粤菜系，使用新鲜鹅肠灼制成熟，蘸以酱料食用，口感爽脆，是深受老百姓喜爱的一道菜肴。

2. 制作原料

主料：新鲜鹅肠 350g。

辅料：黄豆芽或莴笋 150g。

料头：姜片 10g、葱条 10g、红椒丝 10g、香菜 10g、蒜蓉 5g、葱白粒 5g、红椒粒 5g。

调料：精盐 5g、生抽 25g、蚝油 3g、芝麻油 5g、花生油 15g、食用碱 10g、干淀粉 20g、绍酒 25g、清水 5kg。

3. 工艺流程

鹅肠初加工→切配料头→调制蘸料→加热灼制→改刀装盘→装盘成菜。

4. 制作流程

（1）先将新鲜鹅肠肠壁上的脂肪扯掉，加入精盐 5g、干淀粉 10g 搓洗，随后用清水洗掉表面黏液；再将鹅肠放入盆中，加入清水 500g、食用碱 10g 腌制 30 分钟，随后用清水冲洗 30 分钟，漂清碱味；将豆芽掐去头尾（如用莴笋，则将莴笋去皮后切成中丝）。

（2）将蒜蓉、葱白粒装入小碗，淋入烧沸的花生油，加入生抽、蚝油拌匀，制成蘸料待用。

（3）向锅中加入清水，将豆芽或莴笋丝焯水成熟入味，装入盘中垫底。

（4）将炒锅置于火上，加入清水 1.5kg，旺火烧沸后将姜片、葱条放入，淋入绍酒，放入鹅肠加热至刚成熟时捞出，切成长约 4cm 的段，装入碗中，淋入芝麻油拌匀，装在豆芽或莴笋丝的中央，撒上香菜、红椒丝，跟蘸料上席即可。

5. 重点过程图解

白灼鹅肠重点过程图解如图 2-6-5～图 2-6-9 所示。

图 2-6-5　鹅肠去腥

图 2-6-6　调制蘸料

图 2-6-7　鹅肠腌制调味

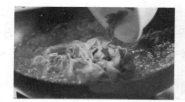
图 2-6-8　开水灼鹅肠

图 2-6-9　装盘成菜

6. 操作要点

（1）选料讲究。选料时，应选用新鲜肥厚的鹅肠，冰鲜的鹅肠次之。

（2）初步加工精细。鹅肠属"下水"原料，带有一定的异味，要注意清洗干净，去除异味；鹅肠虽然脆爽，但略带点韧，若以适量食用碱腌制，使其本质略变松软，然后灼熟进食，则爽脆程度大增。

（3）火候精准。加热灼制的过程一定要保持旺火沸水加热，灼制的时间控制在 30 秒左右，过长，若时间则鹅肠口感老韧。

（4）味型多样。蘸料的做法有很多，可根据个人喜好加入香菜、香醋、芥末等。

7. 质量标准

白灼鹅肠质量标准见表 2-6-2 所列。

表 2-6-2　白灼鹅肠质量标准

评价要素	评价标准	配分
味道	调味准确、口味鲜美、咸鲜适口	
质感	鹅肠脆爽，无老韧现象	
刀工	成型均匀、长短一致	
色彩	色泽洁白、形态饱满、蘸料油亮	
造型	成型美观、自然，堆砌饱满	
卫生	操作过程、菜肴装盘符合卫生标准	

微课　白灼鹅肠的制作

教你一招

如何辨别鹅肠与鸭肠

鹅肠与鸭肠是不少食客喜欢的食材，因为两者都有脆嫩的质感、独特的风味。相比较而言，鹅肠的质量要优于鸭肠，原因主要有 3 点。第一，鹅肠的质感比鸭肠的质感更脆、更有嚼劲。第二，从营养价值的角度来说，鹅肠的营养价值比鸭肠的营养价值更高，其所含的脂肪也相对少一些。第三，鹅肠的味道要优于鸭肠，因为鸭吃的东西比较杂，所以鸭肠的腥膻味较鹅肠重。

鹅肠与鸭肠从外观上看起来很相似，有时候难以区分，那么鹅肠与鸭肠在外观上有哪些区别呢？首先看颜色，新鲜的鸭肠呈桃红色，鹅肠的颜色比鸭肠的颜色稍浅，呈粉红色。现在，市场上有一些鹅肠、鸭肠的颜色像白纸一样，并呈半透明状，这些是用碱水浸泡过的，虽然其颜色比较漂亮，成品口感也比较脆嫩，但是与新鲜的相比，鲜美风味逊色很多。其次看厚度，对于鹅肠与鸭肠来说，越宽越厚，味道越好，鹅肠的宽度比鸭肠宽，也更厚实。

拓展阅读

文人佳话与鹅

东晋王羲之爱鹅，不管哪里有好鹅，他都有兴趣去看，或者把它买回来玩赏。鹅走起路来不急不缓，游起泳来悠闲自在。王羲之喜欢鹅，也喜欢养鹅。他认为养鹅不仅可以陶冶情操，还可以从鹅的体态姿势、行走姿态和游泳姿势中体会出自然美的精神，以及书法执笔、运笔的道理。他认为执笔时食指要像鹅头那样昂扬微曲，运笔时则要像鹅掌拨水，方能使精神贯注于笔端。

有一天清早，王羲之和儿子王献之乘一叶扁舟游历绍兴山水风光，船到县襄村附近，只见岸边有一群白鹅，摇摇摆摆的模样、磨磨蹭蹭的形态令王羲之看得出神，不觉对这群白鹅起了爱慕之情，便想把它们买回家去。王羲之询问附近的道士，希望道士能把这群鹅卖给他。道士说："倘若右军大人想要，就请代我书写一部道家养生修炼的《黄庭经》吧！"王羲之求鹅心切，欣然答应了道士提出的条件。这就是王羲之书换白鹅的故事。

王羲之爱鹅出了名。在他居住的兰亭，他特意建造了一口池塘养鹅，后来干脆取名"鹅池"，池边建有碑亭，石碑刻着"鹅池"二字，字体雄浑、笔力遒劲，人们看了赞叹不绝。关于这块石碑，有一个美妙的传说。传说有一天，王羲之拿着羊毫毛笔正在写"鹅池"两个字，刚写完"鹅"字，忽然朝廷的大臣拿着圣旨来到王羲之的家里，王羲之只好停下笔来，整衣出去接旨。在一旁看王羲之写字的王献之见父亲只写了一个"鹅"字，"池"还没写，就顺手提笔一挥，在后接着写了一个"池"字。两字十分相似、和谐，一碑二字，父子合璧，成了千古佳话。

任务测验

灼菜技能测评

1. 学习目标

（1）能运用灼的方法，在规定时间内独立完成技能测评的相关内容。

（2）检测本任务中知识、技能、素质目标的达成情况。

（3）能分析存在的问题和不足，为采取改进措施提供依据。

（4）能认真总结和反思学习过程，进一步巩固本任务的学习内容。

2. 测评方案

（1）灼菜技能测评菜肴品种为白灼鹅肠。

（2）操作完成时间为 45 分钟。

（3）教师负责主辅料、调料的准备。

（4）菜肴制作的所有工序均在现场完成。成菜以 10 人量为准，另备一小盅（以 1 人量为准）供教师品评。

（5）学生完成菜肴制作后，填写标签，放在本人作品旁边，便于教师评分。

3. 学习准备

（1）检查工具、用具。

刀具、砧板、炉灶、各类辅助用具及餐具。

（2）准备菜肴的主辅料。

新鲜鹅肠 350g、莴笋 150g、姜 10g、葱 15g、红椒 15g、香菜 10g、蒜 5g。

4. 学习过程

（1）接受任务。

（2）制订工作方案。学生制订本小组技能测评工作方案，交指导教师审核。

（3）实施工作方案。学生根据本小组技能测评方案进行菜肴操作；教师全场巡视，及时指导、记录学生操作过程情况，提醒各小组进度。

5. 综合评价

自评、小组互评、教师点评，填写技能测评评价表。

6. 总结与巩固

各小组完成本次技能测评的《实训报告》，总结和反思学习过程，进一步巩固本任务的学

习内容。

 知识归纳

热菜烹调技法——灼

▶ 技法概念

灼是指将原料放入沸水中一烫即起，跟调好味的蘸料一起上席的烹调方法。一个"灼"字，形象地概括出这类菜肴的特点，即速度很快，因此成品也以鲜嫩和突出本味为特色，无汁芡、鲜嫩爽脆。

灼与汤爆实为同一烹调方法，只是因地域的不同而命名有差异而已。粤菜中的白灼响螺片、白灼虾、白灼鹅肠、白灼青蔬，北方的爆肚是这种烹调方法的代表菜肴。

▶ 技法特点

（1）灼法对原料要求较高，必须鲜、活，质地要具备脆、爽、嫩的特点，成菜要求鲜、爽、嫩、滑。常用原料有活虾、鱿鱼、响螺片、鸭肠、鹅肠、鸡胗、鸭胗、青蔬等。

（2）灼料的水要宽、火要旺，保证水呈沸腾状，以确保原料在短时间内被灼烫成熟。

（3）使用动物性原料制作灼菜时，要在灼料的沸水中加入姜片、葱条、料酒等原料煨煮片刻，以除原料异味。

（4）灼法对火候要求精准，成品上桌仅熟，鲜味、营养与安全取得最佳平衡点，突出菜肴的清鲜。

（5）蘸料味型丰富、口味多样。制作蘸料常用的调料有虾酱、蚝油、豉油、沙嗲酱、花生酱、红油等。

▶ 做一做

学生分组协作，首先完成实践菜例的工作方案书，然后到实训室小组合作完成实践菜例的制作，最后根据操作过程完成实践菜例的实验报告。

▶ 知识拓展

1. 白灼花枝片是粤菜中的名菜，了解"花枝片"指的是什么。

2. 爆肚是北京菜中最具代表性的菜肴之一，了解爆肚的历史文化、风味特色、制作要领。

📖 **思考与练习**

一、填空题

1. 灼是我国八大菜系之一的_____中的极具特色的烹调方法，对火候极为讲究，通过烹调，菜肴达到美、_____、_____、滑之要求。

2. _____是突出粤菜清鲜的手法之一。

3. 灼的方法大致分为两类，一类是_____，另一类是_____。

二、选择题

1. 作为我国八大菜系之一的粤菜的烹调方法，灼法的使用极为讲究，其能够突出粤菜的（　　）。

A. 清鲜　　　　　　　B. 清淡　　　　　　　C. 清爽　　　　　　　D. 清甜

2. 白灼鹅肠加工的技法采用的是（　　）。

A. 原质灼法　　　　　B. 变质灼法　　　　　C. 白灼　　　　　　　D. 煮

3. 变质灼法是将原料先加工（　　），再进行白灼的灼法。

A. 腌制　　　　　　　B. 发酵　　　　　　　C. 成熟　　　　　　　D. 改刀

4. 中餐（　　）中的"白灼"菜是比较地道著名的。

A. 闽菜　　　　　　　B. 湘菜　　　　　　　C. 鲁菜　　　　　　　D. 粤菜

5. 白灼虾加工的技法采用的是（　　）。

A. 烩　　　　　　　　B. 灼　　　　　　　　C. 烧　　　　　　　　D. 煮

三、判断题

1. 作为我国八大菜系之一的粤菜的烹调技法，灼法的使用极为讲究，其能够突出粤菜的清淡。（　　）

2. 白灼作为我国八大菜系之一的粤菜的烹调法极为讲究，特别是通过技法需要达到美、爽、嫩、滑的要求。（　　）

3. 灼的方法大致分为两类，一类是原质灼法，另一类是变质灼法。（　　）

4. 白灼鹅肠中的鹅肠虽脆爽，但略带点韧，若以适量食用碱水腌制，使其本质略变松软，然后灼熟进食，则爽脆程度大增，口感极好。（　　）

5. 灼是闽菜烹调的一种技法，即以煮滚的水或汤将生的食物烫熟。（　　）

四、简答题

1. 白灼鹅肠采用了哪种烹调技法？其特点是什么？

2. 灼的定义是什么？

五、叙述题

叙述白灼鹅肠的制作原料、制作流程、注意事项及成品特点。

<h1 style="text-align:center">任务7　氽菜制作</h1>

学习目标

☆ 了解氽法的概念、特点、操作关键及分类。

☆ 掌握实践菜例的制作工艺。

☆ 能运用氽法完成实践菜例的制作。

☆ 养成规范操作的习惯，培养注重食品卫生的安全意识。

实践菜例❶　紫菜肉丸汤

1. 菜肴简介

紫菜肉丸汤是我国民间比较常见的一道家常汤菜，紫菜口感脆滑，肉丸富有弹性，汤鲜味美、营养丰富。

2. 制作原料

主料：猪前腿肉300g。

辅料：紫菜15g、干香菇15g、鸡蛋清一个。

料头：姜米5g、蒜蓉5g、葱花15g。

调料：精盐8g、味精3g、生抽15g、料酒3g、干淀粉10g、胡椒粉1g、芝麻油3g、花生油10g、清水1525g。

3. 工艺流程

主辅料初加工→制馅→加热→调味→装碗成菜。

4. 制作流程

(1) 将紫菜装入碗中，用清水清洗、泡软；干香菇用温水泡涨发后去柄，切成粒状；生姜洗净去皮，切成姜米；葱洗净切成葱花。

(2) 将猪前腿肉洗净，剁成肉末，装入大碗中，加入精盐4g、味精1g、生抽15g、料酒10g、干淀粉10g，顺一个方向搅拌上劲后分两次加入鸡蛋清、清水25g搅拌均匀，最后加入葱花5g拌匀制成猪肉馅。

(3) 将炒锅洗净置于火上，烧热，放入花生油10g，下入姜米、蒜蓉爆香，随即放入清水1.5kg，旺火烧沸后，转小火，保持汤面微沸，将猪肉馅挤成大小均匀、直径约2cm的肉丸，放入锅里，待肉丸浮起时，加入紫菜，随后加入精盐4g、味精2g、胡椒粉1g调味，旺火"滚"约1分钟，撒上葱花、淋入芝麻油即可装碗上席。

5. 重点过程图解

紫菜肉丸汤重点过程图解如图2-7-1~图2-7-5所示。

图 2-7-1　食材准备

图 2-7-2　猪肉馅调味

图 2-7-3　氽肉丸

图 2-7-4　紫菜肉丸调味

图 2-7-5　装碗成菜

6. 操作要点

（1）猪前腿肉的肥瘦比例要恰当。瘦肉与肥肉的比例为 6∶4 左右。

（2）须先向猪肉末中加入盐，顺一个方向快速搅拌上劲，口感才会富有弹性。

（3）当肉丸下锅时，水面不宜滚沸，否则会影响口感，也容易造成肉丸碎烂。

7. 质量标准

紫菜肉丸汤质量标准见表 2-7-1 所列。

表 2-7-1　紫菜肉丸汤质量标准

评价要素	评价标准	配分
味道	调味准确、清香鲜甜	
质感	紫菜脆滑、肉丸富有弹性	
刀工	成型均匀	
色彩	肉丸粉白、色彩美观	
造型	肉丸大小一致、漂浮于面	
卫生	操作过程、菜肴装碗符合卫生标准	

教你一招

如何鉴别紫菜的质量

（1）看色泽。紫菜含有藻红素，颜色呈深褐色或者紫褐色，有天然的光泽。

（2）清水浸泡法。把一小块紫菜放在水里浸泡一段时间，质优的紫菜泡出的水的颜色基本没有变化，如果水的颜色变成鲜艳的紫红色甚至还有像墨汁一样的颜色，则是假冒紫菜。

（3）烘烤鉴别法。取一小片紫菜用火烤一下，质优的紫菜烘烤后呈绿色，如果紫菜烘烤后变为黄色，则是劣质紫菜。

（4）口感辨别法。有些假冒紫菜竟然是用塑料薄膜做的，将其放入水中浸泡水的颜色不会发生变化，但放在嘴里嚼怎么也嚼不烂，用手撕一下还很有弹性。

拓展阅读

说潮汕牛肉丸

潮汕牛肉丸源自于中原地区的捶丸。捶丸，即由手工捶捣而成的肉丸，原本是中原地区一种历史悠久的传统食物。古时，在中原一带，饲养牛比较少，再加上中国人以农为本，牛是生产工具，不可能轻易将其作为食材，因此，捶丸最早用猪肉做原料。

迁徙到广东潮汕地区的客家人（泛指从中原地区迁徙到南方的人）自然把捶丸这种传统食物的技艺带了过来。到了广东潮汕地区后，客家人尝试用耕田退役的年老黄牛和水牛肉去筋，先反复捶打成绵烂状，再做成牛肉丸。由于牛肉黏性强，制成的牛肉丸弹性高、口感爽脆，具有浓郁的牛肉味，吃起来十分美味。不久，这种用牛肉制作的丸子很快便盛行整个潮汕地区，大受潮汕人的欢迎，成为一种大众化的潮州民间小食。

如今，潮汕牛肉丸的名声早已盖过了客家猪肉丸。当你到了潮州和汕头，可以看到街上有很多专卖手打牛肉丸的店铺，只见制作牛肉丸的师傅手持每根重达3斤、面呈方形或三角形的铁棍，在木砧板上用力捶打牛肉，左右开弓，把整块牛肉不断捶成肉浆，用清水余熟而成牛肉丸，货真价实，童叟无欺，那便是真正的潮汕牛肉丸。

实践菜例❷ 清汤鱼丸

1. 菜肴简介

清汤鱼丸是浙江的传统名菜，以汤清、味鲜、滑嫩、洁白而著称。此菜肴在原料选择和操作技巧上要求较高，以肉质细嫩、黏性强、吸水最强、弹性足的花鲢鱼为主料。在制作过程中，"刮"取鱼泥要细腻；"排"斩鱼泥要透彻；鱼泥与水、盐的比例要得当；"搅"时柔中有刚；"挤"丸不带尾巴。从而形成其色白、形圆、质嫩、滑润、味鲜的特色。

2. 制作原料

主料：花鲢鱼鱼肉800g。

辅料：鸡蛋清100g、干香菇30g、菜心50g。

料头：姜片20g、葱条20g。

调料：精盐15g、味精4g、白糖2g、胡椒粉3g、植物20g、清汤1kg、干淀粉10g、清水 200g。

3. 工艺流程

主辅料初加工→制蓉→氽煮→调味→装碗成菜。

4. 制作流程

（1）将花鲢鱼宰杀、清洗后取出带皮鱼肉（重约 800g），用刀刮出鱼泥，放在砧板上轻轻排剁，斩断筋络，随后放入纱袋中用清水洗去血色，挤干水分待用；姜 20g、葱 20g、清水 25g 制成姜葱汁；干香菇清洗泡发、菜心清洗待用。

（2）向鱼泥中加入姜葱汁、精盐 10g、干淀粉 10g，顺一个方向搅拌上劲，上劲后先加入清水 10g，继续顺一个方向搅拌上劲，再加入清水 10g 继续搅拌上劲，依次循环将 200g 清水全部加入，使清水充分融入鱼泥中；再分两次加入鸡蛋清搅拌上劲；最后加入色拉油 20g，搅拌上劲待用。

（3）锅中放水，将鱼泥用手挤成大小一致的丸子（直径为 1.5～2cm），冷水下锅后，保持水温在 65～70℃，将鱼丸煮熟取出，香菇、菜心焯水待用；向锅中放入高汤，加入精盐 5g、味精 4g、白糖 2g、胡椒粉 3g 调味，放入鱼丸、香菇、菜心，大火煮沸即可出锅装碗。

5. 重点过程图解

清汤鱼丸重点过程图解如图 2-7-6～图 2-7-13 所示。

图 2-7-6　鱼肉剁泥

图 2-7-7　调味搅拌

图 2-7-8　搅拌成蓉

图 2-7-9　挤鱼丸

图 2-7-10　氽熟鱼丸

图 2-7-11　鱼丸过冷水

图 2-7-12　调味煮鱼丸

图 2-7-13　装碗成菜

6. 操作要点

（1）原料选择要求较高，以肉质细嫩、黏性强、吸水最强、弹性足的花鲢鱼为佳。

（2）"刮"取鱼泥要细腻，"排"斩鱼泥要透彻，用纱布过滤一下更能去除小刺和筋膜。

（3）鱼泥与水、盐的比例要得当，鱼泥和水的比例一般是1:2，每500g鱼丸料用盐13g左右。

（4）向鱼泥中加水宜分多次进行，"搅"时柔中有刚，顺同一方向不断搅拌，至鱼泥浆起劲感有阻力时即可再次加水。

（5）鱼丸要冷水下锅，之后水温保持在65～70℃，待鱼丸养熟后才可将水烧沸出锅。

7. 质量标准

清汤鱼丸质量标准见表2-7-2所列。

表2-7-2　清汤鱼丸质量标准

评价要素	评价标准	配分
味道	咸淡适宜、口味鲜美	
质感	鱼丸滑嫩、嫩似豆腐	
刀工	鱼的分档取料刀工精湛、整齐、带肉少，香菇大小一致	
色彩	色泽洁白似白玉	
造型	成型饱满、圆润、大小一致	
卫生	操作过程、菜肴装碗符合卫生标准	

微课　清汤鱼丸的制作

教你一招

鱼缔制作技巧

（1）制蓉。在制作鱼缔时，在砧板上垫一块鲜肉皮，再将鱼肉放于鲜肉皮的上面排斩，这样可以避免木屑混入鱼肉中，影响色泽和口味。

（2）温度。温度是影响鱼肉筋力大小的一个重要的因素，制作鱼缔加水时，采用冰水代替常温的水会更容易使鱼肉产生筋力和增加鱼蓉的吃水量。另外，制好的鱼缔放入冰箱冷藏30分钟后再使用，制成的成品质感更佳。

（3）食盐。食盐是一种强电解质，适量的食盐使鱼缔中水溶液的渗透压增大，促进蛋白质吸水，使成菜口感嫩滑爽口；但加盐量应根据鱼缔的吃水量来定，若加盐量过多，则会起到盐析作用，使蛋白质胶体脱水，出现吐水现象，不但不能使鱼缔上劲，反过来还会使已经上劲的鱼缔退劲。

（4）淀粉。淀粉在鱼缔中发挥着重要的作用。在鱼缔受热过程中，淀粉会大量吸水并膨胀，在鱼缔内形成具有一定黏性的胶状体，从而使鱼缔的持水性进一步增强，保证了鱼缔的嫩度，使菜肴在加热中不易破裂、松散。值得注意的是，只有选用优良的高品质淀粉，糊化时才能产生透明的胶状物质，从而增强菜肴的光亮度及可塑强度；另外，淀粉的用量必须根据鱼缔黏度灵活把握，过多会使鱼缔失去弹性、口感变硬。

（5）蛋清。蛋清有助于鱼缔的凝固成型，对成菜的色泽和风味均有所帮助。因为蛋清含有卵黏蛋白，调制鱼缔时加入蛋清，可增强鱼缔的黏性，提高其弹性、嫩度及吸水能力，还会使菜肴更加洁白、光亮，提高营养价值。

（6）油脂。为了保证鱼缔成菜后鲜嫩滑爽，大多数鱼缔在调制后须掺入适量的油脂，以增加制品的香味和光亮程度。通过搅拌，在力的作用下油脂可发生乳化作用，形成蛋白质与油脂相溶而成的胶凝，使菜品形态饱满、油润光亮、口感细嫩、气味芳香。掺油应放在鱼缔上劲之后，并且用量不宜过多。

（7）水。水是保证鱼缔成菜后鲜嫩的一个关键环节，应根据季节、气温的变化灵活掌握水的用量。水应分数次掺入，使水分子均匀地与蛋白质分子表面亲水极性端相接触，并充分融合，保证鱼缔达到足够的嫩度。

（8）搅拌。鱼缔脆嫩的质感要通过搅拌实现。为提高鱼缔质量，在搅拌时不宜一次性投料，而应该按照程序来加入。一般应先加水，使鱼缔吸足水分后再加入食盐及去腥调料，搅至黏稠；然后加入适量的蛋清和湿淀粉，以增强鱼缔的黏性；接着再次加入调料以确定最终味型；最后加入油脂搅拌均匀。在搅打上劲时应朝着同一个方向，先慢后快逐渐加速，在夏天气温较高时不宜直接用手搅打，最好使用蛋抽，以防鱼缔受到手上温度的影响而降低吸水量、难以上劲。

拓展阅读

苏式鱼丸与粤式鱼丸

鱼丸是广泛流传于江浙、福建、广东沿海，以及湖北、江西等长江中下游一带的特色传统食品。在不同地区，鱼丸的制作工艺各有不同，形成的风味特点也不同。尤其是苏式鱼丸与粤式鱼丸，二者在质感上有着截然不同的特点。

苏式鱼丸绵软嫩滑，而粤式鱼丸鲜爽弹牙。在选材方面，苏式鱼丸常用吃水极大的鳙鱼（花鲢）做主料，而粤式鱼丸常用鱼质紧凑而鲜美的鲮鱼做主料。在制作工艺方面，苏式鱼丸采用"擂"的方法制蓉；由于鲮鱼刺多，广东人制鱼丸时用"刮"的方法制蓉。刮下鱼蓉之后，还须放入清水"漂渍"，既可漂去鱼蓉上的血色，又可清除妨碍弹性的肌浆蛋白等物质，增加鱼蓉爽口弹牙的质感。苏式鱼丸擅用"搅"的方法使鱼蓉上劲，粤式鱼丸则是先"搅"后"挞"，将精盐放入脱水的鱼蓉当中，先顺方向搅拌均匀，再以摔挞为主、搅拌为辅让鱼蓉产生强大的筋力及弹性。粤式鱼丸制作配方中加入的水、蛋清和食用油较少，而苏式鱼丸加入的水、蛋清和食用油的比例远远大于粤式鱼丸，这是两种鱼丸风格差异最主要的原因之一。

当制成鱼丸子后，苏式鱼丸与粤式鱼丸加热成熟的方法也大相径庭。苏式鱼丸采用"酓"的方法加工，低温加热，让鱼蓉中的肌动球蛋白不能呈分布均匀的网格，让自由水的流动空间加大，呈现绵软嫩滑的口感。粤式鱼丸多用"灼"的方法加工成熟，即利用急速的高温让蛋白质中的自由水被及时锁住，呈现爽口弹牙的质感。

任务测验

氽菜技能测评

1. 学习目标

（1）能运用氽的方法，在规定时间内独立完成技能测评的相关内容。

（2）检测本任务中知识、技能、素质目标的达成情况。

（3）能分析存在的问题和不足，为采取改进措施提供依据。

（4）能认真总结和反思学习过程，进一步巩固本任务的学习内容。

2. 测评方案

（1）氽菜技能测评菜肴品种为紫菜肉丸汤、清汤鱼丸，学生采取抽签的方式，选定其中1道作为技能测评内容。

（2）操作完成时间为75分钟。

（3）教师负责主辅料、调料的准备，学生自备菜肴装饰物。

（4）菜肴制作的所有工序均在现场完成。成菜以10人量为准，另备一小碗（以1人量为准）供教师品评。

（5）学生完成菜肴制作后，填写标签，放在本人作品旁边，便于教师评分。

（6）学生根据技能测评方案，抽签确定本次技能测评菜肴品种。

3. 学习准备

（1）检查工具、用具。

刀具、砧板、炉灶、各类辅助用具及餐具。

（2）准备每份菜肴的主辅料。

紫菜肉丸汤：猪前腿肉300g、紫菜15g、干香菇15g、鸡蛋清1个、姜5g、蒜5g、葱15g。

清汤鱼丸：花鲢鱼800g、鸡蛋清100g、干香菇30g、菜心50g、姜20g、葱20g。

4. 学习过程

（1）接受任务。

（2）制订工作方案。学生根据抽签结果，制订本小组技能测评工作方案，交指导教师审核。

（3）实施工作方案。学生根据本小组技能测评方案进行菜肴操作；教师全场巡视，及时指导、记录学生操作过程情况，提醒各小组进度。

5. 综合评价

自评、小组互评、教师点评，填写技能测评评价表。

6. 总结与巩固

各小组完成本次技能测评的《实训报告》，总结和反思学习过程，进一步巩固本任务的学习内容。

 知识归纳

热菜烹调技法——汆

▶ 技法概念

汆是指将经过初步加工的小型原料放入烧沸的清水或汤汁中，进行短时间加热成菜的一种烹调方法。

制作汆菜时，原料下入锅中，待水面再次滚起时即可，加热时间短，强调原料自身鲜味和质感，以及汤汁清淡的效果。汆菜具有汤多味醇、滋味清鲜、质地细嫩爽口等特点。清汤鱼丸、竹荪汆鸡片是汆法的代表菜肴。

▶ 技法特点

（1）汆菜讲究喝汤，也注重吃菜，常用的原料是质感脆、嫩的动植物原料，如鸡肉、鱼、虾、畜类里脊、肝、肾，以及蔬菜中的冬笋、芦笋，等等。

（2）汆法采用极短的加热时间加热，原料应尽量避免在锅内停留过久，具体的加热时间要根据原料的性质和形体的大小灵活掌控。

（3）汆菜质感脆嫩。除原料本身细嫩鲜美外，动物性原料须腌制上浆。

（4）原料入锅的水温要因原料而异。汆制禽畜肉类原料时，应沸水下锅。汆制蓉胶类原料时，应温凉水下锅，避免因温度过高而产生萎缩或碎散的情况。

（5）汆菜对汤汁的质量有严格要求。大多使用清澈、滋味鲜香的清汤，以保持汤汁的清爽。

（6）汆菜口味以咸鲜为主，力求醇和清鲜，调味时一般不用有色的调料。

▶ 做一做

尝试制作鱼胶，分析水、油对鱼胶口感的影响。根据操作过程完成实践菜例的实验报告。

▶ 知识拓展

了解全国烹饪大赛金奖作品、湖北名菜——橘瓣鱼汆的制作工艺、风味特点，试分析它与清汤鱼丸在制作工艺上的异同。

📖 **思考与练习**

一、填空题

1. 汆是指将经过初步加工的_____放入烧沸的清水或汤汁中，进行_____成菜的一种烹调方法。

2. 汆的工艺流程：_____→切配→_____→盛装。

3. 汆的特点包括_____、_____、_____等。

二、选择题

1. 用（　　）成菜一般以汤汁作为传热介质，成菜速度较快，是制作汤菜的专门方法。

A. 汆法　　　　　　B. 炖法　　　　　　C. 煲法　　　　　　D. 灼法

2. 清汤鱼丸加工的技法采用的是（　　）。

A. 煨　　　　　　　B. 汆　　　　　　　C. 灼　　　　　　　D. 煮

3. 一般蓉缔制品须用清汤汆制。汆制时，汤汁的温度不可过高，以（　　）左右为宜，下入原料后，逐渐将汤汁加热至将沸，原料凝结发白，成熟即可，以保证成菜口感软嫩，汤汁鲜美清澈，如清汤鱼丸。

A. 30℃　　　　　　B. 60℃　　　　　　C. 80℃　　　　　　D. 100℃

4. 汆一般用（　　）或汤汁汆制。

A. 奶汤　　　　　　B. 清汤　　　　　　C. 高汤　　　　　　D. 清水

5. 紫菜肉丸汤加工的技法采用的是（　　）。

A. 烩　　　　　　　B. 汆　　　　　　　C. 烧　　　　　　　D. 煮

三、判断题

1. 汆在汤质上有清汤与浓汤之分，用清汤汆制的叫清汆，用浓汤汆制的叫浓汆。（　　）

2. 汆制鱼肴也应注意火候，并要掌握好汆制时间，否则鱼肉易老柴。一般以汆制20～25分钟为宜。（　　）

3. 若是先将鱼煎炸，再放入清水锅中加热至沸，等鱼汤浓白后成菜，这是煮法，而不是汆法。（　　）

4. 用汆法成菜一般以汤汁作为传热介质，成菜速度较快，是制作汤菜的专门方法。（　　）

四、简答题

1. 清汤鱼丸采用了哪种烹调技法？其特点是什么？

2. 汆的定义是什么？

五、叙述题

叙述清汤鱼丸的制作原料、制作流程、注意事项及成品特点。

任务8　煮菜制作

学习目标

☆ 了解煮法的概念、特点、操作关键及分类。

☆ 掌握实践菜例的制作工艺。

☆ 能运用煮法完成实践菜例的制作。

☆ 养成规范操作的习惯，培养注重食品卫生的安全意识。

实践菜例❶　水煮牛肉

1. 菜肴简介

水煮牛肉属川菜系，因菜肴中的牛肉片是在辣味汤中烫煮成熟的，故名水煮牛肉。

相传北宋时期，在四川盐都自贡一带，人们在盐井上安装辘轳，以牛为动力提取卤水。一头壮牛服役，多者半年，少者3个月，就已精疲力竭。故当地时有役牛被淘汰，而当地用盐又极为方便，于是盐工们将牛宰杀，取肉切片，放在盐水中加入花椒、辣椒煮食，其肉嫩味鲜，因此得以广泛流传，成为民间一道传统名菜。后来，菜馆厨师又对水煮牛肉的用料和制法进行改进，使其成了流传各地的名菜。该菜肴色深味厚、香味浓烈、肉片鲜嫩，突出了川菜麻、辣、烫的风味。

2. 制作原料

主料：牛里脊肉250g。

辅料：青蒜150g、白菜心150g、莴苣100g。

料头：姜米10g、蒜蓉10g、葱米20g、葱花10g。

调料：精盐2g、味精2g、郫县豆瓣酱40g、生抽25g、干辣椒段15g、花椒末2g、料酒15g、胡椒粉1g、干淀粉10g、菜籽油100g、二汤200g。

3. 工艺流程

牛里脊肉切片、腌制→切配辅料、料头→炒熟辅料→料头炝锅、爆香郫县豆瓣酱→调味煮制→装盆→淋热油→成菜。

4. 制作流程

(1) 将牛里脊肉切成长5cm、宽3cm、厚3mm的薄片，放入大碗中，加入精盐2g、生抽10g、料酒10g，分次加入淀粉水40g搅拌上浆；青蒜、白菜心、莴苣洗净，切长5cm的段；郫县豆瓣酱剁细；姜、葱、蒜洗净，分别切成姜米、葱米、葱花及蒜蓉。

(2) 将炒锅置于火上烧热，加入菜籽油，放入青蒜、白菜心、莴苣段，调味炒熟后装盘备用。

（3）将炒锅复置于火上，放入菜籽油加热后，下入姜米、蒜蓉、葱米爆香，随即放入郫县豆瓣酱炒出红色，加入二汤稍煮，撇去豆瓣渣，放入生抽15g、味精2g、料酒5g、胡椒粉1g调味，然后，将牛肉片下锅，用筷子轻轻拨散，至牛肉伸展发亮时起锅装盘，撒上干辣椒段、花椒末、葱花，淋沸油即可。

5. 重点过程图解

水煮牛肉重点过程图解如图2-8-1～图2-8-6所示。

图2-8-1 食材准备

图2-8-2 牛肉切片

图2-8-3 牛肉腌制

图2-8-4 汤低调味

图2-8-5 牛肉煮制

图2-8-6 淋入热油

6. 操作要点

（1）牛肉片要切得厚薄均匀，下入热汤锅滑至颜色转白断生即起锅，受热时间过长会使肉质变老。

（2）郫县豆瓣酱炒香、炒出红色，效果更佳；郫县豆瓣酱较咸，调味时咸味调味品的用量要慎重。

（3）淋油时油温要高，这样香味会更浓郁。

7. 质量标准

水煮牛肉质量标准见表2-8-1所列。

表2-8-1 水煮牛肉质量标准

评价要素	评价标准	配分
味道	咸鲜香辣、麻辣味醇、香味浓烈、油而不腻	
质感	肉质滑嫩、时蔬脆爽	
刀工	肉片厚薄均匀，长5cm、宽3cm、厚3mm	
色彩	白、红、绿多色相映，色泽红亮	
造型	堆砌居中、不塌陷、汤汁适宜	
卫生	操作过程、菜肴装盘符合卫生标准	

腌牛肉技巧

　　牛肉相比其他肉类来说质地较老，往往需要借助一些特殊的添加剂使其达到细嫩的程度，小苏打便是腌牛肉时常用的一种添加剂。小苏打可以使牛肉中的粗纤维断裂，从而改善牛肉的质感。不过需要注意的是，小苏打使牛肉纤维断裂是需要时间的，也就是说要有一个过程，一般来说，牛肉腌好后在表面封一层清油放入冰箱冷藏两小时后用最好，如果放入冰箱冷藏一天一夜再用，则肉质会更嫩。小苏打还有一个作用就是可以让牛肉中的蛋白质吸收更多的水分，腌牛肉时要往牛肉中加水，肉吸收的水分越多，就会越嫩，如果不放入小苏打，那么牛肉的吸水量会稍微小一些。因此，小苏打腌肉致嫩的效果还是比较明显的。

　　腌牛肉时，小苏打最好不要直接放牛肉中，那样不均匀，效果不好。正确的方法是首先把小苏打放在清水里调匀；然后一点点地搅打加入牛肉里，直到牛肉完全吸收；接着再放入少许鸡蛋液和干淀粉搅匀，目的是加一层壳，防止水分回吐；最后用油封住牛肉放入冰箱冷藏两小时后用就可以了。小苏打有涩味，用量过多影响原料口味，腌牛肉时，小苏打的使用量控制在牛肉重量的 3% 以内。腌牛肉时，适当地加入清水会改善牛肉口感，加水量在牛肉重量的 10% 左右。有的商家为了降低成本会想办法向牛肉中打进更多的水，这样制作出来的牛肉虽然看起来非常饱满，但是口感和味道缺失得厉害，完全吃不出牛肉的味道。

川菜中的水煮系列

　　水煮是川菜中风味特色最为鲜明的菜式之一，它的显著特色是先用豆瓣酱汤煮肉再浇沸油，成菜麻辣鲜香、滋味醇浓。常有人对川菜之水煮产生误解，以为是清水、白水烹煮，味道自然也是清鲜淡雅的，殊不知川菜水煮系列菜肴是川菜风味中最厉害的、最霸道的。

　　据记载，在宋朝就有了水煮菜肴的出现。流传至今，水煮菜肴已经演变出多种不同的形式，从技法的改变到原料的选用都有了很大的变化，内容丰富、种类众多，而水煮也已经成为川菜中经典的烹饪方式。代表性的菜肴有水煮牛肉、水煮肉片、水煮鱼片、水煮腰片、水煮脑花、水煮鸭肠、水煮毛肚、水煮黄喉、水煮泥鳅、水煮黄辣丁、水煮鳝鱼、水煮牛蛙、水煮肥肠、水煮兔花、水煮琵琶虾等等。

实践菜例❷ 酸菜鱼

1. 菜肴简介

酸菜鱼属川菜系，以草鱼为主料，配以四川泡菜煮制而成，以其特有的调味和独特的烹调技法而著称。酸菜鱼流行于20世纪90年代初，是重庆菜的先锋之一。嘉陵江畔，山城重庆的火锅、小面、酸菜鱼，三大招牌美食风靡全国，深受食客喜爱。如今，重庆的厨师们已把酸菜鱼推向祖国的大江南北，在各地餐馆都有其一席之地。

2. 制作原料

主料：草鱼1条，约750g。

辅料：四川泡菜100g、泡辣椒20g、鸡蛋清20g、干辣椒20g、香菜5g、青花椒5g、二汤1kg。

料头：姜米5g、葱花5g、蒜蓉5g。

调料：精盐15g、味精6g、白糖2g、料酒10g、胡椒粉10g、干淀粉10g、植物油100g。

3. 工艺流程

草鱼宰杀、取肉切片→腌制→辅料切配炒香→煮鱼汤→鱼骨、鱼腩装盘→煮鱼片→装盘→淋沸油→成菜。

4. 制作流程

（1）将草鱼宰杀，分档取料，鱼柳斜刀切成厚5mm、宽3cm的瓦块片，鱼骨剁块待用；四川泡菜斜刀切片；姜、葱、蒜洗净，分别切成姜米、葱花、蒜蓉；泡辣椒、干辣椒、香菜切段待用。

（2）将鱼片放入碗中，加入精盐5g抓匀至有黏性，随后用清水冲洗并吸干水分，加入精盐5g、味精3g、干淀粉10g、姜葱酒汁搅拌均匀后，加入鸡蛋清20g、植物油10g搅拌均匀后放入冰箱冰镇10分钟备用。

（3）将泡辣椒、四川泡菜放入锅中炒香待用。

（4）将鱼骨、鱼头、鱼尾放入锅中煎香，淋入料酒10g，加入姜米、葱花、蒜蓉、炒好的泡菜、泡辣椒及二汤，调入精盐5g，旺火烧沸后，大火烧滚3分钟。将鱼骨、泡菜捞出装在碗内；锅中留汤，将腌制好的鱼片抖散入锅，大火煮至鱼片变白，倒出装在碗中；在鱼片上撒上青花椒、葱花、香菜、干辣椒，淋入沸油25g即可装饰装盘。

5. 重点过程图解

酸菜鱼重点过程图解如图2-8-7～图2-8-16所示。

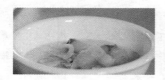  

图2-8-7 清洗鱼片　　图2-8-8 吸干鱼片表面水分　　图2-8-9 腌制底味

图 2-8-10　鱼片加淀粉

图 2-8-11　鱼片加鸡蛋清

图 2-8-12　煎制鱼骨、鱼头

图 2-8-13　煮酸菜

图 2-8-14　调味

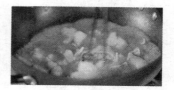

图 2-8-15　煮鱼片

6. 操作要点

（1）腌制鱼片时先用盐抓至黏稠再冲水冲硬，鱼片不容易烂；二次腌制时要加盐抓至可溶性蛋白质溢出。

（2）鱼骨、鱼头先要煎香，这样煮出的鱼汤才浓白鲜香。

图 2-8-16　成品

（3）煮鱼片的时间不要太久，鱼片断生即可。

7. 质量标准

酸菜鱼质量标准见表 2-8-2 所列。

表 2-8-2　酸菜鱼质量标准

评价要素	评价标准	配分
味道	汤汁鲜美、开胃可口、香气浓郁	
质感	肉质脆嫩、酸菜可口	
刀工	肉片厚薄均匀，长 5cm、宽 3cm、厚 3mm	
色彩	白、红、绿相间，鱼肉色泽洁白	
造型	堆砌居中、不塌陷、汤汁适宜	
卫生	操作过程、菜肴装盘符合卫生标准	

微课　酸菜鱼的制作

【教你一招】

怎样腌制老坛酸菜

酸菜有很多种，在中国最地道和有名的当属老坛酸菜，怎样才能腌制正宗的老坛酸菜呢？

原料：矿泉水 2.5kg、粗盐 250g、冰糖 50g、红糖 25g、八角 5 粒、桂皮 10g、香叶 2g、青花椒 15g、高度白酒 250g、嫩姜 100g、野山椒 100g、芥菜 1000g。

制作工艺：

(1) 将陶制坛子洗干净，晾干水分。

(2) 把矿泉水放入坛子，随后放入粗盐，待粗盐溶解后，放入冰糖 50g、红糖 25g、八角 5 粒、桂皮 10g、香叶 2g、花椒 5g、高度白酒 250g。

(3) 将生姜、小米辣、芥菜清洗干净，装入簸箕中，放在太阳下晒 2 小时至表面变干发蔫。

(4) 将所有食材放入泡菜坛，让泡菜水完全淹没食材，在坛沿上放入粗盐 15g，注入清水，盖上盖子，放阴凉处腌制 10 天，老坛酸菜即可做好。

小贴士：

● 制作老坛酸菜时，最好选择陶制的坛子，密封性好，避光。

● 坛子选好后，要检查坛子是否漏气、开裂。

● 要经常养护泡盐水，根据使用情况添加粗盐、白酒、香料等。坛子应放置在阴凉处，要经常更换坛沿水。

拓展阅读

国家地理标志保护产品—四川泡菜

据考证，泡菜古称菹，距今已有 2000 多年的历史。《周礼》中就有泡菜的相关记载，三国时期就有泡菜坛，北魏的《齐民要术》记有用白菜制酸菜的方法。在四川，经过人们长期的实践总结，制作泡菜的工艺逐渐完善，形成了现在的四川泡菜。四川泡菜味道咸酸、口感脆生、色泽鲜亮、香味扑鼻、开胃提神、醒酒去腻、老少适宜，一年四季都可以制作，是四川家喻户晓的一种佐餐菜肴。

制作四川泡菜的原料通常有嫩姜、芹菜、辣椒、萝卜缨、芥菜、青菜茎、黄瓜、豆角等。四川泡菜的制作原理是蔬菜原料在盐和无氧条件的作用下，经泡渍使乳酸菌发酵产生乳酸，从而使原料形成咸酸、爽口、鲜香的特殊风味。

四川泡菜按泡制时间可分为滚水菜和深水菜。滚水菜又叫"洗澡菜"，意为在泡菜水里呆一两天即成，需要随泡随吃，如萝卜皮、莴苣条、嫩姜等；深水菜，顾名思义就是那些可以在泡菜水里长期腌渍的，如芥菜、豆角、蒜、泡椒、心里美等。

四川泡菜按用途可分为调料菜和下饭菜。调料菜即可用作烹饪菜肴的调料，如泡椒、泡姜、泡蒜；下饭菜即捞起来就可拌饭拌粥的，如萝卜皮、芹菜条、白菜叶等。

2010 年，四川泡菜成功申报为国家地理标志保护产品。

实践菜例❸　鱼头豆腐汤

1. 菜肴简介

鱼头豆腐汤选用鳙鱼头作为主料，配以豆腐成菜，是一道味道鲜美、营养丰富的家常菜。鱼肉和豆腐搭配在一起成菜，乳白的鱼汤加上嫩滑的豆腐，味道十分鲜美，而且有利于消化和吸收，食之有健脾补气、温中暖胃、美容润肤之功效。

2. 制作原料

主料：鳙鱼头750g。

辅料：嫩豆腐500g。

料头：姜片10g、葱条5g、香菜碎5g。

调料：精盐8g、味精3g、姜汁酒10g、米醋10g、料酒10g、胡椒粉2g、芝麻油2g、植物油25g、二汤1500g。

3. 工艺流程

鱼头初加工→腌制→切配辅料、料头→豆腐焯水→煎鱼头→煮制→调味→装盆成菜。

4. 制作流程

（1）将鱼头对半破开，去除鱼鳃、鱼牙、鱼鳞，用水冲洗去除血污，装入大碗中用姜葱酒汁腌制10分钟；豆腐切成2cm正方体；姜切片、香菜切碎。

（2）向炒锅加入清水，旺火烧沸，将豆腐放入焯水后取出备用。

（3）将锅烧热，下入植物油25g，将鱼头放入，中小火煎至两面金黄，加入姜片、葱条，淋入料酒，加入烧开的二汤1500g、豆腐，大火烧开，撇去浮沫，加盖，大火煮5分钟至汤汁浓白后取出姜片、葱条，加入精盐8g、味精3g、胡椒粉2g、芝麻油2g调味，撒上香菜碎即可出锅装盘。

5. 重点过程图解

鱼头豆腐汤重点过程图解如图2-8-17～图2-8-20所示。

图2-8-17　食材准备

图2-8-18　鱼头煎制

图2-8-19　煮制

6. 操作要点

（1）清洗鱼头时，要洗净黑衣、去净鱼鳞。

（2）煎鱼头时火力不宜太大，防止煎煳；翻动时要小心，防止弄碎。

（3）豆腐需要焯水，能去除豆腐的豆腥味。

图2-8-20　装汤碗成菜

（4）煮鱼汤时要用中大火加热，只有保持汤面沸腾，汤汁才会浓白。

7. 质量标准

鱼头豆腐汤质量标准见表2-8-3所列。

表2-8-3　鱼头豆腐汤质量标准

评价要素	评价标准	配分
味道	汤鲜味美、咸鲜适度	
质感	鱼肉细嫩、豆腐滑嫩	
刀工	刀工整齐、豆腐2cm直径正方体、大小一致，鱼头规整	
色彩	汤浓色白、白绿相间	
造型	鱼头居中，豆腐漂浮	
卫生	操作过程、菜肴装盘符合卫生标准	

教你一招

如何使鱼汤更鲜美

在制作鱼汤时，同时加入适量的醋和料酒，乙醇和乙酸在加热的过程中发生酯化反应生成具有芳香气味的乙酸乙酯，使菜肴的味道更鲜美。不仅如此，人们在烹鱼时，还喜欢搭配一些带有酸味的辅料，如番茄、泡辣椒、泡菜等，形成一批脍炙人口的名菜，酸菜鱼、剁椒鱼头、酸辣鱼头、啤酒鱼就是其中的代表。在烹鱼时加入醋和带酸味的辅料，不仅可以促进鱼肉蛋白在酸的作用下发生水解，形成许多具有鲜味的氨基酸，还可以使鱼的骨和刺在烹调过程中得到软化酥松并转化为乙酸钙。乙酸钙易溶于水，便于人体吸收，提高了钙的利用率。

拓展阅读

千滚豆腐万滚鱼

在我国民间流行"千滚豆腐万滚鱼"的说法，意思就是豆腐和鱼煮的时间越长，鲜香的味道释放出来的就越多，只有经过"千滚""万滚"的锤炼，才能煮出奶白浓稠的营养鱼汤。这是人们在长期烹饪豆腐和鱼的过程中摸索出来的宝贵经验。豆腐和鱼都是比较耐煮的，只有烹饪足够长的时间，才能形成美味、营养的菜肴。豆腐需要长时间煮的原因是因豆类中固有的抗营养物质，如胰蛋白酶抑制剂、胃肠胀气因子等较耐高温，须加热时间长一些才能将其破坏掉，而长时间的煮制可以使大豆蛋白质的结构从密集变成疏松状态，蛋白质分解酶容易进入分子内部使消化率提高。如果煮制时间不够，则豆腐会有豆腥味。那么鱼为什么越煮越嫩呢？这和鱼的肌肉组织结构有很大关系。鱼肉的肌纤维比较短，蛋白质组织结构松散，水分含量比较多，因此，肉质比较鲜嫩，即使长时间加热，也不会流失太多的水分，这就是鱼肉越煮越嫩的根本原因。煮制鱼头豆腐汤时，要想汤汁鲜美，加热的时间要长一些，让原料的鲜美滋味充分分解到汤汁中。

任务测验

煮菜技能测评

1. 学习目标

（1）能运用煮的方法，在规定时间内独立完成技能测评的相关内容。

（2）检测本任务知识、技能、素质目标的达成情况。

（3）能分析存在的问题和不足，为采取改进措施提供依据。

（4）能认真总结和反思学习过程，进一步巩固本任务的学习内容。

2. 测评方案

（1）煮菜技能测评菜肴品种为水煮牛肉、酸菜鱼，学生采取抽签的方式，选定其中 1 道作为技能测评内容。

（2）操作完成时间为 60 分钟。

（3）教师负责主辅料、调料的准备。

（4）菜肴制作的所有工序均在现场完成。成菜以 10 人量为准，另备一小碗（以 1 人量为准）供教师品评。

（5）学生完成菜肴制作后，填写标签，放在本人作品旁边，便于教师评分。

（6）学生根据技能测评方案，抽签确定本次技能测评菜肴品种。

3. 学习准备

（1）检查工具、用具。

刀具、砧板、炉灶、各类辅助用具及餐具。

（2）准备每份菜肴的主辅料。

水煮牛肉：牛里脊肉 250g、青蒜 150g、白菜心 150g、莴苣 100g、姜 10g、蒜 10g、葱 20g。

酸菜鱼：草鱼 1 条（约 750g）、四川泡菜 100g、泡辣椒 20g、鸡蛋清 1 个、干辣椒 20g、香菜 5g、青花椒 5g、姜 10g、葱 10g、蒜 5g。

4. 学习过程

（1）接受任务。

（2）制订工作方案。

学生根据抽签结果，制订本小组技能测评工作方案，交指导教师审核。

（3）实施工作方案。学生根据本小组技能测评方案进行菜肴操作；教师全场巡视，及时

指导、记录学生操作过程情况，提醒各小组进度。

5．综合评价

自评、小组互评、教师点评，填写技能测评评价表。

6．总结与巩固

各小组完成本次技能测评的《实训报告》，总结和反思学习过程，进一步巩固本任务的学习内容。

 知识归纳

热菜烹调技法——煮

▶ **技法概念**

煮是指将经过初步加工的原料放入多量的汤水中，先用旺火烧开，再改用中等火力加热、调味成菜的一种烹调方法。煮制菜肴大多汤汁较宽、汤菜合一、口味清鲜或醇厚。常用原料为畜类、鱼、豆制品、蔬菜等。

▶ **技法特点**

（1）煮法的加热时间一般不太长，在汤汁转浓入味、原料刚熟时，就要及时起锅。

（2）煮制菜肴具有半汤半菜的特点，要注意控制汤与菜的比例。

（3）需要上浆的原料根据煮制菜肴的要求，掌握好浆的稠稀厚薄。

（4）掌握好火候，先大火煮后中小火慢煮。

▶ **做一做**

根据泡菜的制作原理及制作工艺，以小组的形式学习制作老坛泡菜。

▶ **知识拓展**

1．花椒从色泽上分主要有红花椒和青花椒两种，通过查找网络资料、翻阅专业书籍、市场考察等方式，归纳两种花椒的异同。

2．黄豆酱在不少地方也被称为豆瓣酱，通过查找网络资料、翻阅专业书籍、市场考察等方式，了解黄豆豆瓣酱的制作工艺及特点。

📖 **思考与练习**

一、填空题

1．煮是指将经过＿＿＿＿＿的原料放入＿＿＿＿＿的汤水中，先用旺火烧开，再改用中等火力加热、调味成菜的一种烹调方法。

2. 在以_____的技法中，煮法是用途最广泛、功能最齐全的技法。

3. 煮制菜肴大多汤汁_____、汤菜_____、口味清鲜或醇厚。

二、选择题

1. 在以（　　）为介质导热的技法中，煮法是用途最广泛、功能最齐全的技法。

A. 水　　　　　　　B. 油　　　　　　　C. 空气　　　　　　D. 蒸汽

2. 水煮牛肉加工的技法采用的是（　　）。

A. 煨　　　　　　　B. 氽　　　　　　　C. 灼　　　　　　　D. 煮

3. 水煮牛肉属于（　　）。

A. 粤菜　　　　　　B. 川菜　　　　　　C. 浙菜　　　　　　D. 鲁菜

4. 煮是指将经过初步加工的原料放入多量的汤水中，先用（　　）烧开，再改用中等火力加热、调味成菜的一种烹调方法。

A. 旺火　　　　　　B. 中火　　　　　　C. 小火　　　　　　D. 微火

5. 酸菜鱼加工的技法采用的是（　　）。

A. 烩　　　　　　　B. 氽　　　　　　　C. 烧　　　　　　　D. 煮

三、判断题

1. 煮的种类有水煮、油煮、奶油煮、红油煮、汤煮、白煮、糖煮等。（　　）

2. 以油为介质导热的技法中，煮法是用途最广泛、功能最齐全的技法。（　　）

3. 水油煮的工艺流程：选料→切配→焯烫等预热处理→入锅加汤汁调味→煮制→装盘。（　　）

4. 白煮是将加工整理的生料放入清水中，烧开后改用中小火长时间加热成熟，冷却切配装盘，配调料（拌食或蘸食）成菜的冷菜技法。（　　）

5. 水煮牛肉是湖南的传统名菜。（　　）

四、简答题

1. 水煮牛肉采用了哪种烹调技法？其特点是什么？

2. 白煮的定义是什么？

五、叙述题

叙述鱼头豆腐汤的制作原料、制作流程、注意事项及成品特点。

项目3   以蒸汽为传热介质的热菜制作

▶ **项目概述**

　　气烹法是利用蒸汽对流传热使原料成熟的烹调方法。与火烹法、油烹法相比，气烹法能够使原料取得酥嫩、软烂等质感效果，但不能取得上色和脆化的效果。即便如此，气烹法也有其不可替代的鲜明特色。无论加热时间长短，气烹法都能够保持原料的原汁原味及原料形态的完好，不会破坏菜肴的整体形象，具有适应性强、可以大量制作等优点。

　　本项目将以蒸汽为传热介质的热菜制作作为主要学习内容，具体包括蒸菜制作、炖菜制作两个学习任务，每个学习任务又包括若干个实践菜例。

▶ **项目目标**

　　1. 了解以蒸汽作为传热介质的特点。

　　2. 能掌握蒸、炖两种烹调方法的概念、分类、工艺流程、技法机理、关键和特点。

　　3. 学会从原料选择、工艺流程、菜肴特点、制作关键等方面制订工作方案。

　　4. 学会运用气烹法的相关知识，按照工作方案，小组合作完成以蒸汽为传热介质的热菜制作。

　　5. 在操作过程中体现团结协作精神，规范操作，安全生产，养成良好的操作习惯。

　　6. 通过学习，触类旁通，训练发散思维，培养创新能力。

▶ **学习指导**

　　1. 树立正确的学习态度。

　　2. 掌握科学的学习方法。

　　3. 养成良好的学习习惯。

　　4. 制订具体的学习目标。

任务 1　蒸菜制作

☆ 了解蒸法的概念、特点、操作关键及分类。

☆ 掌握实践菜例的制作工艺。

☆ 能运用蒸法完成实践菜例的制作。

☆ 养成规范操作的习惯，培养注重食品卫生的安全意识。

实践菜例❶　清蒸鲈鱼（清蒸）

1. 菜肴简介

清蒸鲈鱼采用清蒸的方法成菜，口味清淡，最能体现鲈鱼的本味，鱼肉中的营养素流失最少，是鲈鱼入馔最常见的方法。

2. 制作原料

主料：鲈鱼1条，约700g。

料头：姜片10g、葱条10g、葱丝10g、红椒丝10g。

调料：精盐3g、料酒10g、白胡椒粉1g、蒸鱼豉油25g、花生油25g。

3. 工艺流程

宰杀鲈鱼→剞花刀→腌制→蒸制→淋热油、鱼汁→成菜。

4. 制作流程

（1）将鲈鱼放在砧板上拍晕，刮去鱼鳞，去除鳃、内脏，洗净。首先用刀在鲈鱼脊骨两侧剞上花刀，然后用刀将鲈鱼脊骨两侧胸刺切断，使其能"扒"在碟中，最后将鲈鱼脊骨两端切断，以防鲈鱼蒸熟后因鱼骨收缩而使鱼的整体变形。将生姜洗净去皮，切成片，葱和红椒洗净切成细丝，用水冲洗后备用。

（2）用料酒和少许精盐抹匀鱼身，腌制5分钟。

（3）取腰盘一个，下垫葱条和一双筷子，将鲈鱼放在其上，在鲈鱼表面摆上姜片，用花生油25g淋在鱼身上，放入蒸笼，用旺火蒸约8分钟至熟，取出撒上葱丝、红椒丝、白胡椒粉，淋上热油和鱼汁即可上席。

5. 重点过程图解

清蒸鲈鱼重点过程图解如图3-1-1～图3-1-4所示。

图 3-1-1 鱼背剞花刀

图 3-1-2 鲈鱼腌制

图 3-1-3 大火蒸制

图 3-1-4 装盘淋热油成菜

6. 操作要点

(1) 鲈鱼一定要鲜活，只有这样蒸出来的鲈鱼才鲜嫩可口，冷冻或冰鲜的鱼不适合清蒸做法。

(2) 在蒸鱼时，火要旺、气要足，原料断生脱骨即可。

(3) 在蒸鱼的过程中，在鱼身底下垫筷子可以让热气流通，使鱼更易熟制。

7. 质量标准

清蒸鲈鱼质量标准见表 3-1-1 所列。

表 3-1-1 清蒸鲈鱼质量标准

评价要素	评价标准	配分
味道	调味准确、咸鲜适宜	
质感	质感细嫩	
刀工	刀法准确，鱼身无破痕	
色彩	色泽自然淡雅，鱼汁色泽红亮	
造型	成型美观、形整不烂	
卫生	操作过程、菜肴装盘符合卫生标准	

微课 清蒸鲈鱼的制作

【教你一招】

自制蒸鱼豉油

原料：生抽 1000g、清水 1500g、淡二汤 1000g、老抽 100g、鱼露 150g、绍兴花雕酒 100g、芝麻油 120g、美极鲜酱油 130g、蚝油 60g、鸡精 350g、味精 150g、白糖 50g、胡椒粉 10g。

调制方法：将所有用料放入锅内煮沸便可。

拓展阅读

名人与鲈鱼

　　鲈鱼又称花鲈，俗称鲈鲛，其肉质嫩滑肥美，细刺少、无腥味，味极鲜美，营养丰富，与黄河鲤鱼、鳜鱼及黑龙江兴凯湖大白鱼被称为"中国四大淡水名鱼"，自古以来广受美食老饕和烹饪高手们的赞誉，引得不少诗人专门作诗来认证它的食用价值，这在无形中也极大地丰富了鲈鱼的文化意义。诗人范仲淹的《江上渔者》中写到"江上往来人，但爱鲈鱼美。君看一叶舟，出没风波里。"前两句说的便是但凡经过江边的人都说鲈鱼十分美味。然而忧国忧民的诗人在后两句诗中却想表达为了这口美味，捕鱼人在凶险的波涛中出没，这不仅体现了诗人高尚情操，还令来之不易的鲈鱼更富有人文价值。在《晋书·张翰传》里所记载的西晋文学家张翰"莼鲈之思"的故事，让鲈鱼代表着思乡之情。

实践菜例❷　蒜蓉蒸扇贝（清蒸）

1. 菜肴简介

　　扇贝又名海扇，其肉质鲜美、营养丰富，它的闭壳肌干制后即是干贝，被列入海产八珍之一。古人曰："食后三日，犹觉鸡虾乏味"，可见干贝之鲜美非同一般。蒜蓉蒸扇贝是沿海一带的海鲜风味名菜，制作的主要原料是新鲜扇贝和蒜蓉，轻调味以突出本味，重火候以求鲜嫩。

2. 制作原料

主料：扇贝10个。

辅料：粉丝100g。

料头：葱花15g、蒜蓉75g、红椒米10g。

调料：花生酱15g、精盐2g、味精1g、胡椒粉1g、花生油75g。

3. 工艺流程

扇贝初加工→泡发粉丝→调制蒜汁→蒸制→淋热油→成菜。

4. 制作流程

　　（1）将扇贝外壳刷洗干净，用刀切开，去除内脏，洗净，沥干水分；大蒜洗净切成蒜蓉，取20g放入清水中洗去蒜素，放入色拉油中炸成色泽金黄的炸蒜蓉；葱洗净切成葱花，红椒去瓤切成米粒状；粉丝用热水泡软调入精盐、味精备用。

　　（2）将生蒜蓉、炸蒜蓉装入碗中，先淋入沸油50g，再加入绍酒、红椒米、精盐、味精、花生酱等拌匀调成蒜汁。

　　（3）在贝壳上垫上发好的粉丝，先将扇贝放在其上，再将蒜汁淋在肉上。

（4）将扇贝铺放在碟上，放入蒸笼里用猛火蒸约 3 分钟至刚熟，取出，先撒上葱花、胡椒粉，再将花生油加热至微沸，淋在扇贝上即可上席。

5. 重点过程图解

蒜蓉蒸扇贝重点过程图解如图 3-1-5～图 3-1-9 所示。

图 3-1-5　食材准备

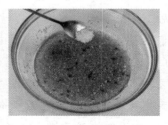
图 3-1-6　调制蒜汁

图 3-1-7　蒸制

图 3-1-8　淋热油

图 3-1-9　装盘成菜

6. 操作要点

（1）初加工时注意去除贝壳表面的泥沙，清除内脏，保留食用部分。

（2）生蒜蓉与炸蒜蓉的比例要恰当，咸淡要适宜；粉丝须用热水浸泡透心，避免出现夹生现象。

7. 质量标准

蒜蓉蒸扇贝质量标准见表 3-1-2 所列。

表 3-1-2　蒜蓉蒸扇贝质量标准

评价要素	评价标准	配分
味道	调味准确、蒜香味浓郁	
质感	咸淡适宜、口味适中	
刀工	刀工精细、成型均匀、符合"蓉"的标准	
色彩	色泽明快、原料组配得当	
造型	菜肴装盘美观、整齐	
卫生	操作过程、菜肴装盘符合卫生标准	

自制蒜蓉酱

原料：生蒜蓉 500g、炸蒜蓉 25g、花生酱 100g、白酱油 150g、精盐 5g、味精 30g、鸡精 30g、芝麻油 50g、花生油 100g。

制作方法：将蒜蓉和花生酱调匀，将花生油加热至六成热淋入蒜蓉中，迅速搅拌均匀，先调入白酱油、精盐、味精和鸡精拌匀，再加入芝麻油即可。

适用范围：蒜蓉蒸、蒜蓉烤等菜肴。

拓展阅读

说扇贝

扇贝属于软体动物门，扇贝科，是我国重要的贝类养殖品种。扇贝主要的食用部分是闭壳肌，即扇贝柱及片状呈红色或白色的生殖腺和裙边，而黑色的消化腺和鳃结构都是不能食用的。扇贝闭壳肌的干制品俗称干贝，亦称瑶柱，是我国传统的"海八珍"之一，深受消费者喜爱。瑶柱与珧柱是有区别的，珧柱是由带子螺的闭壳肌晒成的，与瑶柱相比，珧柱虽然鲜味浓郁，但通常身形不大，充其量亦只有食指的大小。

扇贝的肉质细嫩、味道鲜美，是营养价值极高的保健食品，而瑶柱是广东熬制鲜汤时不可或缺的食材，是给菜肴提鲜增香的法宝。

实践菜例 ❸　豉汁蒸排骨（清蒸）

1. 菜肴简介

豉汁蒸排骨由猪小排和豉汁蒸制而成，做法简单快捷，肉质鲜美而清香，是广东早茶最具特色的荤菜之一。

2. 制作原料

主料：排骨（猪小排）500g。

料头：姜米 5g、葱花 10g、蒜蓉 25g、红椒圈 5g。

调料：精盐 2g、老抽 3g、生抽 15g、蚝油 15g、白糖 3g、豆豉 15g、陈皮 2g、芝麻油 2g、胡椒粉 1g、干淀粉 10g、花生油 25g。

3. 工艺流程

排骨斩件洗净→调制豉汁→腌制→蒸制→装盘成菜。

4. 制作流程

（1）将排骨斩成长约 2cm 的小块，放入清水中反复抓洗至肉色变白，沥干水分，装入碗中备用；葱洗净切成葱花，生姜洗净去皮切成姜米，大蒜切成蒜蓉，红椒切成红椒圈，陈皮用水泡软切成粒备用；豆豉用刀切碎，放入炒锅中，加入花生油、老抽、生抽、精盐、白糖、味精、姜米、蒜蓉、胡椒粉、陈皮粒炒香，制成豉汁备用。

（2）将豉汁、干淀粉加入排骨中拌匀，腌制 10 分钟左右。

（3）将腌制好的排骨排放在凹碟中，放入蒸笼中旺火蒸制 10 分钟，撒上红椒圈、葱花即成。

5. 重点过程图解

豉汁蒸排骨重点过程图解如图 3-1-10～图 3-1-15 所示。

图 3-1-10　排骨入清水

图 3-1-11　吸干排骨水分

图 3-1-12　制成豆豉

图 3-1-13　排骨腌制

图 3-1-14　排骨蒸制

图 3-1-15　装盘成菜

6. 操作要点

（1）排骨宜选择子排，嫩滑、易熟。

（2）要灵活把握蒸制时间，各炉灶火力强弱不一，食材分量不一，蒸制的容器大小深浅不一，所以耗时也会长短不等。

7. 质量标准

豉汁蒸排骨质量标准见表 3-1-3 所列。

表 3-1-3　豉汁蒸排骨质量标准

评价要素	评价标准	配分
味道	调味准确、咸鲜适口	
质感	排骨滑嫩，无渣口现象	
刀工	刀工整齐、成型均匀、符合"块"的标准	
色彩	色泽洁白、饱满	
造型	成型自然、美观	
卫生	操作过程、菜肴装盘符合卫生标准	

微课　豉汁蒸排骨的制作

教你一招

自制豉汁

原料：阳江豆豉 500g、陈皮末 30g、蒜蓉 100g、葱白蓉 100g、姜米 50g、红椒粒 50g、生抽 80g、老抽 20g、鸡精 50g、白糖 200g、绍兴花雕酒 40g、湿生粉 30g、生油 200g。

制作方法：先将豆豉洗净后放入锅内慢火炒香，再用刀将其切碎。将锅烧热下入油，爆香料头，并将所有用料加进锅内，中小火焖炒至豉汁发出香味，放入湿生粉，用锅铲推匀即可用钢盆盛起，用生油封面备用。

用途：制作豉汁盘龙鳝、豉汁蒸带子、豉汁蒸排骨等。

拓展阅读

说豆豉

豆豉在古代被称为"幽菽"，也叫"嗜"，最早的记载见于汉代刘熙《释名·释饮食》中，誉豆豉为"五味调和，需之而成"，称其能"调和五味"。豆豉是我国传统特色发酵豆制品调料，以黑豆或黄豆为主要原料，利用毛霉、曲霉或者细菌蛋白酶的作用分解大豆蛋白质，达到一定程度时，用加盐、加酒、干燥等方法抑制酶的活力，延缓发酵过程而制成。豆豉的种类较多，按加工原料可分为黑豆豉和黄豆豉，按口味可分为咸豆豉、淡豆豉、干豆豉和水豆豉。

豆豉鲜美可口、香气独特，含有丰富的蛋白质、多种氨基酸等营养物质，蒸、炒、拌食皆可，荤素皆宜。在豆豉中加入花生油、蒜蓉、生抽、白糖、味精，经过蒸制和焖炒，形成粤菜中独具特色的"豉汁味"，在粤菜的制作中被广泛运用。

重庆永川豆豉、广东阳江豆豉、绵阳潼川豆豉、广西贺州黄姚豆豉都是豆豉中的名优产品。重庆市永川区的"永川豆豉酿制技艺"和四川省绵阳市三台县的"潼川豆豉酿制技艺"作为"豆豉酿制技艺"的代表，于 2008 年 6 月 7 日被国务院公布为国家级非物质文化遗产。2012 年 11 月 22 日，原国家质检总局批准对"黄姚豆豉"实施地理标志产品保护。2013 年 5 月 24 日，原国家质检总局批准对"阳江豆豉"实施地理标志产品保护。

实践菜例❹　剁椒鱼头（清蒸）

1. 菜肴简介

2018 年 9 月 10 日，"中国菜"正式发布，剁椒鱼头被评为湖南十大经典名菜之一。该菜肴将鳙鱼鱼头的"味鲜"和剁辣椒的"辣"融为一体，火辣辣的红剁椒，覆盖着肥嫩的鱼头，冒着热腾腾、清香四溢的香辣气息，风味独具一格。湘菜的香辣诱惑在剁椒鱼头上得到了完美体现，蒸制的方法让鱼头的鲜香被尽可能地保留在肉质之内，剁椒的味道又恰到好处地渗入到鱼肉当中，使鱼头糯软、肥而不腻、咸鲜香辣。

2. 制作原料

主料：鳙鱼头 1 个（重约 1250g）。

辅料：酸辣椒 100g、红尖椒 25g、酸姜 50g。

料头：姜块 15g、葱条 15g、蒜蓉 25g、香菜 25g。

调料：精盐 8g、味精 4g、白糖 3g、生抽 15g、米酒 10g、豆豉 15g、米醋 10g、胡椒粉 1g、紫苏 5g、茶油 50g、花生油 25g。

3. 工艺流程

鱼头初加工→腌制→调制剁椒辣酱→腌制→蒸制→淋热油→装盘成菜。

4. 制作流程

（1）将鱼头刮鳞、去腮、洗净黑衣，从背部剖成粘连的两半，用葱条、姜块、米酒、盐 3g、味精 1g 腌制 5 分钟。

（2）将酸辣椒、酸姜、红尖椒、蒜蓉、豆豉剁成粒，加入精盐 5g、味精 3g、白糖 3g、生抽 15g、胡椒粉 1g 拌匀，制成剁椒辣酱。

（3）烧锅下油，放入剁椒辣酱爆香。

（4）将鱼头面朝上平放于碟中，先入蒸笼干蒸 5 分钟后取出，滗掉原汁，将剁椒辣酱铺放在鱼头上，再将茶油 50g 放在剁椒辣酱上，入蒸笼用旺火蒸 15 分钟后取出，淋少许热油，撒上香菜即可。

5. 重点过程图解

剁椒鱼头重点过程图解如图 3-1-16～图 3-1-21 所示。

图 3-1-16 食材准备

图 3-1-17 劈开鱼头

图 3-1-18 剁椒剁碎

图 3-1-19 炒剁椒

图 3-1-20 剁椒蒸制

图 3-1-21 装盘成菜

6. 操作要点

（1）制作剁椒鱼头的关键之一是祛腥。初加工时要注意去净黑衣，调味时加入适量的醋，祛腥效果明显。

（2）剁椒辣酱在蒸鱼前炒一下，香味更浓郁。

（3）沸水入锅，活力要猛，蒸汽要足，这样蒸出来的鱼头嫩而多汁。

7. 质量标准

剁椒鱼头质量标准见表3-1-4所列。

表3-1-4　剁椒鱼头质量标准

评价要素	评价标准	配分
味道	口味鲜美、鲜辣适口	
质感	肉质细嫩、口感软糯	
色彩	色泽红亮、汤汁适中	
造型	成型完整、形态美观	
卫生	操作过程、菜肴装盘符合卫生标准	

教你一招

鱼肉祛腥的方法

"水居者腥，肉獲者臊、草食者膻"。鱼肉虽然好吃，但是因为鱼的腥味，就让许多人对它避之不及，那么如何去掉鱼腥味呢？下面介绍几个鱼肉祛腥的方法。

方法一：去掉鱼线。在鱼的身体的靠近鱼头大约一指的部位用刀横着划一刀，用手捏鱼线，轻轻拍打鱼身，把鱼线取出。

方法二：去掉鱼牙。鱼牙很腥，做鱼之前必须去掉。

方法三：加入适量的酒。烹调鱼肉时加入啤酒或白酒，利用酯化反应产生的香气掩盖鱼腥味。

方法四：加入适量的醋及带酸味的配料。烹调鱼肉时可加入少许食醋或配以酸味的原料等给鱼祛腥提鲜。

拓展阅读

鳙之美在头

鳙鱼又称花鲢、胖头鱼，与鲢鱼、青鱼、草鱼是我国人工饲养的四大家鱼，已有1000多年的养殖历史。鳙鱼与白鲢外形相似，但两者肉质有一定的差异。鳙鱼肉质细嫩，软糯鲜香；白鲢则肉质较粗，略微松散，腥味较鳙鱼重，而且鲜味不如鳙鱼。李时珍在《本草纲目》中说道："鳙鱼，状似鲢而色黑，其头最大，味亚于鲢。鲢之美在腹，鳙之美在头，或以鲢、鳙为一物，误矣。首之大小，色之黑白，不大相伴。"

鳙鱼头肉质鲜美，特别是喉边与腮相连的那块"核桃肉"，嫩如猪脑，甘美无比；鱼脑恰如炖烂的白木耳，颤颤的、滑滑的，油而不腻，妙不可言；还有连接头骨之间的那些软皮，状若海参，富含胶质，黏糯腻滑。因此，坊间有"鳙鱼头，肉馒头"之语，鳙鱼头是历来被美食家所推崇的鱼头之一。

鳙鱼头常用红烧、清蒸、炖煮等方法烹调，清代袁枚《随园食单》中有"连鱼豆腐"的做法："用大连鱼煎熟，加豆腐，喷酱、水、葱、酒滚之，俟汤色半红起锅，其头味尤美。"鱼头炖萝卜、鱼头粉皮汤、砂锅鱼头、剁椒鱼头、拆烩鲢鱼头等是深受人们喜爱的菜肴。

鳙鱼头中含有氨基乙磺酸，具有维持视神经功能、防治视力衰退的作用；含有丰富的DHA、人体自身难以合成的不饱和脂肪酸、氨基酸，以及增强人类记忆的微量元素，可以补充大脑养分，预防记忆力下降；含有丰富的胶原蛋白，有延缓衰老的功效。

实践菜例 ⑤　荷叶粉蒸肉（粉蒸）

1. 菜肴简介

荷叶粉蒸肉属于浙菜系，是杭帮菜中的一道特色传统名菜。它始于清末，相传其名与"西湖十景"的"曲院风荷"有关。"曲院风荷"在苏堤北端，此处荷花甚多，每到炎夏季节，微风拂面、阵阵花香、清凉解暑，令游人流连忘返。为适应夏令游客赏景品味的需要，当地的厨师用产于杭州西湖"曲院风荷"的鲜荷叶将炒熟的米粉和经调味的猪肉裹包起来蒸制而成荷叶粉蒸肉，其味清香，鲜肥软糯而不腻，很适合夏天食用。后来随着西湖"曲院风荷"美名的传扬，荷叶粉蒸肉也声誉日增，成为杭州著名的特色菜肴。

2. 制作原料

主料：五花肉（带皮）400g。

辅料：蒸肉米粉150g、干荷叶1张。

料头：葱花15g、蒜蓉10g。

调料：精盐2g、白糖2g、老抽5g、生抽15g、味精1.5g、料酒10g、腐乳25g、清水50g、胡椒粉1g、花生油25g。

3. 工艺流程

五花肉洗净切片→腌制→与蒸肉米粉拌匀→上笼蒸制→成菜。

4. 制作流程

（1）将五花肉洗净，切成长5cm、宽3cm、厚0.3cm的薄片；葱洗净切成葱花，大蒜切成蒜蓉。

（2）将五花肉放入大碗中，放入精盐2g、白糖2g、老抽5g、生抽15g、味精1.5g、料酒10g、腐乳25g、清水50g、蒸肉米粉150g搅拌均匀。

（3）将干荷叶放入开水锅中焯过，抹上花生油后铺垫于小竹笼中，将五花肉整齐地码放在小竹笼内。将蒸锅上火，用旺火把水烧沸，冒大气时将小笼叠起、加盖，上锅蒸90分钟后将蒸好的粉蒸肉取出，撒上胡椒粉、葱花即可。

5. 重点过程图解

荷叶粉蒸肉重点过程图解如图3-1-22～图3-1-26所示。

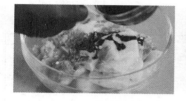
图3-1-22 五花肉调味腌制

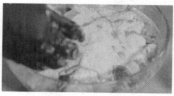
图3-1-23 拌匀蒸肉米粉

图3-1-24 开水焯干荷叶

图3-1-25 入蒸笼摆齐

图3-1-26 蒸熟撒葱花

6. 操作要点

（1）宜选用肥瘦相间的带皮五花肉做主料，通过加热，蒸肉米粉充分吸收五花肉的油脂，才会形成米粉蒸肉，粉比肉香的菜肴特点。

（2）干荷叶使用前放入开水中略煮片刻，不仅能确保卫生，还能去除荷叶的涩味。

（3）米粉量应适当，一般来说，米粉以占主料比例的30%～40%为宜。

（4）调味时应根据季节的变化适时调味。拌肉时做到干稀适度，蒸制后应以不发干、不散、滋糯润口为好。米粉、主料和味汁的搅拌要匀，以每件主料都能均匀粘上米粉粒为准。腌拌后最好放置一段时间，确保味透肌理。

（5）原料不能压得太紧、太厚，否则会影响其均匀受热，出现生熟不一的情况。

（6）蒸制时应用旺火、沸水、足气，加热时间在1.5小时左右，确保成菜熟烂适口。

7. 质量标准

荷叶粉蒸肉质量标准见表3-1-5所列。

表 3-1-5　荷叶粉蒸肉质量标准

评价要素	评价标准	配分
味道	味透肌理、咸淡适宜、口味清香	
质感	鲜肥软糯而不腻	
刀工	成型均匀，五花肉符合"片"的标准	
色彩	干湿适度、色泽红润	
造型	成型美观、自然，呈堆砌包围型	
卫生	操作过程、菜肴装盘符合卫生标准	

微课　荷叶粉蒸肉的制作

【教你一招】

荷叶在烹饪中的运用

　　在我国菜肴的烹饪中，荷叶可作为菜肴的包裹材料，经过加热，赋予菜肴荷叶的清香，制成具有特殊风味的菜肴和点心。各地荷叶入馔的名菜有杭州传统名菜荷叶粉蒸肉，江苏名菜荷叶粉蒸鸡，湖南名菜荷叶火夹鸡，广东名点荷叶饭、糯米鸡，等等。此外，荷叶可以直接入馔食用。用荷叶汁煮粥，具有清热解暑、升发脾阳、散瘀止血的功效，并有较稳定的降脂降压作用。将干荷叶粉碎后与面粉和成面团，制成点心和面条，既形成荷香风味，又起到减肥的效果，具有非常好的保健效果。将干荷叶焯水后与鸭肉炖食，清暑化湿、升发清阳、凉血止血，非常适合夏季食用。

【拓展阅读】

沔阳三蒸

　　说到粉蒸菜肴，不得不提一下沔阳三蒸。沔阳三蒸是湖北沔阳（今仙桃市）的汉族传统名菜之一，是以水产类、禽畜类、蔬菜类为主要原料，以粉蒸为主要技法制成的系列菜肴。粉蒸孔雀武昌鱼、粉蒸鮰鱼、粉蒸青鱼、粉蒸肉、粉蒸排骨、粉蒸茼蒿、太极蒸双蔬等是其代表性菜肴。该类菜肴鲜嫩软糯、原汁原味，是湖北美食中的一颗明珠。

　　沔阳三蒸的起源与沔阳是水乡泽国有关。"一年雨水鱼当粮，螺虾蚌蛤填肚肠"，这是封建社会时期当地老百姓生活的写照。平民百姓吃不起大米，只能用少许杂粮磨粉，拌合鱼虾、野菜、藕块投箪而蒸，以此充饥，久而久之，便发展成了驰名湖北的传统名菜。在如今的仙桃市，沔阳三蒸是民间宴席上是不可缺少的菜肴，素有"三蒸九扣十大碗，不上蒸笼不成席"的说法，已成为广为流传的饮食文化现象。沔阳三蒸之所以受八方食客的青睐，主因有 3 个：一是其烹饪技法暗合了中华美食的"滚、淡、烂"原则；二是其独特的地方特色食材；三是提倡以蒸制技法为烹饪手段，防止营养成分流失，达到食疗食补的养生目的，更加适合广大人民"美味与健康同在"的生活需求。

2010 年，"沔阳三蒸及其蒸菜技艺"被湖北省政府列入为省级非物质文化遗产。2018 年 9 月，"沔阳三蒸"被评为"中国菜"之湖北十大经典名菜之一。沔阳三蒸能从元朝历经多个朝代演变流传至今，它融汇了沔阳劳动人民的勤劳和智慧，而历史发展到今天，沔阳菜作为湖北菜系的一个重要组成部分，发挥着越来越重大的作用。

实践菜例 ❻　小笼粉蒸牛肉（粉蒸）

1. 菜肴简介

小笼粉蒸牛肉是四川地区的特色传统名菜，也是成都的著名小吃之一。与其他地区的粉蒸菜肴相比，小笼粉蒸牛肉在烹调时添加了较多的辣椒粉、花椒粉和香菜，增加了此菜肴的麻辣鲜香，让人食后回味无穷。

2. 制作原料

主料：牛肉 200g。

辅料：蒸肉米粉 150g。

料头：姜米 15g、葱花 25g、蒜蓉 15g、香菜段 15g。

调料：酱油 50g、豆瓣酱 20g、醪糟汁（即糯米甜酒）50g、腐乳 10g、辣椒粉 10g、花椒粉 5g、胡椒粉 2g、鲜汤 50g、料酒 25g、植物油 25g。

3. 工艺流程

牛肉洗净切片→腌制→与蒸肉米粉拌匀→上笼蒸制→成菜。

4. 制作流程

（1）将牛肉洗净，切成长 5cm、宽 3cm、厚 0.3cm 的薄片，装入容器内，放入酱油、豆瓣酱、醪糟汁、腐乳、辣椒粉、花椒粉、胡椒粉、姜米、蒜蓉、料酒、鲜汤、植物油、蒸肉米粉搅拌均匀，腌制 10 分钟。

（2）取小竹笼 3 个，里面垫上焯过水的干荷叶，分别放上一个小碟，将腌制好的牛肉分别装入小竹笼内。

（3）将蒸锅放在火上，旺火把水烧沸，将小竹笼叠起，放入蒸笼中，旺火蒸 30 分钟。

（4）将蒸好的小竹笼取下，在牛肉上撒上花椒粉、葱花、香菜段等即可。

5. 重点过程图解

小笼粉蒸牛肉重点过程图解如图 3-1-27～图 3-1-32 所示。

图 3-1-27　食材准备

图 3-1-28　牛肉切片

图 3-1-29　牛肉腌制

图 3-1-30　焯水干荷叶

图 3-1-31　拌匀蒸肉米粉

图 3-1-32　蒸熟成菜

6.操作要点

（1）牛肉应选择质地较嫩的牛肉。

（2）因为牛肉不具备五花肉的油脂，所以小笼粉蒸牛肉拌肉时的湿度要比粉蒸猪肉湿润一些，这样口感更好。

（3）调味时要适当添加豆瓣酱、胡椒粉、辣椒粉等辛辣调料，风味更独特。

7.质量标准

小笼粉蒸牛肉质量标准见表 3-1-6 所列。

表 3-1-6　小笼粉蒸牛肉质量标准

评价要素	评价标准	配分
味道	味透肌理、咸淡适宜、口味清香	
质感	质感鲜嫩	
刀工	成型均匀，牛肉符合"片"的标准	
色彩	牛肉色泽红亮、形态饱满、色彩美观	
造型	成型美观、堆砌自然	
卫生	操作过程、菜肴装盘符合卫生标准	

教你一招

自制蒸肉粉

原料：粳米 300g、糯米 100g、五香粉 15g、辣椒粉 15g、花椒粉 10g、精盐 10g。

制作方法：将粳米和糯米洗净，放入炒锅中炒至米粒呈金黄色，炒出香味，停火。用料理机将其搅成粉末状，不宜过细。在米粉中加入五香粉、辣椒粉、花椒粉、精盐，开小火继续翻炒 1 分钟，关火，香喷喷的蒸肉粉就做好了。待蒸肉粉放凉，装入储存罐加盖保存即可。

拓展阅读

粉蒸菜肴的风味流派

粉蒸菜肴中的米粉和肉相得益彰，肉的油脂被米粉吸收之后，米粉变得柔糯腴润，因此粉蒸菜肴素有"米粉蒸肉，粉比肉香"的美誉。粉蒸菜肴广泛流行于四川、重庆、江西、陕西、安徽、湖北、江苏、浙江、湖南、广东、广西等地。粉蒸菜肴的口味各地区差异很大，流派众多。总体而言，四川的偏麻，湖南的偏辣，山东的偏咸，江浙的偏甜。在湖北，素有"三蒸九扣十大碗，不上蒸笼不成席"的食俗；在江西，大众宴席几乎桌桌必有粉蒸肉。袁枚的《随园食单》中有"用精肥参半之肉，炒米粉黄色，拌面酱蒸之，下用白菜作垫，熟时不但肉美，菜亦美。以不见水，故味独全。江西人菜也。"西安的清真粉蒸羊肉、四川的小笼粉蒸牛肉、江苏的荷叶粉蒸肉也非常有代表性。

实践菜例 ❼　荔芋扣肉（花色蒸）

1. 菜肴简介

荔芋扣肉是广西的传统名菜，其历史悠久，据记载，荔芋扣肉始创于清嘉庆年间。该菜肴选用猪五花肉为主料，配以荔浦芋头和多种调料蒸制后扣在碟上而成，成品色泽红亮、肉质烂而不糜、荔芋软糯、肉富芋味、芋富肉香、风味别致，已成为桂北一带居民婚嫁和节日宴席上必不可少的特色名菜，被广西烹饪餐饮行业协会评为广西十大经典名菜之一。

2. 制作原料

主料：带皮五花肉 600g。

辅料：芋头（荔浦芋头）400g、菜胆 8 棵。

料头：姜米 5g、蒜蓉 10g、葱白米 15g。

调料：精盐 5g、白糖 10g、味精 3g、老抽 3g、生抽 15g、白醋 25g、高度白酒 5g、五香粉 2g、八角粉 2g、腐乳 25g、胡椒粉 2g、芝麻油 2g、湿淀粉 10g、植物油 3500g

3. 工艺流程

原料初加工→初步熟处理→腌制→装碗→蒸制→装盘成菜。

4. 制作流程

（1）将五花肉刮洗干净，放入沸水锅中煮 40 分钟后取出，用钢针插上气孔，随后用精盐

3g、白醋 5g 涂匀表面；芋头去皮切成长 8cm、宽 4cm、厚 1cm 的长方块；姜洗净去皮切成姜米，大蒜切成蒜蓉，葱白洗净切成葱白米；锅中放入冷油，五花肉表皮朝下，中小火缓慢加热约 25 分钟，待其水分减少且皮脆时捞出。将油温升至 210℃ 左右，放入五花肉冲炸，至五花肉皮呈金黄色即捞出放入清水中浸泡；芋头块用 6 成热的热油炸至表面香脆、色泽金黄备用。

（2）将泡软的五花肉切成与芋头大小相同的块。

（3）将姜米、葱白米、蒜蓉、腐乳、精盐、五香粉、八角粉、白糖、老抽、生抽、胡椒粉、料酒调成味汁备用。

（4）先将味汁倒入五花肉块中拌匀，腌制 15 分钟，再将五花肉皮向下，与芋头块相间排在扣碗中，上笼用中火蒸约 2 小时至软烂取出，复扣在大碟中，滗出原汁，用焯过的菜心围边。将原汁用湿淀粉勾芡，加包尾油、芝麻油推匀，淋在扣肉上便成。

5. 重点过程图解

荔芋扣肉重点过程图解如图 3-1-33～图 3-1-42 所示。

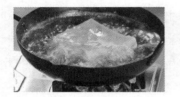
图 3-1-33　煮七成熟

图 3-1-34　肉皮抹盐

图 3-1-35　冷油起炸肉

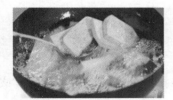
图 3-1-36　炸芋头

图 3-1-37　调制腌制味汁

图 3-1-38　腌制五花肉

图 3-1-39　芋、肉摆碗中

图 3-1-40　上笼蒸熟

图 3-1-41　围边打芡

6. 操作要点

（1）选择肥瘦相间的带皮五花肉（俗称五层楼）做主料，主辅料成型规格要一致。

（2）五花肉在油炸前应煮至七成烂，插上气孔，抹上精盐和白醋，确保表皮起酥、上色。

图 3-1-42　装盘成菜

（3）五花肉走油时，开中火，冷油下锅，皮朝下，油温由低升高，待皮稍脆时，把肉拿出来，旺火升高油温至七成热冲炸，至五花肉起色。最后将其放入水盆中泡发。

（4）五花肉块和芋头块装碗、排扣前应充分腌制，便于入味。

（5）调味要准确，火候要充分，菜肴形状完整美观，肉酥烂，味浓香。

7. 质量标准

荔芋扣肉质量标准见表3-1-7所列。

表3-1-7　荔芋扣肉质量标准

评价要素	评价标准	配分
味道	咸淡适宜、香气浓郁、调味准确、口味适中	
质感	质地熟烂、芋头粉香、肥而不腻	
刀工	成型规格符合要求，形状完整美观	
色彩	色泽红润、饱满、明油亮芡	
造型	成型美观、大小一致	
卫生	操作过程、菜肴装盘符合卫生标准	

微课　荔芋扣肉的制作

教你一招

炸扣肉的技巧

（1）扎孔。在炸扣肉之前在肉皮的表面扎孔是必不可少的工序，其目的是使五花肉在炸的时候，皮肉的水分可以沿着扎孔处排出，有利于五花肉表皮起泡，炸透炸酥。

（2）锅内垫竹篾或表皮扎竹签。油炸五花肉时在锅底垫上一张竹篾或在表面四周扎上4根竹签，可以有效防止表皮粘底。

（3）油温的控制。在五花肉下入锅内炸的时候，要控制好油温高低的变化，首先以低油温浸炸，使表皮的水分尽量排出，然后以高油温冲炸，使表皮的胶原蛋白膨胀起泡。这样炸出来的扣肉松软不粘牙。

（4）清水浸泡。将炸好的扣肉马上放入冷水中浸泡，经过浸泡后扣肉的表皮吸水变软呈虎皮状，如果炸好的扣肉不浸泡，蒸制时就起不了虎皮了。

拓展阅读

宰相刘墉与荔浦芋头的故事

刘墉出生于山东诸城的名门望族，其曾祖父刘必显在顺治年间官至户部广西司员外郎，祖父刘棨在康熙年间官至四川布政使，父亲刘统勋则是乾隆朝的一代名臣。刘墉曾在广西担任广西乡试正考官，历任翰林院庶吉士、太原府知府、江宁府知府、内阁学士、体仁阁大学士等职，以奉公守法、清正廉洁闻名于世。刘墉个子很高，老是弓着背看书，故家人戏称"刘罗锅"。相传，乾隆年间，广西将荔浦芋头作为贡品进贡给皇上，刘墉体恤民情，担心乾隆皇上吃上瘾，将来年年进贡劳民伤财，于是就想了个损主意，让下人将荔浦芋头换成薯莨给皇上食用。乾隆难以下咽信以为真，不再让和珅提荔浦芋头之事。中秋佳节，刘墉进献的"一桶姜山"受到皇上的嘉奖，赏赐与和珅一起跟皇上吃饭。和珅暗中使人将正宗的荔浦芋头摆上御桌，乾隆一连吃了好几块，对正宗荔浦芋头赞不绝口，这才发现之前中了刘墉的圈套。

实践菜例 ❽ 梅菜扣肉（花色蒸）

1. 菜肴简介

梅菜是广东客家的特产，历史悠久、闻名中外，是岭南三大名菜之一，为岭南著名传统特产。以鲜梅菜为原料经腌制后再脱盐等工艺制成的产品，其色泽金黄、香气扑鼻、清甜爽口。梅菜扣肉采用五花肉和梅干菜制作而成，是汉族的传统名菜，属客家菜，其特点在于颜色酱红油亮，汤汁黏稠鲜美，扣肉滑溜醇香、肥而不腻，食之软烂醇香，与盐焗鸡、酿豆腐被称为客家三件宝。

2. 制作原料

主料：五花肉 750g。

辅料：梅干菜 40g。

料头：葱白米 25g、姜米 5g、蒜蓉 10g。

调料：豆豉酱 25g、南乳 25g、绍酒 25g、老抽 5g、生抽 15g、五香粉 1g、白糖 20g、麦芽糖 10g、清水 60g。

3. 工艺流程

原料初加工→初步熟处理→腌制→装碗→蒸制→装盘成菜。

4. 制作流程

（1）将麦芽糖 10g 放入碗中，加入清水 60g 调匀成麦芽糖水；梅干菜泡软洗净，切碎；葱白洗净切成葱白米，姜洗净去皮切成姜米，蒜切成蒜蓉备用。

（2）将五花肉刮洗干净，放入冷水锅中，大火煮至八成熟，捞出，趁热在肉皮上涂抹麦芽糖水备用。

（3）向锅里加入油，旺火加热至 150℃，将五花肉的皮朝下，入锅炸至表面红亮发脆，然后放入凉水中晾凉。

（4）将豆豉酱 25g、南乳 25g、绍酒 25g、老抽 5g、生抽 15g、五香粉 1g、白糖 20g、葱白米 25g、姜米 5g、蒜蓉 10g 装入碗中，调匀成味汁备用。

（5）把炸好的五花肉切成长 8cm、厚 0.6cm 的片，加入味汁拌匀，腌制 10 分钟；将肉片的肉皮朝下，整齐地码在碗内。

（6）将梅干菜入锅炒香入味后铺在肉片上，淋入剩余的味汁。

（7）将扣肉入蒸锅中火蒸制约2小时至肉软烂，取出肉碗，用圆盘盖在上面，滗出汤汁，随后将碗倒扣在盘中，大火烧热炒锅，将倒出的汤汁烧开，熬至浓稠，淋在肉上即可。

5. 重点过程图解

梅菜扣肉重点过程图解如图3-1-43～图3-1-48所示。

图3-1-43　食材准备

图3-1-44　炸制五花肉

图3-1-45　切片

图3-1-46　制作味汁

图3-1-47　上笼蒸制

图3-1-48　装盘成菜

6. 操作要点

（1）选择肥瘦相间的带皮五花肉做主料，主辅料成型规格要一致。

（2）掌握好麦芽糖水的浓度，若过稠，则容易导致五花肉表皮受热后发黑；若过稀，则不易上色。

（3）油炸五花肉时，应将其温油下锅，皮朝下，控制好油温，炸至肉皮色泽红润、松脆。

（4）调味要准确，火候要充分，菜肴形状完整美观，肉酥烂，味浓香。

7. 质量标准

梅菜扣肉质量标准见表3-1-8所列。

表3-1-8　梅菜扣肉质量标准

评价要素	评价标准	配分
味道	咸淡适宜、香气浓郁、调味准确、口味适中	
质感	质地熟烂、肥而不腻、入口即化	
刀工	肉片厚薄均匀整齐	
色彩	色泽红润、饱满，明油亮芡	
造型	成型美观、大小一致	
卫生	操作过程、菜肴装盘符合卫生标准	

教你一招

自制芥菜梅干菜

原料：芥菜、精盐。

制作方法：

（1）将芥菜用水清洗干净。

（2）将鲜芥菜置于太阳下晒瘪，把芥菜放在盆里，一层菜一层盐码放腌制12小时。

（3）将芥菜挤压出水，晒干即可。

拓展阅读

说扣肉

扣菜源于旧时农村的流水席。一轮酒席少则二三十桌，多则百余桌。因席桌多，制作的菜肴多用蒸炖之法烹制，烹制出来的菜肴通常用"海碗"来盛装，但受制于盛装器皿的局限，菜肴常常未能摆出合心意的样式。随着大众对菜肴审美要求的不断提升，人们将加工后的原料改刀成一定的形状，用"扣"的方式整齐地拼装在"海碗"里，上笼屉蒸熟后，反扣于碟中，原汁勾芡成菜。这种方式既能满足师傅们在短时间内烹制大量菜品的需要，又能摆出外形美观、诱人食欲的形态。渐渐地，"扣"这种方式因其"一物各施一性，一碗各施一味"的个性特色，以及"相亲相爱"的良好寓意在民间广为流传，为人们所喜爱。现今，许多百姓不但会做扣菜、喜欢做扣菜，而且逢年过节必上扣菜使其成为宴席上的菜品之一，有"三蒸九扣""无扣不成席"之说。扣菜种类很多，如扣肉、扣鸭、扣猪肚、扣猪脚、扣瓜花等，达到"无菜不扣"的境地。

中国南北方都有制作扣肉的习惯，种类五花八门，配菜各有特色。广东的梅菜扣肉、浙江的梅干菜扣肉、广西的荔芋扣肉、广西玉林的酸菜扣肉、四川的咸烧白和甜烧白、云南大理的雕梅扣肉是南方扣肉的代表。北方扣肉虽没有南方扣肉的花样多，但有着北方人的口味特色，是宴席中绝对的硬菜。天津的赤土扣肉、河北承德的万字扣肉、西北地区的兰州糟肉，陕西的"八大碗"之一条子肉是北方扣肉的代表。

扣肉是人们将猪肉、蔬菜这些普通的食材，通过富有创造性的烹饪技艺，转换成一道肉香浓烈、食材多样的佳肴。它饱含着浓厚的祝福，传递着美好的祝愿。人们喜欢在过年过节、婚丧嫁娶的筵席中以扣肉作为压轴大菜，表达人们对丰足生活的喜悦，对美好生活的期盼。

任务测验

蒸菜技能测评

1. 学习目标

（1）能运用蒸的方法，在规定时间内独立完成技能测评的相关内容。

（2）检测本任务中知识、技能、素质目标的达成情况。

（3）能分析存在的问题和不足，为采取改进措施提供依据。

（4）能认真总结和反思学习过程，进一步巩固本任务的学习内容。

2. 测评方案

（1）蒸菜技能测评菜肴品种为清蒸、粉蒸、花色蒸3种蒸法的实践菜肴，学生采取抽签的方式，选定其中1道作为技能测评内容。

（2）操作完成时间为：清蒸菜肴30分钟，粉蒸菜肴120分钟，花色蒸菜肴150分钟。

（3）教师负责主辅料、调料的准备。

（4）菜肴制作的所有工序均在现场完成。成菜以10人量为准，另备一小份（以1人量为准）供教师品评。

（5）学生完成菜肴制作后，填写标签，放在本人作品旁边，便于教师评分。

（6）学生根据技能测评方案，抽签确定本次技能测评菜肴品种。

3. 学习准备

（1）检查工具、用具。刀具、砧板、炉灶、各类辅助用具及餐具。

（2）准备每份菜肴的主辅料。

4. 学习过程

（1）接受任务。

（2）制订工作方案。学生根据抽签结果，制订本小组技能测评工作方案，交指导教师审核。

（3）实施工作方案。学生根据本小组技能测评方案进行菜肴操作；教师全场巡视，及时指导、记录学生操作过程情况，提醒各小组进度。

5. 综合评价

自评、小组互评、教师点评，填写技能测评评价表。

6. 总结与巩固

各小组完成本次技能测评的《实训报告》，总结和反思学习过程，进一步巩固本任务的学习内容。

知识归纳

热菜烹调技法——蒸

▶ 技法概念

蒸是指将加工好的原料放入蒸笼内，利用蒸汽使原料成熟的烹调方法。蒸菜具有原形不变、原味不失、菜形美观、色泽鲜艳、汁清滋润、质感细嫩等鲜明特色。

▶ 技法特点

（1）因为蒸制原料的性质各异、体积大小不同，蒸汽强度和蒸制时间也不同，所以形成了蒸法的不同类型和风味质感迥然不同的特色。

（2）蒸法所用的原料以新鲜度为首要条件。蒸菜讲究原汁原味，如果原料不新鲜，这一要求就无法实现。特别是水产类原料，更要选用鲜活原料。

（3）认真做好蒸制前后的调味处理。菜肴在蒸制过程中是不调味的，因此，原料蒸制前的腌制或加热后的浇汁定味是决定菜肴口味的关键。

（4）严格防止走味、串味。第一，蒸锅、笼屉等必须经常刷洗保持洁净。第二，蒸锅用水必须干净。第三，多种菜肴在笼屉上蒸制时，摆放方法要正确。

（5）掌握好火候极其重要。通常来说，火候有以下几种：旺火沸水速蒸，适用于只要熟不要烂的蒸菜，如清蒸鱼等；旺火沸水长时间蒸，适用于要求质感软烂的菜肴；中小火沸水缓蒸，适用于蒸制质地细嫩的花色菜肴。

▶ 技法分类

蒸法的分支较多，大体上分为清蒸、粉蒸、花色蒸3类。各种蒸法的对比见表3-1-9所列。

表3-1-9 各种蒸法的对比

种类	定义	工艺流程	特点
清蒸	是将加工好的原料放入蒸笼内，用旺火、足气、短时间加热成菜的烹调方法	选料→切配→腌制预制→蒸制→出锅	原形原色、汤清汁鲜、质感细嫩
粉蒸	是将加工好的原料加调料、炒香的米粉及适量的汤水搅匀，入屉上笼，用旺火、足气、长时间加热成菜的烹调方法	选料→切配→腌制→拌米粉→蒸制→装盘	调料充分浸透原料并使原料软烂的同时，形成原料自身鲜味和调料滋味一体化的醇厚风味
花色蒸	将加工成型的原料拼摆在盛器内，调入味汁，放入蒸笼，用中小火长时间加热成熟后浇淋芡汁成菜的烹调方法	选料→切配→型坯处理→蒸制→浇汁→装盘	形态绚丽多彩，滋味清香醇厚的，质感熟烂

▶ 做一做

1. 学生分组协作，首先完成实践菜例的工作方案书，然后到实训室小组合作完成实践菜例的制作，最后根据操作过程完成实践菜例的实验报告。

2. 动手做一做粉蒸肉的米粉。

3. 动手做一做梅干菜。

▶ 知识拓展

1. 进一步了解粉蒸菜肴在川菜、楚菜、浙菜中的运用。

2. 扣肉的品类众多，了解广西玉林的酸菜扣肉、四川的咸烧白、云南大理的雕梅扣肉的历史文化、制作工艺及风味特色。

思考与练习

一、填空题

1. 蒸是指把经过调味后的食品原料放在器皿中，置入_____利用_____使其成熟的烹调方法。

2. 蒸法可分为_____、_____、_____等蒸法。

3. "汽"是烹调过程中最常见、最基本的_____。

4. 蒸菜的主要特色是_____、原味不失、菜形美观、_____、汁清滋润、质感细嫩。

5. 职业道德建设的核心是_____。

6. 我国社会主义道德建设的原则是_____。

二、选择题

1. 在以( )为介质导热的技法中，蒸法是用途最广泛、功能最齐全的技法。

A. 水   B. 油   C. 空气   D. 蒸汽

2. 香芋扣肉加工的技法采用的是( )。

A. 清蒸   B. 粉蒸   C. 包蒸   D. 扣蒸

3. 豉汁蒸排骨属于( )。

A. 粤菜   B. 川菜   C. 浙菜   D. 鲁菜

4. 粉蒸是指加工、腌味的原料在上浆后，粘上一层熟玉粉蒸制成菜的烹调方法，粉蒸的菜肴具有( )、味醇适口的特点。

A. 鲜嫩爽滑   B. 糯软香浓

C. 软烂脱骨   D. 外酥里嫩

5. 剁椒鱼头加工的技法采用的是（　　　）。

A. 烩　　　　　　　B. 汆　　　　　　　C. 蒸　　　　　　　D. 煮

6. 以蒸汽作为传热介质，要想成菜质感鲜嫩则须使用（　　　）。

A. 大火短时间加热　　　　　　　B. 中火短时间加热

C. 小火长时间加热　　　　　　　D. 旺火长时间加热

7. 汽蒸能更有效地保持原料的（　　　）和原汁原味。

A. 质地脆硬　　　　　　　　　　B. 口味香脆

C. 营养成分　　　　　　　　　　D. 口味脆嫩

三、判断题

1. 包蒸是将用不同的调料腌制入味的原料用网油叶、荷叶、竹叶、芭蕉叶等包裹后，放入器皿中，用蒸汽加热至熟的烹调方法，此法既可保持原料的原汁原味不受损失，又可增加包裹材料的风味。（　　　）

2. 旺火沸水速蒸适用于原料质地嫩的菜肴，如梅菜扣肉。（　　　）

3. 旺火沸水缓蒸适用于原料形体大、质地老，成菜要求酥烂的菜肴，如荷叶粉蒸肉。（　　　）

4. 小火沸水缓蒸适用于原料质地较嫩，或经过较细致的加工，要求保持鲜嫩或塑就形态的菜肴，如芙蓉蛋膏、绣球鸽蛋等。（　　　）

5. 剁椒鱼头是广东有名的传统名菜。（　　　）

6. 制作清蒸鲈鱼时应该先用猛火后用中火。（　　　）

7. 粉蒸是指加工、腌味的原料在上浆后，粘上一层熟玉粉蒸制成菜的烹调方法，粉蒸的菜肴具有鲜嫩爽滑、味醇适口的特点。（　　　）

四、简答题

1. 清蒸鲈鱼采用了哪种烹调技法？其特点是什么？

2. 清蒸的定义是什么？

3. 花色蒸的特点有哪些？

任务 2　炖菜制作

☆ 了解炖法的概念、特点、操作关键及分类。

☆ 掌握实践菜例的制作工艺。

☆ 能运用炖法完成实践菜例的制作。

☆ 养成规范操作的习惯，培养注重食品卫生的安全意识。

学习目标

实践菜例❶　人参枣杞炖乌鸡

1. 菜肴简介

人参枣杞炖乌鸡是以乌鸡为主料，搭配人参、红枣、枸杞等滋补药材制作而成的一道菜肴，具有补血养气、口味醇厚等特色，是一道深受人们喜爱的传统药膳。

2. 制作原料

主料：乌鸡1只，净重约1250g。

辅料：瘦肉100g、鲜人参2根、枸杞10g、红枣8粒。

料头：姜片10g、葱条10g。

调料：精盐8g、味精3g、料酒15g。

3. 工艺流程

原料初加工→焯水→入炖盅→上蒸笼炖3小时→调味→复炖15分钟→成菜。

4. 制作流程

（1）将乌鸡颈骨起出，斩去鸡脚，开背去除肺部、内脏，在前胸骨处直斩一小孔，将鸡头从肚里穿出；瘦肉洗净，切成2cm见方的丁；红枣去核，人参、枸杞洗净；生姜洗净切片，葱洗净切条。

（2）将锅置于火上，加入清水，旺火烧沸，将乌鸡、瘦肉丁下锅焯水，去除血污，洗净；鸡头向上放入炖盅，瘦肉丁、红枣放两旁，姜片、葱条用牙签穿好放在鸡的旁边，人参放入乌鸡身上；烧热锅，放入清水，调入料酒，煮沸后倒入炖盅，加盖，入蒸笼猛火炖3小时取出；去掉姜片、葱条，放入枸杞、精盐、味精，加盖上蒸笼炖15分钟取出便成。

5. 重点过程图解

人参枣杞炖乌鸡重点过程图解如图3-2-1～图3-2-7所示。

图3-2-1　冷水焯水去血污

图3-2-2　焯水洗净入炖盅

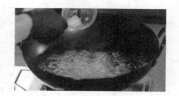

图3-2-3　烧水调味

图3-2-4　上蒸笼炖3小时

图3-2-5　加入枸杞

图3-2-6　再炖15分钟

6. 操作要点

（1）将乌鸡、瘦肉装入炖盅前，须经过焯烫去掉血污、浮沫。

（2）汤水要能浸没主辅料，同时要注意调味品的投放时序。

（3）炖盅要先用硅油纸将口封严，再加上盖防止跑气，才能取得菜肴厚重浓郁的香气效果；加热时间要充分，始终用旺火沸水长时间加热，保证主料软烂酥糯、菜肴香气浓郁。

图 3-2-7　出锅成菜

7. 质量标准

人参枣杞炖乌鸡质量标准见表 3-2-1 所列。

表 3-2-1　人参枣杞炖乌鸡质量标准

评价要素	评价标准	配分
味道	汤味鲜美、香气浓郁	
质感	质感软糯，肌肉熟烂酥糯，汤汁鲜醇爽口	
刀工	成型均匀，符合"块"的标准	
色彩	汤色清澈明亮，无浑浊、浮沫现象	
造型	成型美观、自然	
卫生	操作过程、菜肴装盘符合卫生标准	

微课　人参枣杞炖乌鸡的制作

教你一招

如何挑选人参

（1）看人参的质地。在挑选人参时，用手掰、掐都无法折断的人参质地紧实，质量较好。如果容易折断的，那么这样的人参往往生长的时间比较短，营养价值不高，不建议购买。

（2）看人参的参体。上等的人参主根粗实、长度略长，并且每根人参的下端都像树枝一样，有分叉，又称歧根。

（3）检查人参的干燥程度。新鲜的生晒参经过密闭环境蒸干、晾晒后会变得非常干燥，易于保管。如果晾晒处理不当，则含水多，不但分量重，而且容易返潮，非常不便于保管。

（4）查看产品包装。当购买人参时，要观察人参的外包装标识生产批号是否齐全、包装是否密闭。因为真空包装的产品与外界隔绝，所以空气中的细菌、湿气等无法接触到人参，可避免发霉、变质等现象的发生。

拓展阅读

说乌鸡

乌鸡又叫乌骨鸡、药鸡、绒毛鸡、泰和鸡、武山鸡、黑脚鸡、松毛鸡等，属雉科动物，为我国土特产鸡种。原产于我国江西省泰和县武山西岩汪陂途村，至今已有400多年的饲养历史。相传在清朝乾隆年间，泰和养鸡人涂文轩选了几只最好的乌鸡作为贡品献到京城，乾隆如获珍宝，赐名"武山鸡"。1915年，泰和乌鸡以名鸡的身份在巴拿马万国博览会上展出，受到各国的好评。

乌鸡因它的骨骼乌黑而得名，与家鸡同类，同属一个科属，所以形态基本相同，但它体躯短矮而小，鸡头也较小，头颈比较短，耳叶的颜色较特殊，呈绿色略带紫蓝色。最多见的乌鸡遍身羽毛洁白，有"乌鸡白凤"的美称。

乌鸡性味甘平，补阳气，滋阴补肾，具有世界天然黑色食品的滋补、抗癌、美容、抗衰老等功效，烹饪时，在鸡汤中添加适量的补益中药材，滋补效果更为明显。用乌鸡治病是我国独有的方法。有关资料载称，唐代孟诜所著的《食疗本草》一书中已有用乌鸡治新产妇疾病的加工方法。宋代陈言所著的《三因极一病证方论》一书中首先出现了治妇人百病的"乌鸡煎丸"，历代医学几经修改处方，已有较大变迁。目前，市面出售以泰和乌鸡为主要原料配制而成的妇科要药"乌鸡白凤丸"曾获国家级奖，畅销国内外。

实践菜例❷　西洋参石斛炖水鸭

1. 菜肴简介

西洋参石斛炖水鸭是以西洋参、石斛等优质药材为原料，蒸炖而成。水鸭补中益气、消食和胃，有利水消肿及解毒的功效；西洋参补气养阴、清热降火、健脾润肺；石斛益胃生津，有滋阴降火的功效。西洋参石斛炖水鸭是一道具有降火生津的食疗作用，并且特别适合在炎热的夏日食用的佳肴。

2. 制作原料

主料：水鸭750g。

辅料：瘦肉150g、石斛10g、西洋参5g。

料头：姜片10g、葱条10g。

调料：精盐8g、鸡精5g、料酒15g。

3. 工艺流程

原料初加工→焯水→入炖盅→上蒸笼炖2小时→调味→复炖15分钟→成菜。

4. 制作流程

（1）将水鸭洗净，斩成块状，瘦肉切成1.5cm见方的丁；西洋参、石斛洗净；姜洗净去皮，切成姜片，葱洗净切成葱条。

（2）将鸭块与瘦肉入水锅中焯水至熟，捞出后洗净血污、浮沫备用。

（3）将焯过水的鸭块与瘦肉放入炖盅，姜片用牙签穿好放在旁边，西洋参、石斛放入鸭块上。

（4）将锅置于火上，加入清水，旺火烧沸，调入料酒后倒入炖盅，加盖，入蒸笼猛火炖2小时取出；去掉姜片、葱条，调入精盐、味精，加盖上蒸笼炖15分钟取出便成。

5. 重点过程图解

西洋参石斛炖水鸭重点过程图解如图3-2-8～图3-2-12所示。

图3-2-8 食材准备　　　　图3-2-9 鸭块焯水　　　　图3-2-10 隔水炖制

图3-2-11 调味　　　　图3-2-12 装碗成菜

6. 操作要点

（1）将水鸭、瘦肉放入炖盅前，须经过焯烫去掉血污、浮沫。

（2）汤水要能浸没主辅料，同时要注意调味品的投放时序。

（3）炖盅要先用硅油纸将口封严，再加上盖防止跑气，才能取得菜肴厚重浓郁的香气效果；加热时间要充足，始终用旺火沸水长时间加热，保证主料软烂酥糯、菜肴香气浓郁。

7. 质量标准

西洋参石斛炖水鸭质量标准见表3-2-2所列。

表3-2-2 西洋参石斛炖水鸭质量标准

评价要素	评价标准	配分
味道	汤味鲜美、香气浓郁	
质感	质感软糯，肌肉熟烂酥糯，汤汁鲜醇爽口	
刀工	刀工精细，成型均匀，符合"块"的标准	
色彩	汤色清澈明亮，无浑浊、浮沫现象	
造型	成型美观、自然	
卫生	操作过程、菜肴装盘符合卫生标准	

教你一招

鸭的选购技巧

老鸭和嫩鸭的烹调方法不同，嫩鸭适宜用爆、炒、炸等烹调方法；老鸭适宜用文火长时间加热的炖、烧、焖等烹调方法。鉴别鸭子老嫩的方法是一看、二摸、三辨、四掂。

一看皮色与脚色。皮呈雁黄色、脚呈深黄色的是老鸭；皮雪白光润、脚呈黄色的是嫩鸭；脚色黄中带红的是老嫩适中鸭。

二摸鸭嘴和胸骨。老鸭嘴壳根部硬、胸骨也硬；嫩鸭嘴壳根部软、胸骨尖也软。

三辨外貌。羽毛灰暗、嘴上有花斑的是老鸭；羽毛光洁鲜艳、嘴上没有花斑的是嫩鸭。

四掂分量。同样的个头，老鸭比嫩鸭重。

拓展阅读

一只风靡全球的鸭子

捷勒原是法国宫廷的御膳房大总管，擅长制作"血鸭"，深受亨利三世的赏识。"血鸭"是捷勒家的祖传菜点，风味奇特，食之齿颊留香，其烹制过程也极为复杂：先用特制容器将鸭血榨出，再以烈酒做底，将鸭子与高汤、鹅肝酱文火慢煨制作而成。

1589 年，亨利三世政权被推翻，捷勒沦落至民间，他来到巴黎塞纳河畔开了一家名为银塔餐厅的小餐馆，当年只有国王才能吃到的"血鸭"，如今老百姓也能一饱口福。银塔餐厅一开业便门庭若市。见银塔餐厅的生意如此火爆，其他餐馆纷纷眼红不已。一夜之间，小镇上冒出了上百家"血鸭"餐厅，银塔餐厅的经营受到极大影响。捷勒经过冥思苦想后，一个妙计诞生了：对每只鸭子进行编号，制成卡片，随鸭上桌。这样一来造假者无机可乘，很快，银塔餐厅的生意又恢复如初，许多达官显贵、社会名流都慕名前来品尝。例如，英国国王爱德华七世吃的鸭子编号为 328 号；大小罗斯福总统吃的鸭子编号分别为 33642 和 112151 号……银塔餐厅建立了有史以来所有食客的档案库。如今这份花名册被当作珍贵文献，保存了下来。

对于特别尊贵的客人，捷勒都会询问其吃了"血鸭"的感受和建议，并与之合影，这些珍贵的合影都会挂在餐厅四壁，供食客们观赏。

现在，"血鸭"被法国人誉为"神奇的食谱"，凡是前去法国观光的游客，都有两个基本心愿：一个是游览埃菲尔铁塔，另一个就是吃上一只"血鸭"。享誉全球的"血鸭"历经 4 个多世纪而不衰，除独特的口外，更在于其对产品品牌的保护。

任务测验

炖菜技能测评

1. 学习目标

(1) 能运用炖的方法，在规定时间内独立完成技能测评的相关内容。

(2) 检测本任务中知识、技能、素质目标的达成情况。

(3) 能分析存在的问题和不足，为采取改进措施提供依据。

(4) 能认真总结和反思学习过程，进一步巩固本任务的学习内容。

2. 测评方案

(1) 炖菜技能测评菜肴品种为人参枣杞炖乌鸡和西洋参石斛炖水鸭，学生采取抽签的方式，选定其中1道作为技能测评内容。

(2) 操作完成时间为150分钟。

(3) 教师负责主辅料、调料的准备。

(4) 菜肴制作的所有工序均在现场完成。成菜以10人量为准，另备一小份（以1人量为准）供教师品评。

(5) 学生完成菜肴制作后，填写标签，放在本人作品旁边，便于教师评分。

(6) 学生根据技能测评方案，抽签确定本次技能测评菜肴品种。

3. 学习准备

(1) 检查工具、用具。

刀具、砧板、炉灶、各类辅助用具及餐具。

(2) 准备每份菜肴的主辅料。

人参枣杞炖乌鸡：乌鸡1250g、瘦肉100g、鲜人参2根、枸杞10g、红枣8粒、姜10g、葱10g。

西洋参石斛炖水鸭：水鸭750g、瘦肉150g、石斛10g、西洋参5g、姜10g、葱10g。

4. 学习过程

(1) 接受任务。

(2) 制订工作方案。学生根据抽签结果，制订本小组技能测评工作方案，交指导教师审核。

(3) 实施工作方案。学生根据本小组技能测评方案进行菜肴操作；教师全场巡视，及时指导、记录学生操作过程情况，提醒各小组进度。

5. 综合评价

自评、小组互评、教师点评，填写技能测评评价表。

6. 总结与巩固

各小组完成本次技能测评的《实训报告》，总结和反思学习过程，进一步巩固本任务的学习内容。

知识归纳

热菜烹调技法——炖

▶ 技法概念

炖是指将原料装入容器内，注入清水或清汤，置于蒸锅上，用蒸汽加热炖制，调味成菜的烹调方法。炖菜是以吃汤为主的汤菜，可避免原料香味散发，促使原料在受热后将自身的鲜味转入汤中。

▶ 技法特点

(1) 在加热时，汤面呈微沸状，脂肪乳化程度低。因此，炖菜汤色澄清、爽口，滋味鲜浓，香气醇厚。

(2) 炖法原料一般在封闭比较严实的盛器中烹制，原料的鲜香味不易向外散失，最大限度地起到储存香味、保持原汁原味的作用。

(3) 炖法主料富含蛋白质和鲜香物质，大多为大块料和整料。

(4) 原料在正式加热前要经过沸水焯烫去掉血污和浮沫方可炖制。

(5) 炖法加水量最多，炖菜大多是汤宽量大的汤菜。

(6) 原料在炖制开始时，不宜先放入咸味调料，否则由于盐的渗透压作用，会严重影响原料的酥烂程度，延长成熟时间。

▶ 做一做

学生分组协作，首先完成实践菜例的工作方案书，然后到实训室小组合作完成实践菜例的制作，最后根据操作过程完成实践菜例的实验报告。

▶ 知识拓展

1. 用于制作炖菜的盛装器皿种类繁多，通过查找相关资料，了解用于制作炖菜的盛装器皿都有哪些。

2. 通过查找相关资料，了解四季养生炖品都有哪些。

思考与练习

一、填空题

1. 炖是指将原料装入容器内，注入_____，置于_____，用蒸汽加热炖制，调味成菜的烹调方法。

2. 炖按加工的方法不同可分为_____和_____。

3. 隔水炖是将原料装入容器内，置于_____或_____用开水或蒸汽加热炖制成菜的炖法。

4. 道德是通过_____来调节和协调人们之间的关系的。

5. 树立职业理想，强化职业责任，提高职业技能是_____、_____的具体要求。

二、选择题

1. 隔水炖以（　　）为传热介质导热。

A. 水　　　　　　　B. 油　　　　　　　C. 空气　　　　　　D. 蒸汽

2. 人参枣杞炖乌鸡加工的技法采用的是（　　）。

A. 炖　　　　　　　B. 氽　　　　　　　C. 灼　　　　　　　D. 煮

3. 清炖蟹粉狮子头属于（　　）。

A. 粤菜　　　　　　B. 川菜　　　　　　C. 淮扬菜　　　　　D. 鲁菜

4. 炖是指把食物原料加入汤水及调味品中，先用旺火烧沸，再转成（　　）烧煮的烹调方法。

A. 旺火长时间　　B. 中小火长时间　　C. 旺火短时间　　D. 中小火短时间

5. 西洋参石斛炖水鸭加工的技法采用的是（　　）。

A. 烩　　　　　　　B. 氽　　　　　　　C. 烧　　　　　　　D. 炖

三、判断题

1. 炖用小火长时间密封加热1～3个小时，以原料酥软为止，代表菜肴为清炖蟹粉狮子头。（　　）

2. 不隔水炖法是将原料在开水内烫去血污和腥膻气味，随后放入陶制的器皿内，加入葱、姜、酒等调味品和水，加盖后直接放在火上烹制的炖法。（　　）

3. 炖是一种健康的烹调方式，温度不超过100℃，可最大限度保存各种营养素，又不会因为加热过度而产生有害物质。炖菜时盖好锅盖，与氧气相对隔绝，抗氧化物质也能得以保留。（　　）

4. 隔水炖法是将原料在沸水内烫去腥污后，放入瓷制、陶制的钵内，加入葱、姜、酒等调味品与汤汁，用纸封口，将钵放入水锅内盖紧锅盖，使不漏气，以微火快速蒸的炖法。（　　）

5. 侉炖是将挂糊过油预制的原料放入砂锅中，加入适量的汤汁和调料，烧开后加盖用小火较长时间加热，或用中火短时间加热成菜的技法。（　　）

四、简答题

1. 人参枣杞炖乌鸡采用了哪种烹调技法？其特点是什么？

2. 隔水炖的定义是什么？

五、叙述题

叙述人参枣杞炖乌鸡的制作原料、制作流程、注意事项及成品特点。

项目4 以热空气为传热介质的热菜制作

▶ 项目概述

　　以热空气为传热介质的热菜制作是指用火产生的热能，通过热空气，以辐射的传热方式对加工处理好的原料进行加热成菜的热菜制作方法。与其他烹调方法相比，以热空气为传热介质的烹调方法比较单一，往往以"烤"命名，根据烤所用的器具及烤制方法，又细分出明炉烤、挂炉烤、焗炉烤等三种烤法。烤制菜肴能够使原料取得色泽红亮，外酥脆、里鲜嫩的质感效果。

　　本项目将以热空气为传热介质的热菜制作作为主要学习内容，具体包括明炉烤菜肴制作、挂炉烤菜肴制作和焗炉烤菜肴制作。通过对实践菜例的学习，学生逐步掌握明炉烤、挂炉烤、焗炉烤等三种烤法，为以后的学习打下坚实的基础，也为今后从事厨房工作岗位打下良好的基础。

▶ 项目目标

　　1. 通过本项目的学习，了解以热空气为传热介质明炉烤、挂炉烤、焗炉烤的基础知识，掌握基础的操作步骤和操作要领。

　　2. 掌握明炉烤、挂炉烤、焗炉烤中各种设备工具和手法的运用与技巧，并能够将其运用到实际工作当中，为全面掌握以热空气为传热介质烹调菜肴的制作和设计打下良好基础。

　　3. 养成遵守规程、安全操作、整洁卫生的良好习惯，并正确认识食品雕刻的实用性，增强对本专业的情感认知。

▶ 学习指导

　　1. 树立正确的学习态度。
　　2. 掌握科学的学习方法。
　　3. 养成良好的学习习惯。
　　4. 制订具体的学习目标。

任务1 烤菜制作

学习目标

☆ 了解烤法的概念、特点、操作关键及分类。

☆ 掌握实践菜例的制作工艺。

☆ 能运用烤法完成实践菜例的制作。

☆ 养成规范操作的习惯，培养注重食品卫生的安全意识。

实践菜例 ❶ 烤鱼（明炉烤）

1. 菜肴简介

烤鱼是发源于重庆巫溪，发扬于重庆万州的特色美食。在流传过程中，融合腌、烤、炖3种烹饪工艺技术，充分借鉴传统重庆菜及重庆火锅的用料特点，是口味奇绝、营养丰富的风味小吃。

2. 制作原料

主料：草鱼1条（约1kg）。

辅料：韭菜100g、洋葱150g、芹菜100g。

料头：姜米20g、葱白米25g、蒜蓉20g、香菜15g。

调料：精盐7g、菜籽油50g、白糖3g、生抽20g、蚝油20g、海鲜酱5g、郫县豆瓣酱20g、五香粉2g、孜然粉5g、蒜蓉辣椒酱30g、料酒5g、啤酒350g、辣椒粉5g、花椒5g、干辣椒段10g。

3. 工艺流程

宰杀草鱼→调味腌制→切配辅料、料头→调制烤鱼酱→烤制成熟→装盘成菜。

4. 制作流程

（1）将草鱼刮鳞、去鳃，从背部剖开，去除内脏，洗净血污，斩断脊椎骨，在鱼身两面剞上花刀；洋葱、韭菜、芹菜洗净，洋葱100g切丝、50g切丁，韭菜切段，芹菜50g切段、50g切丁；姜洗净去皮，切成姜米，葱洗净，取葱白部分切成葱白米，蒜剁成茸。

（2）将洋葱丝50g、芹菜段50g、姜米5g、精盐5g放入盆中，用手揉搓出汁，加入啤酒50g，随后放入草鱼腌制10分钟。

（3）向炒锅中放入菜籽油50g烧热，先加入姜米、葱白米、蒜蓉和蒜蓉辣椒酱炒香，再加入白糖3g、孜然粉5g、生抽20g、蚝油20g、海鲜酱5g、郫县豆瓣酱20g、啤酒300g煮开制成烤鱼酱。

（4）在明炉中加入木炭烧燃，用烤鱼夹将草鱼夹住固定，烤制15分钟至鱼身两面焦黄。

（5）首先将洋葱丝50g和韭菜段100g铺在烤盘下面，烤熟的草鱼放在其上，淋上烤鱼酱，并在鱼身上撒上孜然粉、辣椒粉；然后向锅中加油100g，旺火烧热，下入红椒段、花椒、洋葱丁、芹菜丁、蒜蓉爆香，淋在鱼身上；最后在鱼身上撒上香菜并放置在炭火上即可。

5. 重点过程图解

烤鱼重点过程图解如图4-1-1～图4-1-6所示。

图4-1-1　草鱼宰杀

图4-1-2　调味腌制

图4-1-3　切配料

图4-1-4　调烤鱼酱

图4-1-5　烤制成熟

图4-1-6　成菜

6. 操作要点

（1）草鱼腌制时间不要太久，避免影响草鱼的新鲜度。

（2）烤鱼火候不宜太大，控制好时间以免烤焦。

（3）炒制烤鱼酱时防止焦底。

7. 质量标准

烤鱼质量标准见表4-1-1所列。

表4-1-1　烤鱼质量标准

评价要素	评价标准	配分
味道	调味准确，咸、香、辣适口，香气浓郁	
质感	肉质口感鲜嫩，表皮干香，口感层次丰富	
刀工	成型完整自然、无碎块	
色彩	色泽红亮，无烤焦发黑现象	
造型	造型完整、饱满、自然	
卫生	操作过程、菜肴装盘符合卫生标准	

教你一招

如何挑选草鱼

（1）优质的草鱼体形瘦长、匀称，腹部扁平、饱满不下垂；通体一色，表皮不能发黄，尾巴不能发青。饲料饲养的草鱼则个体大，腹部膨大、下垂。

（2）优质的草鱼眼睛清澈透亮、略微凸起，不能有浑浊和淤血。

（3）优质的草鱼鱼鳃颜色为红色或粉红色，不要选黑红色。

（4）优质的草鱼活泼好动，抓的时候非常有劲。

（5）优质的草鱼肉质结实、味道鲜美，烹制不易破损；而饲料饲养的草鱼肉质松散、腥味较浓。

拓展阅读

重庆烤鱼的典故

晚清年间，重庆名厨叶天奇的后人中出了一位聪慧女子。因为叶家的厨艺一向传男不传女，所以只授了她一些家常菜的做法，聊以侍候一家老小的日常餐饮，而她的父亲只在逢年过节时方才显山露水、上灶炒菜。一年春节，父亲卧病在床，不能上灶做菜，就命女儿做些普通的菜肴草草过年，谁知女儿竟做出了一顿丰盛的大餐，技惊四座。其中，一道先用炉火烧烤后再用炒料烹制的烤鱼让父亲也叹为观止。原来，此女一直潜心厨艺研究，平日趁父亲不在时偷看了自家的菜谱，为了不在烹饪的手法中泄漏自己偷师所得，便在原叶家菜的基础上融入了自己的心得，形成了独具匠心的新配方。自此，父亲发现她极具厨艺天赋，遂改变家规，将烹饪技艺逐一传授，并把自家最引以为傲的炒菜配料秘方也倾囊相授。

实践菜例 ❷ 新疆烤羊肉串（明炉烤）

1. 菜肴简介

新疆烤羊肉串是新疆最具民族特色的小吃之一，其色泽酱黄油亮，肉质鲜嫩软脆，味道咸辣醇香，独具特别风味。据古书记载，新疆烤羊肉串起源于1800多年前的汉代。当时，新疆的牧民比较多，所以大部分生活时间都是在迁徙的过程中。为了减轻各种容器的携带带来的负担，人们选择直接把肉串到竹签上，放到火上烤熟，简单撒上一些调料，就可以吃了。这样做出来的肉不仅方便还很好吃。就这样，新疆烤羊肉串就被慢慢流传了下来。

2. 制作原料

主料：羊后腿肉500g、羊尾油50g。

腌料：大葱 20g、孜然粉 3g、辣椒面 3g、花椒粒 2g、精盐 2g、细黑胡椒粉 1.5g、十三香 1g、鸡蛋 1 个、淀粉 10g、葱油 10g（由洋葱、大葱、芹菜、胡萝卜、花生油炼成）、山泉水 50g。

3．工艺流程

羊肉改刀切块→调味腌制→串羊肉串→烤制成熟→调味→成菜。

4．制作流程

（1）将羊后腿肉表面筋膜去掉，改刀切成长 2cm、宽 1.5cm、厚 1.3cm 的菱形块；羊尾油切成边长 1.6cm 大小的菱形块；大葱切丝备用。

（2）将花椒粒放入山泉水中，放入冰箱浸泡 5 个小时，去掉花椒粒。首先加入大葱，用手反复揉搓至搓出葱味，其次放入羊肉、孜然粉 2g、精盐 2g、细黑胡椒粉 1.5g、十三香 1g 拌匀，然后放入鸡蛋 1 个、淀粉 10g 拌匀，最后放入特制葱油腌制 30 分钟。

（3）将腌制好的羊肉穿到铁签子上，每根铁签子串 5 块肉，按照 3 块后腿肉、2 块羊尾油来串制，肥瘦肉要间隔开。

（4）将穿好的羊肉串用炭烤炉烤制 6 分钟左右，撒上辣椒面、孜然粉即可。

5．重点过程图解

新疆烤羊肉串重点过程图解如图 4-1-7～图 4-1-12 所示。

图 4-1-7　腌制羊肉

图 4-1-8　羊肉上浆

图 4-1-9　穿羊肉串

图 4-1-10　烤制

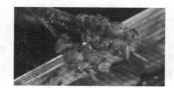
图 4-1-11　撒辣椒面

图 4-1-12　撒孜然粉

6．操作要点

（1）制作新疆烤羊肉串的肉要去除筋膜。

（2）在出炉时撒入孜然粉，若孜然粉放早了，则肉质会发苦。

（3）羊肉烤制的火候不能过大，不能起火烧肉烟熏。

7．质量标准

新疆烤羊肉串质量标准见表 4-1-2 所列。

表 4-1-2　新疆烤羊肉串质量标准

评价要素	评价标准	配分
味道	调味准确、咸味适宜、口味适中	
质感	质感外焦里嫩，无夹生或过熟的现象	
刀工	成型均匀，符合成型标准，净料率达95％以上	
色彩	色泽自然，无烤焦现象	
造型	成型美观、自然	
卫生	操作过程、菜肴装盘符合卫生标准	

微课　新疆烤羊肉串的制作

教你一招

如何辨别羊肉质量

（1）看颜色。品质好的羊肉色泽鲜红，如果肉质发白，则为注水羊肉；如果颜色暗红，则为放置时间久、不新鲜的羊肉。

（2）看纹理。品质好的羊肉纹理细腻，肉质紧实、有弹性，外表不粘手。

（3）闻味道。品质好的羊肉具有羊肉的膻味、味道正常无异味，如果闻有腥臭味，则为不新鲜的羊肉。

拓展阅读

"草根慈善家"阿里木江·哈力克

来自新疆的阿里木江·哈力克是一个平凡的维吾尔族汉子，他走南闯北以卖烤羊肉串谋生，因为急公好义、乐善好施，被新疆人民亲切地称为"好巴郎"，被贵州人民誉为"草根慈善家"，被评为第三届全国道德模范。

2001年，阿里木江辗转来到贵州省毕节市，烤羊肉串的生意越来越好，赚的钱多了起来。然而，阿里木江依然很"穷"。原因是在近10年的时间里，他用辛苦积攒下的20多万元资助了上百名贫困学生。在毕节市，从小学、中学到大学，到处都有阿里木江资助的贫困学生。他还在贵州工程应用技术学院和贵州大学设立"阿里木江助学金"。

日常生活中的阿里木江生活十分简朴，20元的土布褂子、8元的布鞋，他一穿就是好几年。他喜欢吃水果，为了省钱，却总是挑快烂了的买，削掉坏的再吃。他的饭食也十分简单，经常是一个馕（或两个馒头）外加一杯水。

如今，阿里木江已经当上了毕节市阿里木印象餐饮有限责任公司的总经理。他开始谋划，要帮助家乡的年轻人创业、安家，让正宗的新疆烤羊肉串香飘各地。他希望用10年时间在他生活的毕节市建一所学校，让那里的留守儿童接受好的教育。

阿里木江在平凡的生活中创造了伟大，以一名普通新疆少数民族青年的身份演绎了人间大爱，体现了中华民族乐于助人的传统美德。

实践菜例❸ 蜜汁叉烧（挂炉烤）

1. 菜肴简介

叉烧是粤菜烧味中最具代表性的品种之一，制作时，把腌制后的猪肉插在叉子上，放在火上烧熟而成，故得此名。叉烧最开始选用猪里脊肉做原料，用明火直接烘烤成熟，但猪里脊肉烤好以后表面显得干枯。经过厨师们长期的摸索，将里脊肉改为肥瘦相间的"梅花肉"（肩胛骨中心部位的夹心肉），并在面上涂抹饴糖，使其在烧烤过程中分解出油脂和饴糖，从而缓解火势不致干枯，这样做出来的叉烧软嫩多汁、色泽红亮且有甜蜜的芳香味，这样的制作工艺一直延续至今，这道菜肴被命名为"蜜汁叉烧"。

2. 制作原料

主料：梅肉 500g。

料头：姜米 10g、蒜蓉 10g、洋葱丝 50g、芹菜段 50g、香菜 15g。

调料：精盐 4g、白糖 20g、味精 3g、鸡粉 3g、叉烧酱 30g、排骨酱 10g、海鲜酱 5g、老抽 10g、生抽 20g、蚝油 15g、玫瑰露酒 3g、麦芽糖 30g、清水 10g、十三香 5g、红曲米水 20g、花生油 25g。

3. 工艺流程

梅肉初加工→调味腌制→上叉烤制成熟→涂上麦芽糖浆→改刀装盘→成菜。

4. 制作流程

（1）将梅肉洗净，改刀成长 30cm、宽 4cm、厚 2cm 左右的条，晾干水分。

（2）将姜米、蒜蓉、洋葱丝、芹菜段、香菜装入盆中，加入玫瑰露酒 3g、精盐 2g，搓揉，挤出蔬菜汁后过滤，在蔬菜汁中加入精盐 2g、白糖 20g、味精 3g、鸡粉 3g、叉烧酱 30g、排骨酱 10g、海鲜酱 5g、老抽 10g、生抽 20g、蚝油 15g、十三香 5g、红曲米水 20g、花生油 25g 拌匀成腌制叉烧的酱汁。

（3）将梅肉放在盆中，加入叉烧酱腌制 4 小时，腌制过程中翻动 1～2 次，使梅肉更入味。

（4）烤炉烧炭，待温度上升到 180℃时，用叉烧环将梅肉串成一排放入炉内烤制 30 分钟。

（5）将麦芽糖 30g 放在碗中，加入清水 10g，烧开搅拌均匀成麦芽糖浆，在烤熟的叉烧上涂抹均匀，放入烤炉中烤 2～3 分钟即可取出，改刀装盘即可上席。

5. 重点过程图解

蜜汁叉烧重点过程图解如图 4-1-13～图 4-1-19 所示。

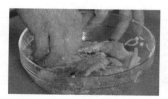
图 4-1-13 蔬菜汁腌制

图 4-1-14 调料腌制

图 4-1-15 串入叉烧环

图 4-1-16　入炉烤制

图 4-1-17　烤好取出

图 4-1-18　刷麦芽糖浆

6. 操作要点

（1）梅肉成型要一致，粗细要均匀。

（2）蜜汁叉烧糖分比较重，烘烤时温度控制不好容易烤焦，烤制时温度不宜超过 200℃。

（3）调制的麦芽糖浆不能太稀，否则挂糖效果不佳，叉烧表面不够亮泽。

图 4-1-19　改刀装盘成菜

7. 质量标准

蜜汁叉烧质量标准见表 4-1-3 所列。

表 4-1-3　蜜汁叉烧质量标准

评价要素	评价标准	配分
味道	调味准确、甜咸适口	
质感	肥而不腻，无渣口现象	
刀工	刀工精细，成型均匀	
色彩	主料色泽红亮、饱满，无焦黑现象	
造型	成型美观、自然	
卫生	操作过程、菜肴装盘符合卫生标准	

微课　蜜汁叉烧的制作

教你一招

梅肉

梅肉又叫前槽肉，俗称"一字梅"，它位于猪的肩胛部位，所以又叫肩胛肉，或是上肩肉。一头猪只有大约长 30cm，重量在 2.5kg 左右的梅肉。梅肉横切面肥瘦相间，瘦肉占九成左右，肌肉组织中含有较多的肌间脂肪，间有多条肥肉丝纵横交错。梅肉是猪身上的上等肉，有筋有肉，肉质鲜美不油腻，特别嫩滑香口，久煮不老，是制作蜜汁叉烧的首选。

拓展阅读

说叉烧

叉烧是粤菜烧烤特色的一个典范。在宋代时，江苏金陵的烧烤除用叉去制作烤制食品外，还有采用"上三下四中七层"的炉具。这种炉具受到厨师们的直接控制，出品质量相对较为稳定，由于制造工艺限制，这种炉具只局限于宫廷或官家使用。宋末皇朝在广东残喘了多年后，被元朝所取代，当时遗留在广东的御厨、官厨们无法再按宫廷或官家的制作以谋生。于是，就产生了用瓦缸制作烧烤食品的做法。随着经验的积累，用瓦缸制作的花样菜肴层出不穷。

聪明的广东人认为，在烤完鹅之后，烧烤炉依然处于高温状态，似乎有点浪费能源，于是就挂上猪肉条入炉，以将肉烤熟，后来就有了"头炉烧鹅，晚炉叉烧"一说。这大概就是"叉烧"的来源。

在广东，用烧烤加工猪肉制品是有严格的区分的，带皮的称"烧肉"，无皮带骨的称"烧排骨"，无皮无骨的称"叉烧"。"叉烧"曾有过"插烧"的别名，大概是取其谐音而已。后来，广东厨师发觉，在叉烧制作过程中，淋上用麦芽糖熬制的糖浆会使其更富特色，于是"蜜汁叉烧"就产生了。在这里须说明，"蜜汁叉烧"中的"蜜"并非指蜂蜜，而是指麦芽糖，在粤语中"蜜"和"麦"是同音，改写后则有甜蜜之意。"蜜汁叉烧"的制作原料有"上叉"和"梅叉"之分，"上叉"是取无皮的五花肉制成的，肥瘦分明；而"梅叉"是用无皮的瘦肉制成的。瘦肉又分"肉眼"（里脊肉）、"一字梅"（外脊肉）、"前夹肉"（猪颈肉）和"后腿肉"等，其中"一字梅"（外脊肉）精中带膘，最嫩滑多汁，行中最喜使用。

实践菜例❹　脆皮烤鸭（挂炉烤）

1. 菜肴简介

烤鸭按地区划分有南北两种风格。北京烤鸭是北方烤鸭的代表。据记载，北京烤鸭起源于南北朝时期，选用优质肉食鸭——北京填鸭做主料，经果木炭火烤制，色泽红润、肉质肥而不腻、外脆里嫩。食用时，将烤鸭片皮以荷叶饼、大葱、甜面酱、黄瓜条包裹佐食。在北京烤鸭中属全聚德烤鸭最为著名，被誉为"天下美味"。脆皮烤鸭是南方烤鸭的代表。它以整鸭烧烤制成，成菜色泽金红、鸭体饱满且腹含卤汁、滋味醇厚。制作时，将烧烤好的鸭斩成小块，其皮、肉、骨连而不脱，入口即离，具有皮脆、肉嫩、骨香、肥而不腻的特点，佐以酸梅酱蘸食，更显风味特色。

2. 制作原料

主料：光鸭 1 只（约 2500g）。

料头：姜 10g、干葱 15g。

调料：五香盐 40g（精盐 10g、白糖 15g、麦芽酚 1g、五香粉 8g、鸡粉 3g、味精 3g）、烤鸭酱 25g（海鲜酱 10g、柱侯酱 6g、蚝油 4g、花生酱 3g、南乳 2g）。

脆皮水：米醋 500g、麦芽糖 100g、浙醋 100g、玫瑰露酒 25g。

3. 工艺流程

光鸭初加工→腌制→缝合鸭腹→打气烫皮→淋脆皮水→晾皮→烤制→斩件装盘→成菜。

4. 制作流程

（1）将鸭子腹部破开取出内脏、嗉囊、气管，斩去鸭翅、鸭掌后洗净。

（2）在鸭肚子里加入五香盐、烤鸭酱，涂抹均匀，腌制20分钟后加入清水50g。

（3）用烤鸭针将鸭腹开口来回穿插密封，防止漏汁。

（4）从鸭脖处插入气管，充气至光鸭皮肉分离、膨胀，随后上烧鸭环，用开水从鸭脖处淋下至鸭皮变色收紧。

（5）将脆皮水均匀淋向光鸭表皮，重复三到四次，挂在阴凉通风处用风扇吹3~4小时至表皮干爽。

（6）烤炉烧炭，待温度上升到250℃时放入鸭子，背朝里，肚朝外，中火烤45分钟，20分钟后每5~10分钟观察鸭子的变化，根据情况调整火力，鸭熟后取出，色泽不足的部位可淋油。食用时，斩件装盘，配酸梅酱即可。

5. 重点过程图解

脆皮烤鸭重点过程图解如图4-1-20~图4-1-29所示。

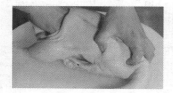
图4-1-20 去除鸭内脏

图4-1-21 腌制鸭子

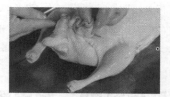
图4-1-22 封住开口

图4-1-23 充气

图4-1-24 淋开水去污

图4-1-25 淋脆皮水

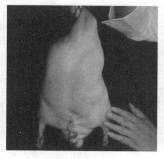
图4-1-26 晾干

图4-1-27 上炉烤制

图4-1-28 翻动

6. 操作要点

（1）腌制时间要充足，防止鸭肉不入味。

（2）脆皮水要将鸭的每个位置都淋均匀并晾干，防止上色不均匀。

图 4-1-29　斩件装盘成菜

（3）烤的过程中每隔 10 分钟翻一次面可使鸭子的背部、腹部、两侧颜色一致。

（4）在烤制过程中，切莫炭火过旺、炉温过猛，否则容易使鸭皮过早着色，色泽无法均匀，还会导致皮不酥脆，以及缺乏在烧烤的过程中产生的特殊烧烤香味；不宜炭火过弱、炉温不足，否则鸭身色泽不易突显，导致色泽暗哑，皮不脆、肉不香，没有肉汁。

7. 质量标准

脆皮烤鸭质量标准见表 4-1-4 所列。

表 4-1-4　脆皮烤鸭质量标准

评价要素	评价标准	配分
味道	口味香醇、咸香适口	
质感	皮脆肉嫩、口感丰富	
刀工	鸭翅、鸭腿形态完整，无过度收缩露出骨头	
色彩	色泽红亮、自然	
造型	成型饱满、美观、自然	
卫生	操作过程、菜肴装盘符合卫生标准	

微课　脆皮烤鸭的制作

教你一招

选鸭秘诀

在制作烤鸭的过程中，选鸭很关键，其中，以肥的鸭为首选。无疑，填鸭是众多鸭品种中的佼佼者。填鸭的特点是鸭体美观大方、肌肉丰满、背宽而长、眼睛大且凸出，这种鸭子填食时间短、育肥快、肥瘦分明、皮下脂肪厚、鲜嫩适度、不腥不膻，是制作烤鸭的首选。制作脆皮烤鸭的填鸭育龄一般为 80～100 天。用手捏鸭的尾骨，以软滑丰满且感觉不到骨头的为佳。用手捏鸭喉，喉软则鸭嫩，喉硬则鸭老。张开鸭翅膀，若翼翎有天蓝色者为嫩，已空心则老。同时翻看鸭掌，若掌枕有趼则老，如果胫皮皱褶明显似蛇皮一般，那则是老鸭中的老鸭了。

拓展阅读

北京烤鸭与广式脆皮烤鸭的区别

北京烤鸭与广式脆皮烤鸭是烤鸭中最具代表性的两大流派。然而，北京烤鸭与广式脆皮烤鸭风格迥异，除烤制工艺略有不同外，还有以下两个方面的区别。第一，北京烤鸭在致熟之前是不调味的，其理念是避免盐分脱去鸭肉内的水分，令鸭肉保持嫩滑，它的调味完全放在吃鸭之时；广式脆皮烤鸭的调味方法与北京烤鸭的调味方式恰恰相反，它是在烤鸭之前就已经入味，其理念是在加热时要通过调味去除鸭肉的膻味，因此，用于制作广式脆皮烤鸭的五香盐及烤鸭酱的调制就非常讲究。第二，食用方法不同。北京烤鸭常常是"一鸭多吃"，但是主要的还是吃皮，食用时将鸭皮配以鸭酱、大葱丝、黄瓜丝和荷叶饼食用，既有情趣，又有文化；而广式脆皮烤鸭的食用则简单得多，将烤熟的鸭子斩件、砌形，佐以酸梅酱即可，风味独特而实在。

实践菜例❺ 广式烧鹅（挂炉烤）

1. 菜肴简介

广式烧鹅是广东菜一张响亮的名片，在粤式烧味中，烧鹅有不可撼动的地位。广式烧鹅选用清远黑棕鹅为原料，经过去翼、脚、内脏，吹气，腌制，缝肚，烫皮，上皮水，晾干和果木炭火烤制等工序制作而成。该菜肴具有色泽红润、滋味芳香、口感酥嫩、肥而不腻、外脆里嫩的独特风味，是粤菜中的传统美食，享誉海内外。

2. 制作原料

主料：光黑棕鹅1只（约4000g）。

调料：五香盐50g（精盐15g、白糖25g、麦芽酚2g、五香粉8g、鸡粉5g、味精5g）、烤鹅酱50g（咸水酸梅500g、柱侯酱100克、芝麻酱50g、花生酱50g、白醋150g、白糖150g、五香粉10g、蒜蓉15g、生油100g）。

脆皮水：米醋500g、麦芽糖100g、浙醋100g、玫瑰露酒25g。

3. 工艺流程

鹅初加工→腌制→缝合鹅腹→打气烫皮→淋脆皮水→晾干表皮→烤制→斩件装盘→成菜。

4. 制作流程

（1）将光黑棕鹅从腹部剖开取出内脏，斩去鹅翅、鹅掌后清洗干净，沥水备用。

（2）在鹅的腹腔里加入五香盐、烤鹅酱，涂抹均匀，腌制20分钟。

（3）向鹅的肚子内加入80g清水，用鹅尾针将鹅腹缝合，防止漏汁。

（4）在鹅的脖子处插入气管，吹气至鹅皮肉分离、表皮膨胀后将鹅用钩钩起，用开水从鹅脖处淋下至鹅皮发白收紧，马上放入冷水中稍微漂冷，防止鹅皮受热时间过长溢出油脂而影响皮色和脆化程度。

（5）将脆皮水涂匀鹅身，挂阴凉通风处并用风扇吹3小时左右至表皮干爽。

（6）烤炉烧炭，待温度上升到250℃时放入鹅，鹅背向火，鹅胸向壁，中火烤约15分钟，翻转一面，保持中火烤40分钟，其间每隔10分钟观察鹅的颜色变化，根据情况调整火力。当鹅熟后取出，色泽不足的部位可淋油。食用时，斩件装盘，配酸梅酱即可。

5. 操作要点

（1）用钩挂鹅坯时鹅身要正，"身正才有好烧鹅"。

（2）晾干表皮的时间要控制在 3 小时左右，若时间过长，则鹅肉会因盐的作用而脱水，影响质感。

（3）脆皮水要按配方比例调制，这是影响皮色和鹅皮质感的关键因素；上脆皮水时，要将鹅的每个位置都淋均匀并晾干，防止上色不均匀。

（4）注意烤鹅时的温度，烤的过程中每隔 10 分钟翻一次面，使鹅的背部、腹部、两侧受热均匀，成熟一致。

6. 质量标准

广式烧鹅质量标准见表 4-1-5 所列。

表 4-1-5　广式烧鹅质量标准

评价要素	评价标准	配分
味道	口味香醇、咸香适口	
质感	皮脆肉嫩、口感丰富	
刀工	鹅翅、鹅腿形态完整，无过度收缩露出骨头	
色彩	色泽红亮、自然	
造型	成型饱满、美观、自然	
卫生	操作过程、菜肴装盘符合卫生标准	

教你一招

选鹅要诀

烤鹅选料以广东出产的黑棕鹅为佳。此鹅生长期短、体型适中、肉厚骨小、肥腴鲜美，是制作烧鹅的绝佳原料。在选鹅时应注意以下几个关键点。第一是观察鹅髻旁是否有绒毛，若有绒毛，则说明该鹅正在换羽。第二是摸鹅胸，若有刺手的感觉，则亦说明该鹅正在换羽。正在换羽的鹅表皮会有"毛钉"，影响成品效果。此时，先看胸内是否丰满，如果胸骨呈三角凸起，则说明该鹅较瘦；再看胸骨是否柔软，如果胸骨是硬的，则说明骨很硬，鹅已过老。第三是看翼，当鹅翼第二层翎羽长齐和翅黄管内半黑半白时就说明鹅已够育龄了。第四是看胫骨，最好不要挑选胫骨太粗的鹅，这样的鹅较老、肉较韧且不太纯种，有可能是与狮头鹅等其他鹅的杂交品种。第五是看掌，若掌枕生有像蛇皮般的跰，则为老鹅。第六是捏喉，用指捏喉，能合拢的即为嫩鹅，反之则为老鹅。第七是看臀部，臀部圆大的即是肉厚膘丰的好鹅。除上述关键点外，鹅的重量也是一个重要的标准，重量应为 3.5～4kg，若低于 3.5kg，则鹅肉较松弛。

拓展阅读

烧鹅的由来

我国古代饮食专书之一，余姚人虞悰所著的《食珍录》，其中有烤鸭的记载，距今已有 1500 余年的历史。据史书记载，烧鹅起源于烤鸭。

1275 年，蒙古大军攻陷南宋首都临安（今杭州），当时的宋恭帝赵显成了俘虏，其同父异母的兄弟在朝臣陆秀夫、文天祥等人的护卫下不断南撤。1276 年，刚满 7 岁的赵昰继位，在福建一带负隅顽抗，不到两年就驾崩了。1278 年，年仅 6 岁的赵昺临危受命继承皇位，转入广东一带坚持抗元。1279 年，宋朝军队与蒙古军队在广东新会经过"崖门战役"，宋朝仅存的军队被全部歼灭，年仅 8 岁的皇帝赵昺跳海而亡。在宋帝在广东抗元这段时间里，南宋厨师也随之来到广东。作为宋朝的一道名菜，烤鸭自然也被带到了这里。然而广东并无杭州一带盛产的黑羽湖鸭，这使得御厨烧烤技术处于"无米可炊"的尴尬地步。正在此时，御厨们发现了一种叫声尖细的灰羽水鸟与高邮鸭极其相似，于是就用它作为原料。由于这种灰羽水鸟的颈背部有一条由大渐小的深褐色鬃状羽毛，人们将其称为"黑鬃鹅"或"乌鬃鹅"。自此，以黑鬃鹅为原料，运用烤鸭的烹调技法改良制作而成的烧鹅便逐渐流传开来。

实践菜例❻ 烤鳗鱼（焗炉烤）

1. 菜肴简介

烤鳗鱼是流行于日本和韩国的代表性美食，它保持了鳗鱼诱人的口感，具有外焦里嫩、入口留香的特点。在日本，烤鳗鱼的调理方式是素烧或者蒲烧。素烧是切开之后烤，或者蒸一下烤；蒲烧是裹上特制的蒲烧酱汁（酱油、味淋、糖之类），烤出香味。烤鳗鱼基本上只限于这两种制作方式。

2. 制作原料

主料：鳗鱼 1 条（约 750g）。

料头：洋葱丝 10g、香菜梗 5g、葱条 5g、姜片 3g。

调料：老抽 3g、生抽 10g、柱侯酱 5g、海鲜酱 5g、白砂糖 15g、胡椒粉 2g、玫瑰露酒 3g、蜂蜜 15g、白芝麻 3g。

3. 工艺流程

鳗鱼宰杀取肉→调味腌制→熬制酱汁→烤制成熟→刷酱→点缀成菜。

4. 制作流程

（1）将鳗鱼宰杀洗净，去头、去骨，得净鳗鱼肉两条；洋葱洗净切丝，香菜洗净留梗，葱洗净保留条状，姜洗净去皮切片。

（2）将洋葱丝10g、香菜梗5g、葱条5g、姜片3g、生抽10g、海鲜酱5g、柱侯酱5g、老抽3g、白砂糖15g、胡椒粉2g、玫瑰露酒3g抓拌均匀加入鱼肉腌制20分钟使其入味。

（3）把鳗鱼取出，将剩余味汁以小火煮开，制成酱汁待用。

（4）将烤箱预热，烤盘铺好锡纸，把鳗鱼插上竹签后放在上面，保持烤箱温度为190℃左右，烤8～10分钟（中间须刷酱汁2～3次）。

（5）将烤好的鳗鱼刷上酱汁、蜂蜜，撒上白芝麻即可改刀装盘。

5. 重点过程图解

烤鳗鱼重点过程图解如图4-1-30～图4-1-35所示。

图4-1-30　烤鳗鱼主辅料　　图4-1-31　鳗鱼背部开刀　　图4-1-32　剖花刀

图4-1-33　鳗鱼腌制　　　图4-1-5　烤制鳗鱼　　　图1-6　装盘成菜

6. 操作要点

（1）鳗鱼表面黏液腥味很重，宰杀时需要先用开水烫皮去除。

（2）腌制时间要充足，防止鳗鱼不入味。

（3）插入竹签可防止鳗鱼成熟时收缩变形。

7. 质量标准

烤鳗鱼质量标准见表4-1-6所列。

表4-1-6　烤鳗鱼质量标准

评价要素	评价标准	配分
味道	口味香醇、咸甜适口	
质感	皮紧肉嫩、口感丰富	
刀工	形状完整	
色彩	色泽红亮、自然	
造型	成型饱满、美观、自然	
卫生	操作过程、菜肴装盘符合卫生标准	

教你一招

宰杀、加工鳗鱼技巧

在宰杀鳗鱼时，首先将鳗鱼摔晕；其次将其放入加有适量精盐和白醋的热水中（水温在70℃左右）烫死，清洗干净鳗鱼身上的黏液；然后在鳗鱼的肛门处横划一刀，令内脏与肉分离；最后用竹筷从鳗鱼嘴部伸入肚内，用力夹住内脏，轻轻旋出。将鳗鱼用清水冲洗干净后，即可按菜肴要求继续加工。

（1）如果做"蜜汁吊烧鳝"菜肴，则应在背部下刀，慢慢剔出脊骨。

（2）如果做"油泡白鳝球"菜肴，则应在剔出脊骨后，先在肉面剞斜刀花刀，再改成球状。

（3）如果做"碧绿白鳝片"菜肴，则应在剔出脊骨后，斜刀片出鳝片。

（4）如果做"五彩炒鳝丝"菜肴，则应在剔出脊骨后，先将肉切成段，再切成丝。

（5）如果做"豉汁盘龙鳝"菜肴，则应在背部每隔2cm左右下刀，但不可切断鳗鱼身。

拓展阅读

说鳗鱼

鳗鱼别名白鳝、白鳗、河鳗、鳗鲡、溪滑、青鳝、日本鳗，是一种外观类似长条蛇形的鱼类。鳗鱼肉质细嫩、味道鲜美，是较为高档的食用鱼类。我国鳗鱼养殖总产量居世界第一，约占世界总产量的70%，鳗鱼主要用于出口，主要出口地为日本和韩国。我国鳗鱼养殖主要集中在广东、福建、江苏、浙江等沿海省份，已经形成了集鳗苗培育、成鳗养殖、饲料生产、烤鳗及鳗鱼副产品加工、出口于一身的外向型产业。

鳗鱼富含多种营养成分，具有补虚养血、祛湿、抗痨等功效，是久病、虚弱、贫血、患有肺结核等人的良好营养品。鳗鱼体内含有一种稀有的西河洛克蛋白，具有良好的强精壮肾的功效，是年轻夫妇、中老年人的保健食品。鳗鱼是富含钙质的水产品，经常食用鳗鱼能使血钙值有所增加，使身体强壮。鳗鱼的肝脏含有丰富的维生素A，是夜盲人的优良食品。

任务测验

烤菜技能测评

1. 学习目标

（1）能运用烤的方法，在规定时间内独立完成技能测评的相关内容。

（2）检测本任务中知识、技能、素质目标的达成情况。

（3）能分析存在的问题和不足，为采取改进措施提供依据。

（4）能认真总结和反思学习过程，进一步巩固本任务的学习内容。

2．测评方案

（1）烤菜技能测评菜肴品种为蜜汁叉烧和脆皮烧鸭，学生采取抽签的方式，选定其中1道作为技能测评内容。

（2）操作完成时间为150分钟。

（3）教师负责主辅料、调料的准备。

（4）菜肴制作的所有工序均在现场完成。成菜以10人量为准，另备一小份（以1人量为准）供教师品评。

（5）学生完成菜肴制作后，填写标签，放在本人作品旁边，便于教师评分。

（6）学生根据技能测评方案，抽签确定本次技能测评菜肴品种。

3．学习准备

（1）检查工具、用具。

刀具、砧板、炉灶、各类辅助用具及餐具。

（2）准备每份菜肴的主辅料。

蜜汁叉烧：梅肉500g、姜10g、蒜10g、洋葱50g、芹菜50g、香菜15g。

脆皮烤鸭：光鸭1只（约2500g）、姜10g、干葱15g。

4．学习过程

（1）接受任务。

（2）制订工作方案。学生根据抽签结果，制订本小组技能测评工作方案，交指导教师审核。

（3）实施工作方案。学生根据本小组技能测评方案进行菜肴操作；教师全场巡视，及时指导、记录学生操作过程情况，提醒各小组进度。

5．综合评价

自评、小组互评、教师点评，填写技能测评评价表。

6．总结与巩固

各小组完成本次技能测评的《实训报告》，总结和反思学习过程，进一步巩固本单元的学习内容。

 知识归纳

热菜烹调技法——烤

▶ 技法概念

烤是指将经过加工处理、腌制入味的原料，通过烧烤设备，用明火、暗火或明暗火产生的热辐射进行加热的烹调方法。

烤法的名称各地差异较大，大体有烤、烧、焗等几个名称。北方地区流行叫"烤"，南方地区通常叫"烧"，即所谓"南烧北烤"。广东地区还把放入焗炉烘烤的方法称为"焗"。

▶ **技法特点**

（1）烤法是我国烹饪中一种古老而富有特色的技法，自从人类发明了火，知道吃熟的食物时，最先使用的方法就是烤。

（2）烤法形式多样，因原料性质、形状，加工处理方法，设备工具及具体操作方法的不同，形成的风味特色也有所不同。色泽红亮，外焦香、里软嫩是烧烤制品的共同特点。

▶ **技法分类**

烤法根据所使用的设备工具及操作方法通常分为明炉烤、挂炉烤、焗炉烤。各种烤法的对比见表4-1-7所列。

表4-1-7　各种烤法的对比

种类	定义	工艺流程	特点
明炉烤	是用明火的高热量、辐射力先烤干原料表面的水分，使之松脆起香，再由表层传到原料内部，使原料由生变熟的烤法	选料→加工整理→腌制→烤制→装盘	具有外焦里嫩、原汁原味、用料考究和现烤现吃的特点，还具有炭烤及熏烤的风味
挂炉烤	是不封闭烤炉炉门，使原料既受到明火烤，又受到暗火烤的烤法	选料→加工整理→抹糖浆→入炉烤制→切割装盘	色泽枣红、外皮松脆、肉质鲜嫩、香气浓郁
焗炉烤	是将原料置于焗炉内，不接触明火，通过封闭式加热烧热炉壁，利用炉壁产生的热辐射使原料成熟的烤法	选料→加工→腌制、抹糖浆→入焗炉用高温烤制→装盘	外焦里嫩、香气浓郁，肉质不硬不软，耐嚼有咬劲

▶ **做一做**

学生分组协作，首先完成实践菜例的工作方案书，然后到实训室小组合作完成实践菜例的制作，最后根据操作过程完成实践菜例的实验报告。

▶ **知识拓展**

1. 全聚德烤鸭是北京烤鸭中最有代表性的品牌，通过查找资料，了解全聚德烤鸭的历史文化、风味特色。

2. 大董烤鸭是北京烤鸭的后起之秀，通过查找资料，了解大董烤鸭的历史文化、风味特色。

思考与练习

一、填空题

1. 烤是指将经过加工处理、腌制入味的原料，通过烧烤设备，用_____、_____等产生的热辐射进行加热的烹调方法。

2. 烤法形式多样，因_____，_____，_____的不同，形成的风味特色也有所不同。

3. 烤法根据所使用的设备工具及操作方法通常分为_____、_____、_____。

二、选择题

1. 挂炉烤以（　　）为传热介质导热。
A. 水　　　　　　　　B. 油　　　　　　　　C. 空气　　　　　　　　D. 蒸汽

2. 烤鳗鱼加工的技法采用的是（　　）。
A. 焗炉烤　　　　　　B. 挂炉烤　　　　　　C. 泥烤　　　　　　　　D. 明炉烤

3. 焗炉烤是将原料置于焗炉内，不接触明火，通过封闭式加热烧热炉壁，利用炉壁产生的（　　）使原料成熟的烤法。
A. 温度　　　　　　　B. 热辐射　　　　　　C. 热量　　　　　　　　D. 热传导

4. 新疆烤羊肉串加工的技法采用的是（　　）。
A. 焗炉烤　　　　　　B. 挂炉烤　　　　　　C. 泥烤　　　　　　　　D. 明炉烤

5. 职业道德是人们在特定的职业活动中所应遵循的（　　）的总和。
A. 法律法规　　　　　B. 规章制度　　　　　C. 行为规范　　　　　　D. 员工守则

6. 职业道德是整个（　　）中的重要组成部分。
A. 职业活动　　　　　B. 社会道德体系　　　C. 职业生涯　　　　　　D. 社会生活

三、判断题

1. 烤法是我国烹饪中一种古老而富有特色的技法，自从人类发明了火，知道吃熟的食物时，最先使用的方法就是烤。（　　）

2. 烤法形式多样，因原料性质、形状，加工处理方法，设备工具及具体操作方法的不同，形成的风味特色也有所不同。（　　）

3. 色泽红亮、里外酥脆是烧烤制品的共同特点。（　　）

4. 烤法根据所使用的设备工具及操作方法通常分为明炉烤、挂炉烤、焗炉烤。（　　）

5. 明炉烤是用明火的高热量、辐射力先烤干原料表面的水分，使之松脆起香，再由表层

传到原料内部，使原料由生变熟的烤法。（　　）

6.职业道德是指从事一定职业劳动的人在特定的工作和劳动中以内心信念和特殊社会手段来维系的，以善恶进行评价的心理意识、行为原则和行为规范的总和。（　　）

7.职业道德有范围上的无限性、内容上的稳定性和连续性、形式上的多样性3个方面的特征。（　　）

四、简答题

1.蜜汁叉烧采用了哪种烹调技法？其特点是什么？

2.挂炉烤的定义是什么？

3.焗炉烤的定义是什么？

项目 5　其他传热介质的热菜制作

▶ **项目概述**

　　甜菜、焗菜、煀菜运用其他传热介质进行加热制作。甜菜的烹饪方法并不多，包括拔丝、挂霜、蜜汁等，口味单纯，虽然甜菜在宴席上起着清口解腻、调换口味的作用，但是在技术上要求很高，目的是为了体现席面的高雅。

　　焗菜以盐为导热媒介，将经腌制的物料或半成品加热至熟而成菜。煀菜以砂锅为烹调器具，利用油及原料自身的水分受热产生的蒸汽使原料成熟。

▶ **项目目标**

　　1. 了解甜菜、焗菜、煀菜的概念、特点、操作关键及分类。
　　2. 掌握实践菜例的制作工艺。
　　3. 能运用烹调方法举一反三完成实践菜例的制作。
　　4. 加强食品安全的意识。

▶ **学习指导**

　　1. 树立正确的学习态度。
　　2. 掌握科学的学习方法。
　　3. 养成良好的学习习惯。
　　4. 制订具体的学习目标。

任务1 拔丝菜制作

☆ 了解拔丝的概念、特点、操作关键及分类。

☆ 掌握实践菜例的制作工艺。

☆ 能运用拔丝法完成实践菜例的制作。

☆ 养成规范操作的习惯，培养注重食品卫生的安全意识。

实践菜例 拔丝芋头

1. 菜肴简介

拔丝芋头是一道传统名菜，具有色泽金黄、甜香脆口、糖丝如缕的特点。拔出的糖丝缠绕在薄壳上，食之别有风味。当菜肴刚上桌时，顾客一齐夹食，顿时满桌出丝，全席生辉，为宴席增添欢快情绪，活跃气氛。

2. 制作原料

主料：芋头（荔浦芋头）750g。

辅料：发粉糊250g。

调料：白糖150g、植物油2kg（实耗75g）。

3. 工艺流程

调制发粉糊→芋头削皮洗净→切块→挂糊油炸→熬糖浆→裹糖浆→起锅装盘

4. 制作流程

（1）将芋头去皮、洗净，切成边长约3cm的四方块。

（2）烧锅入油，加热至120℃时，将芋头裹上发粉糊后入油锅中炸至色泽金黄，捞出沥油。

（3）锅留底油25g，加热至120℃时，下入白糖，用手勺不断搅拌，防止粘连结块，搅拌至白糖化开成为液体，浓度由稠变稀，气泡由大变小，色泽由浅黄变金黄，并微有黏性起丝时，迅速倒入炸好的芋头，使糖浆裹住原料，即可盛入抹过熟油的盘子内上桌，上席时跟一碗凉开水。食用时，用筷子夹住裹匀糖浆的芋头块，在凉开水中蘸食。

5. 重点过程图解

拔丝芋头重点过程图解如图5-1-1～图5-1-4所示。

图 5-1-1 芋头炸熟

图 5-1-2 调制发粉糊

图 5-1-3 炸制

6. 操作要点

（1）当芋头挂糊炸好后，应立即熬糖、挂糖，避免出现糊层变软不脆的现象。

（2）掌握好熬糖的温度。熬制糖浆时，一般是中小火力，温度控制在110℃上下，防止过火引起糖焦化变黑发苦。同时，熬糖时须用手勺不断翻搅糖浆，使其受热均匀。

（3）把握挂糖时机。当糖浆由浅黄色变成黄色、骤然变稀时，即达到出丝的标准。

图 5-1-4 装盘成菜

（4）裹糖要快，干脆利落。菜肴装盘后应立即上桌，趁热食用，否则易失拔丝的条件。

7. 质量标准

拔丝芋头质量标准见表 5-1-1 所列。

表 5-1-1 拔丝芋头质量标准

评价要素	评价标准	配分
味道	香甜脆口、甜而不腻	
质感	外皮酥脆、芋头软糯	
刀工	刀工标准、成型均匀	
色彩	呈琥珀色、晶莹透亮	
造型	成型美观、堆砌整齐	
卫生	操作过程、菜肴装盘符合卫生标准	

教你一招

如何防止糖浆粘盘子

拔丝菜肴虽然好吃，但是每次吃完盘子上总是粘了一层又厚又硬的糖浆，清理起来很困难。这里有个拔丝菜肴不粘盘子的小窍门，那就是在装盘前，在盘子里刷上薄薄的一层食用油，这样糖浆就不会粘到盘子上了。另外，在盘子上垫上一层生菜叶也能有效避免糖浆粘盘的问题。

拓展阅读

皇室贡品——荔浦芋

荔浦芋又叫槟榔芋，产于广西壮族自治区桂林市的荔浦市。荔浦芋原为野生芋，是经过长期的自然选择和人工选育而形成的一个优良品种。荔浦芋在荔浦市进行人工栽培已有400年的历史，最开始栽于县城城西关帝庙一带，并向周边辐射种植，在荔浦市特殊的地理和自然条件下，受环境小气候的影响，逐渐形成集色、香、味于一身的地方名特优产品，品质远胜其他地方所产芋头。清朝康熙年间，荔浦芋就被列为广西首选贡品，于每年岁末向朝廷进贡。它也是2008年北京奥运会指定专用芋头。随着电视剧《宰相刘罗锅》的播出，荔浦芋更是在全国家喻户晓。

荔浦芋具有健脾、利湿、解毒、消痒的功效，能够合理运送营养物质，使皮肤润泽，同时提高机体的免疫力。与其他地方芋头比较，荔浦芋口感好、味道美、品质高，用荔浦芋与五花肉制成的荔芋扣肉酥香味美，素有"一家蒸扣，四邻皆香"之赞誉。

知识归纳

热菜烹调技法——拔丝

▶ **技法概念**

拔丝是指将经过熟处理的原料放入熬好的糖浆中搅拌均匀，裹匀一层有黏性且呈胶状的糖浆，能拔出糖丝而成菜的烹调方法。

▶ **技法原理**

拔丝利用了白糖在一定的温度下能溶化和凝固的特性。白糖在加热条件下随温度升高开始溶化，颗粒由大变小，当温度上升到160℃时，蔗糖由结晶状态逐渐变为黏液状态。若温度继续上升至175～180℃，蔗糖就会骤然变成稀薄液体，黏度较小，此时正是蔗糖的熔点，在这种温度下投入原料，是拔丝的最佳时机。当糖浆包裹原料并装盘后，温度不断下降，糖浆开始稠厚，逐渐失去液体的流动性，当温度下降至160℃左右时，糖浆呈胶状粘结，借外力可出现细丝，这就是"拔丝"。如果糖温超过180℃，则糖的颜色就会变深，产生苦味；如果糖温低于160℃，则又会重新结晶，出现"翻砂"现象。所以，糖浆熬得欠火或过火都拔不出丝来，糖浆欠火，食时粘牙；糖浆过火，食时味苦。

▶ 技法特点

（1）拔丝法是我国甜菜制作中最具特色、最有影响的一个典型技法。成品具有晶莹、明亮、松脆、香甜的特点。

（2）拔丝菜所用的主料非常广泛，最常用的是根茎蔬菜、水果，如山药、芋头、苹果、香蕉、西瓜等，除此之外还有干果类的莲子、白果等，畜肉及蛋制品的使用不多。

（3）原料在使用前都要进行去皮、去壳、去核、去籽及去骨等加工处理；大多数原料要初步熟处理成半成品或熟品，初步熟处理以挂糊油炸为主。

（4）拔丝菜制作的关键是熬制糖浆。这种糖浆既能粘住主料，又能拔出细长的糖丝。成菜以后用筷子夹出主料，在凉开水碗内一蘸，粘在主料表面的糖浆即凝固成一层色泽金黄、晶莹透亮、松脆香甜的薄壳，拔出的糖丝则缠绕在薄壳上，食之别有风味。

（5）拔丝菜的屡屡糖丝为宴席增添欢快情绪，活跃气氛。

▶ 技法分类

根据熬制糖浆方法的不同，拔丝法分水拔、油拔、水油拔 3 种。各种拔丝法的对比见表 5-1-2 所列。

表 5-1-2　各种拔丝法的对比

种类	定义	工艺流程	特点
水拔	是将经过油炸的小型原料挂上以水为传热介质熬制的糖浆，成菜能拉出糖丝的一种烹调方法	炒锅放入适量的水→放入白糖→熬煮→放入熟制的原料粘裹均匀→装盘成菜	糖浆颜色较浅、晶莹透亮、丝长且脆、熬制时间长、易翻砂、易浑浊、入盘易凝固
油拔	是将经过油炸的小型原料挂上以油为传热介质熬制的糖浆，成菜能拉出糖丝的一种烹调方法	炒锅放入适量的油→放入白糖→熬煮→放入熟制的原料粘裹均匀→装盘成菜	加热时间短、光泽油亮、丝细而长、技术难度较大、火力小易结块、火力大则易焦苦
水油拔	是将经过油炸的小型原料挂上以水和油为传热介质熬制的糖浆，成菜能拉出糖丝的一种烹调方法	炒锅放入适量的水和油→放入白糖→熬煮→放入熟制的原料粘裹均匀→装盘成菜	糖丝光泽油亮、口感酥脆，速度比水拔法快，比油拔法慢

▶ 做一做

学生分组协作，首先完成实践菜例的工作方案书，然后到实训室以小组合作的方式完成实践菜例的制作，最后根据操作过程完成实践菜例的实验报告。

▶ 知识拓展

1. 通过查找网络资料、翻阅专业书籍等方式，进一步了解拔丝的技法特点、操作要领、技法种类等。

2. 熬制糖浆是拔丝菜制作的关键之一，进一步了解白糖成丝的原理。

📖 思考与练习

一、填空题

1. 拔丝是指将经过熟处理的原料放入＿＿＿＿＿中搅拌均匀，裹匀一层有黏性且呈胶状的糖浆，能＿＿＿＿＿而成菜的烹调方法。

2. 过油预制的熟料放入整好糖浆的锅内搅拌浆——装盘热吃拔丝主要用于制作甜菜，是中国＿＿＿＿＿的基本之一，它的制作关键是＿＿＿＿＿。

3. ＿＿＿＿＿、＿＿＿＿＿、＿＿＿＿＿等烹饪技法都是山东民间流传下来的甜菜制作方法，据说在清代已相当知名。

二、选择题

1. 拔丝以（　　）为传热介质导热。

A. 水和油　　　　B. 油　　　　C. 空气　　　　D. 蒸汽

2. 制作拔丝的糖浆常用的原料是（　　）。

A. 红糖　　　　B. 白糖　　　　C. 冰糖　　　　D. 片糖

3. 拔丝芋头属于（　　）。

A. 粤菜　　　　B. 川菜　　　　C. 淮扬菜　　　　D. 鲁菜

4. 下列不属于熬制拔丝糖浆的方法的是（　　）。

A. 干熬　　　　B. 水熬　　　　C. 油熬　　　　D. 热传导

5. 拔丝芋头加工的技法采用的是（　　）。

A. 拔丝　　　　B. 挂霜　　　　C. 蜜汁　　　　D. 蜜饯

三、判断题

1. 蜜汁是指将糖熬成能拔出丝来的糖浆，包裹于炸好的食物上的成菜方法。（　　）

2. 著名的山东淄川籍文学家、《聊斋志异》作者蒲松龄十分熟知甜菜的制作方法，平时也很爱吃甜食。他的《聊斋文集》中就有"而今北地兴摅果，无物不可用糖粘"的语句，便是很形象地对山东地区流行拔丝菜的证明。（　　）

3. 上海是拔丝菜的发祥地，著名菜肴有拔丝苹果、拔丝山药、拔丝红薯、拔丝金枣、拔丝樱桃、拔丝香蕉等。（　　）

4. 拔丝又叫拉丝，是制作甜菜的烹调技法之一。（　　）

5. 拔丝菜用料广泛、制作精细，成菜很有特点。（　　）

四、简答题

1. 拔丝芋头采用了哪种烹调技法？其特点是什么？

2. 拔丝的定义是什么？

五、叙述题

叙述拔丝芋头的制作原料、制作流程、注意事项及成品特点。

任务 2　挂霜菜制作

☆ 了解挂霜的概念、特点、操作关键及分类。

☆ 掌握实践菜例的制作工艺。

☆ 能运用挂霜法完成实践菜例的制作。

☆ 养成规范操作的习惯，培养注重食品卫生的安全意识。

实践菜例　挂霜腰果

1. 菜肴简介

挂霜腰果以腰果为主料，是配以白砂糖制作而成的一道甜菜美食。

2. 制作原料

主料：腰果 200g。

辅料：椰丝 25g。

调料：白糖 100g、白糖粉 25g、淀粉 15g。

3. 工艺流程

主料洗净→烤香→熬糖浆→裹糖浆→起锅装盘→撒糖粉→成菜。

4. 制作流程

（1）先将腰果中的杂物拣去，再将腰果放入烤盘内，上烤箱烤至香脆后取出晾凉待用。

（2）将炒锅洗净后放入适量清水，待烧开后放入白糖，用中火熬至糖浆浓稠、起小泡时将炒锅离火，即可倒入烤香的腰果，颠翻均匀，待腰果挂匀糖浆时，采取降温措施迅速散热，待冷却后的腰果自然散开，撒上椰丝和白糖粉即可装盘上桌。

5. 重点过程图解

挂霜腰果重点过程图解如图 5-2-1～图 5-2-6 所示。

图5-2-1 主料烤制

图5-2-2 熬糖浆

图5-2-3 炒制挂浆

图5-2-4 翻拌挂霜

图5-2-5 挂霜腰果成品

6．操作要点

（1）腰果最好采用烤制的方式加工成熟，这样糖浆容易均匀地包裹其上。如果选用油炸成熟，那么油炸后最好是用吸油纸将原料表面的油分吸掉，以免糖浆挂不均匀。

（2）熬制糖浆时火力要小而集中，火面最好小于糖浆的液面，使糖浆由锅中部向锅外沸腾，否则会影响色泽。

（3）腰果经过油炸或烤制后要内外酥脆，配合糖霜的质感，菜肴形成独有的风味特色。

（4）裹糖浆时，应迅速翻动原料，待原料粘均匀糖浆后，应立即采取降温措施，有利于分散原料，生成糖霜状态。

7．质量标准

挂霜腰果质量标准见表5-2-1所列。

表5-2-1 挂霜腰果质量标准

评价要素	评价标准	配分
味道	香甜脆口、松脆香甜	
质感	外脆里酥、酥脆香甜	
刀工	成型均匀、符合标准	
色彩	色如白霜、洁白如雪	
造型	成型美观、呈堆砌型	
卫生	操作过程、菜肴装盘符合卫生标准	

教你一招

挂霜糖浆熬制技巧

糖浆的熬制是挂霜的难点。首先，在熬制糖浆时，糖与水的配比约为2∶1，挂霜的糖浆比拔丝的糖浆要浓，当糖浆由大泡变小泡且浓稠时，就是挂霜的最好时机。如果糖浆冒大气泡，则糖浆太嫩；如果气泡变少、糖浆变稀，则熬霜过头。其次，挂霜糖浆熬制的临界线是糖浆不能变色。然后，要把握好糖浆的量，主料与糖浆的比例大体以2∶1为宜。若糖浆少了，则不能保证主料挂浆均匀，泛起的白霜也不会均匀；若糖浆多了，则糖浆冷却散热就变得缓慢，不但不易泛霜，而且会继续凝结成大的结晶颗粒，或结成硬块。最后，在熬制糖霜时，除观察气泡、蒸汽外，还可铲起糖浆使之下滴，当其呈连绵透明的片状时，即达到了挂霜的程度。

挂霜与拔丝熬糖火候的区别

挂霜与拔丝是我国主要的甜菜烹调方法，两者都是先将不同的原料挂糊或直接油炸，再放入熬好的糖浆里，均匀地挂上糖浆。然而，两者熬糖时使用不同的火候，使原料形成不同的口味、感观。其中的烹调关键就是熬糖。

挂霜的糖浆最佳温度为130℃左右。在熬糖时，糖浆中的水分逐渐减少，气泡由大到小、由少变多，并转变为细小均匀的鱼眼状，并且糖浆呈黏稠状态、尚未变色，这时是挂霜的最好时机。为防止糖浆中的水分过快蒸发，蔗糖发生转化作用，火力应较熬制拔丝菜肴时偏小一些，这样既可以有利于糖浆保持洁白的色泽，又可以防止糖浆糊边。拔丝菜的糖浆要比挂霜的糖浆"老"一些，拔丝温度以控制在170～180℃之间为最佳，当糖浆由大泡变小泡、由白变黄、由稠变稀时，则是拔丝最好的时机，过嫩拔不出丝，过老会出现焦苦的现象。

知识链接

热菜烹调技法——挂霜

▶ **技法概念**

挂霜是指将经过炸熟或烤熟的小型原料放入熬制好的糖浆中搅拌均匀，粘裹一层主要由白糖熬制的糖浆，快速晾凉后外表似粉似霜而成菜的一种烹调方法。

▶ **技法原理**

制作挂霜菜利用了蔗糖重新结晶的原理。将糖溶于水中，加热，使水分蒸发，形成饱和溶液。当糖浆处在过饱和状态时，黏度较大，趁热投入原料，则糖浆会紧紧地裹在坯料表面，待温度逐渐下降，糖浆又重新形成晶体，这层糖浆呈白霜状，故名挂霜。

▶ **技法特点**

（1）挂霜的初步熟处理方法比拔丝多，可用炸、烤、炒等方法处理。

（2）挂霜熬制的糖浆较拔丝"嫩"，不上色、黏性较大，晾凉后能泛起白霜。

（3）挂霜菜挂上糖浆后必须立即做冷却处理，这一处理是挂霜菜成败的关键。霜是由糖浆受热重新结晶所形成的，糖浆受热不断出现结晶，晶粒不断聚集变大。

（4）挂霜菜色泽洁白似霜，形态美观雅致，口感油润、松脆、干香。

▶ **做一做**

学生分组协作，首先完成实践菜例的工作方案书，然后到实训室以小组合作的方式完成实践菜例的制作，最后根据操作过程完成实践菜例的实验报告。

▶ **知识拓展**

1. 通过查找网络资料、翻阅专业书籍等方式，进一步了解挂霜法的技法特点、操作要领、技法种类等。

2. 进一步了解在挂霜菜制作中"霜"形成的原理。

📖 **思考与练习**

一、填空题

1. 挂霜是指将经过_____的小型原料放入熬制好的糖浆中搅拌均匀，粘裹一层主要由_____熬制的糖浆，快速晾凉后外表_____而成菜的一种烹调方法。

2. 挂霜是通过加热不断蒸发蔗糖水溶液的水分，待达到_____状态后蔗糖_____来实现烹调的。

3. 挂霜熬糖时，最好避免使用_____，要选用_____、_____锅等，以避免影响糖霜的色泽。

二、选择题

1. 挂霜以（　　）为传热介质导热。

A. 水　　　　　　　B. 油　　　　　　　C. 水油　　　　　　　D. 蒸汽

2. 制作挂霜的糖浆常用的原料是（　　）。

A. 红糖　　　　　　B. 白糖　　　　　　C. 冰糖　　　　　　D. 片糖

3. 在熬制糖浆时糖和水的比例一般为（　　）。

A. 1 : 1　　　　　　　B. 2 : 1　　　　　　　C. 3 : 1　　　　　　　D. 4 : 1

4. 下列属于正确的熬制挂霜糖浆的方法的是（　　　）。

A. 油拔　　　　　　　B. 水拔　　　　　　　C. 水油拔　　　　D. 热传导

5. 挂霜花生加工的技法采用的是（　　　）。

A. 拔丝　　　　　　　B. 挂霜　　　　　　　C. 蜜汁　　　　　D. 蜜饯

三、判断题

1. 挂霜是制作不带汁冷甜菜的一种烹调方法，主料一般需要加工成块、片或丸子，先用油炸熟，再蘸白糖即为挂霜。（　　　）

2. 挂霜花生色泽洁白、香甜酥脆，它是通过加热不断蒸发蔗糖水溶液的水分，待达到饱和状态后蔗糖重新结晶来实现烹调的。（　　　）

3. 挂霜熬糖时，最好避免使用铁锅，要选用搪瓷锅、不锈钢锅等，以避免影响糖霜的色泽。（　　　）

4. 在熬制糖浆时糖和水的比例一般为 2 : 1。（　　　）

5. 制作挂霜的糖浆常用的原料是红糖。（　　　）

四、简答题

1. 挂霜花生采用了哪种烹调技法？其特点是什么？

2. 挂霜的定义是什么？

五、叙述题

叙述挂霜腰果的制作原料、制作流程、注意事项及成品特点。

任务3　蜜汁菜制作

☆ 了解蜜汁技法的概念、操作关键。

☆ 掌握实践菜例的制作工艺。

☆ 能运用蜜汁技汁开发其他菜肴。

☆ 养成规范操作的习惯，培养注重食品卫生的安全意识。

实践菜例　蜜汁桂花糖藕

1. 菜肴简介

蜜汁桂花糖藕是江南地区的传统小吃，以莲藕、糯米、桂花为主要原料，糯米灌在莲藕中，放入糖浆中煮制而成，成品具有桂花的清香，软糯甘甜。

2. 制作原料

主料：莲藕1节（400g）。

辅料：糯米150g。

调料：桂花糖25g、蜂蜜10g、红糖20g、红枣5颗、红曲米10g、干桂花3g。

3. 工艺流程

莲藕削皮洗净→塞入浸泡过的糯米→入糖浆煮制→收浓糖浆→放凉→改刀装盘→浇淋原汁→成菜。

4. 制作流程

（1）将莲藕去皮洗净，切去一端藕节（藕节留着待用），使藕孔露出，将孔内泥沙洗净，沥干水分。

（2）将糯米淘洗干净，用清水浸泡2小时，晾干水分，由藕的切开处把糯米灌入，用竹筷子将末端塞紧，随后在切开处将切下的藕节合上，用小竹扦扎紧，以防漏米。

（3）将莲藕放入锅中，加水没过莲藕，在旺火上烧开后转用小火煮制30分钟，随后加入红糖、红枣、干桂花、红曲米，旺火烧沸，中小火煮制约30分钟至汤汁浓稠、莲藕软糯。

（4）将煮好的莲藕捞出稍晾凉后切片，食用的时候在上面淋上糖桂花和蜂蜜调和的蜜汁，点缀些干桂花即可。

5. 重点过程图解

蜜汁桂花糖藕重点过程图解如图5-3-1～图5-3-8所示。

图5-3-1 糯米泡发

图5-3-2 莲藕切头

图5-3-3 装入糯米

图5-3-4 固定藕头

图5-3-5 熬制糖浆

图5-3-6 加桂花煮制

图5-3-7 煮好冷藏

图5-3-8 切配装盘

6. 操作要点

（1）糯米在装入莲藕之前要用清水浸泡2小时以上，否则容易出现夹生不熟的现象。

（2）糯米不要压得太严实，否则不易熟。

（3）注意把握加热时的火力大小和加热时间，菜肴要酥烂软糯，尤其在收稠糖浆时，要防止粘底焦煳。

7. 质量标准

蜜汁桂花糖藕质量标准见表5-3-1所列。

表5-3-1　蜜汁桂花糖藕质量标准

评价要素	评价标准	配分
味道	香甜微酸、味甜如蜜	
质感	质感酥烂、汁浓黏稠	
刀工	刀工精细、成型均匀	
色彩	色泽淡雅、光泽油亮	
造型	成型美观、呈堆砌型	
卫生	操作过程、菜肴装盘符合卫生标准	

微课　蜜汁桂花糖藕的制作

〔教你一招〕

如何使蜜汁光亮持久？

蜜汁菜是将原料放在糖汁或蜂蜜汁中，通过烧、蒸等方法收浓蜜汁，使甜味包裹并渗入原料，蜜汁浓缩后还会产生一定的光亮，令菜肴色泽美观、香甜软糯，深受人们的喜爱。但是，在制作菜肴时，常常碰到菜肴表面光泽暗淡的问题，应该如何解决呢？首先，将蜜汁尽可能收紧一些，水分过重容易使覆盖在原料表面的蜜汁光泽度快速地下降；另外，在收浓的蜜汁中加入适量的麦芽糖，可以使蜜汁光亮持久。

〔拓展阅读〕

全国农产品地理标志产品——洪湖莲藕

莲藕在我国南方被广泛种植，其中，最为有名的属洪湖莲藕。洪湖莲藕是湖北莲藕中的特有品种，已有2300多年的种植历史，自古以来就有"长江的鱼，洪湖的藕，才子佳人吃了不想走"的美名。

洪湖在历史上属云梦泽东部的长江泛滥平原，地势低洼，在地质反复演变过程中，大量的水生动植物沉积，产生了富含有机质和氮、磷、钾的丰富的腐殖层，近千年的水生植物的沉淀孕育出肥沃的青泥巴土壤，适合莲藕生长。相传在元代中叶，洪湖淤填形成之后，当地就已种植莲藕。由于水土肥沃，洪湖人民经长期栽培形成了洪湖莲藕这一优良品种。

洪湖莲藕形状长、饱满，淀粉含量丰富，具有香、脆、清、利等可口特点，煮汤易烂，肉质肥厚，炒食甜脆，煨汤易粉，既可鲜食，又可加工，还可入药，有清肺、利气、止血、下奶等功效。

2015 年 2 月 10 日，农业部正式批准对"洪湖莲藕"实施农产品地理标志登记保护。2017 年和 2018 年，洪湖市连续两年以洪湖莲藕作为优势农产品创建湖北省特色农产品优势区，2019 年成功创建中国特色农产品优势区。

任务测验

拔丝菜、挂霜菜、蜜汁菜技能测评

1. 学习目标

（1）能运用拔丝、挂霜、蜜汁的方法，在规定时间内独立完成技能测评的相关内容。

（2）检测本任务中知识、技能、素质目标的达成情况。

（3）能分析存在的问题和不足，为采取改进措施提供依据。

（4）能认真总结和反思学习过程，进一步巩固本任务的学习内容。

2. 测评方案

（1）拔丝菜、挂霜菜、蜜汁菜技能测评采取自选菜的形式，各小组自行设计与拔丝、挂霜、蜜汁相关的菜肴作为技能测评内容。

（2）操作完成时间为 90 分钟。

（3）教师负责主辅料、调料的准备。

（4）菜肴制作的所有工序均在现场完成。成菜以 10 人量为准，另备一小份（以 1 人量为准）供教师品评。

（5）学生完成菜肴制作后，填写标签，放在本人作品旁边，便于教师评分。

（6）学生根据技能测评方案，确定本次技能测评菜肴品种。

3. 学习准备

（1）检查工具、用具。

刀具、砧板、炉灶、各类辅助用具及餐具。

（2）准备每份菜肴的主辅料。

4. 学习过程

（1）接受任务。

（2）制订工作方案。学生根据抽签结果，制订本小组技能测评工作方案，交指导教师审核。

（3）实施工作方案。学生根据本小组技能测评方案进行菜肴操作；教师全场巡视，及时

指导、记录学生操作过程情况，提醒各小组进度。

5．综合评价

自评、小组互评、教师点评，填写技能测评评价表。

6．总结与巩固

各小组完成本次技能测评的《实训报告》，总结和反思学习过程，进一步巩固本任务的学习内容。

 知识归纳

热菜烹调技法——蜜汁

▶ **技法概念**

蜜汁是指将经过加工处理的原料放入用白糖、蜂蜜与清水熬化收浓的糖液中，经过烧、蒸或炖制，使之甜味渗入原料内，经收浓糖汁成菜的烹调方法。

▶ **技法特点**

（1）蜜汁法是我国烹饪甜菜的基本技法之一。制作时因多用白糖、蜂蜜或冰糖调制成汁，味甜如蜜，故名为"蜜汁"。蜜汁菜具有糖汁黏稠香甜、色泽淡雅光亮的特点，质感以酥烂为主。在熬制糖汁时，大多适当加些桂花酱、果酱、芝麻等增味增香的原料，用以丰富口味。

（2）蜜汁法用料广泛，鲜果、干果、根茎蔬菜、银耳，肉类中的肘子、排骨，等等都可作为主料。

（3）蜜汁菜形状各异，要根据需要进行不同的加工处理，同时注重美化菜形。

（4）由于原料的性质和成品的要求不同，蜜汁原料的加热成熟大多采用烧、蒸两种加热方法；无论采用何种加热方法，都必须使糖汁黏稠香甜、光亮透明，主料绵软酥烂、入口化渣。

▶ **做一做**

学生分组协作，首先完成实践菜例的工作方案书，然后到实训室以小组合作的方式完成实践菜例的制作，最后根据操作过程完成实践菜例的实验报告。

▶ **知识拓展**

1.通过查找网络资料、翻阅专业书籍等方式，进一步了解蜜汁法的技法特点、操作要领、技法种类等。

2.收集除蜜汁桂花糖藕外的蜜汁菜 3 道，写出它们的制作原料、制作工艺、操作要领和风味特色。

思考与练习

一、填空题

1. 蜜汁是指将经过加工处理的原料放入用白糖、蜂蜜与清水熬化收浓的糖液中，经过_____、_____或_____，使之_____渗入原料内，经_____糖汁成菜的烹调方法。

2. _____的调制先用糖和水_____入口肥糯的稠甜汁，再和主料一同加热。

3. 蜜汁菜的特点为糖汁_____、_____，主料绵软酥烂、入口化渣。

二、选择题

1. 蜜汁以（　　）为传热介质导热。
A. 水　　　　　B. 油　　　　　C. 水油　　　　　D. 蒸汽

2. 制作蜜汁的糖浆常用的原料是（　　）。
A. 红糖　　　　B. 白糖　　　　C. 冰糖　　　　D. 片糖

3. 蜜汁桂花糖藕属于（　　）。
A. 粤菜　　　　B. 川菜　　　　C. 淮扬菜　　　　D. 浙江菜

4. 下列属于正确熬制蜜汁糖浆的方法的是（　　）。
A. 干熬　　　　B. 水熬　　　　C. 油熬　　　　D. 热传导

5. 蜜汁桂花糖藕加工的技法采用的是（　　）。
A. 拔丝　　　　B. 挂霜　　　　C. 蜜汁　　　　D. 蜜饯

三、判断题

1. 蜜汁是将加工的原料或预制的半成品和熟料放入调制好的甜汁锅中或容器中，采用烧、蒸、炒、焖等不同方法加热成菜的烹调方法。（　　）

2. 蜜汁的调制先用糖和水熬成入口肥糯的稠甜汁，再和主料一同加热。（　　）

3. 蜜汁桂花糖藕加工的技法采用的是挂霜。（　　）

4. 蜜汁菜的特点为糖汁肥浓香甜、光亮透明，主料绵软酥烂、入口化渣。（　　）

5. 蜜汁桂花糖藕属于淮扬菜。（　　）

四、简答题

1. 蜜汁桂花糖藕采用了哪种烹调技法？其特点是什么？
2. 蜜汁的定义是什么？

五、叙述题

叙述蜜汁桂花糖藕的制作原料、制作流程、注意事项及成品特点。

任务 4　焗菜制作

☆ 了解焗的概念、特点、操作关键及分类。

☆ 掌握实践菜例的制作工艺。

☆ 能运用焗法完成实践菜例的制作。

☆ 养成规范操作的习惯，培养注重食品卫生的安全意识。

实践菜例 ❶　盐焗鸡

1. 菜肴简介

盐焗鸡是广东客家地区的传统美食，也是广东当地的客家招牌菜肴之一。盐焗鸡流行于广东的深圳、梅州、惠州、河源等地，现已成为享誉国内外的经典菜肴，原材料是鸡、盐和盐焗鸡粉等，味道咸香、口感鲜嫩。2013 年，客家盐焗鸡制作技艺被列入广东省省级非物质文化遗产代表性项目保护名录。2015 年，盐焗鸡烹饪技艺被列入惠州市第六批市级非物质文化遗产名录。

2. 制作原料

主料：三黄鸡 1 只（1.25kg）。

料头：姜片 10g、葱条 10g、香菜 25g。

调料：粗盐 3kg、盐焗鸡粉 1 袋、味精 12g、八角粉 2g、料酒 10g、沙姜粉 5g、老抽 2g、猪油 50g、硅油纸 3 张。

3. 工艺流程

原料初加工→腌制→用硅油纸包裹→加热→拆解装盘→配蘸料成菜。

4. 制作流程

（1）将三黄鸡洗净，吊起，晾干表面水分。

（2）用盐焗鸡粉 10g、沙姜粉 5g 涂匀鸡身内外，先把姜片 10g、葱条 10g、八角粉 2g 和料酒 10g 搓匀，放入鸡腹腔内，再用老抽 2g 涂匀鸡的表皮。

（3）把硅油纸铺平，其中两张扫上猪油，把鸡放在硅油纸上，分别包第一层和第二层，第三层用没有扫猪油的硅油纸包裹。

（4）把粗盐 3kg 放入锅中，用猛火加热，边加热边不时翻炒，炒至灼热时，扒开盐的中心，把包裹好的鸡埋入，把周围的盐拨回，加盖，把锅端离火位焗片刻。当盐的温度降得太低时，重新炒热盐后再焗，直到把鸡焗熟（大约需要焗 30 分钟）为止。

（5）把鸡取出，去掉硅油纸，斩件（亦可扒下鸡皮，将肉撕成条，骨拆散），放在盘上堆砌成鸡的形状，香菜放在鸡的两边即成，上席时跟盐焗鸡粉及花生油调制的蘸料即可。

5. 重点过程图解

盐焗鸡重点过程图解如图5-4-1~图5-4-7所示。

图5-4-1 腌制鸡

图5-4-2 包裹鸡

图5-4-3 炒热盐

图5-4-4 放入包好的鸡

图5-4-5 用盐盖住

图5-4-6 小火加热

6. 操作要点

（1）宜选用未下过蛋的"三黄"肥嫩母鸡做主料，其肉质细嫩、滋味鲜美。

（2）在包裹原料时，应选用细薄的硅油纸，耐高温且透气性好，并将原料包裹整齐严密，不可太松以防盐粒进入菜肴内部。

（3）盐焗的用盐量要适当，必须能把整只鸡完整地埋住。

图5-4-6 装盘成菜

（4）炒盐时要炒够温度，一般要炒至盐发出"啪啪"的响声，温度在120℃以上才符合标准。

（5）炒制时切忌混入油渍、异味，否则会严重影响菜肴质量。

（6）盐焗时，先放部分热盐垫底，摆上原料后，再撒上大量热盐，加上盖。为防止盐温过快下降，可把砂锅放在小火上，每隔10多分钟翻动一次。

7. 质量标准

盐焗鸡质量标准见表5-4-1所列。

表5-4-1 盐焗鸡质量标准

评价要素	评价标准	配分
味道	骨香味浓、香浓味鲜	
质感	皮爽肉嫩、质地酥烂	
刀工	刀工精细、符合标准	
色彩	色泽金黄、皮黄肉白	
造型	成型美观、呈堆砌型	
卫生	操作过程、菜肴装盘符合卫生标准	

微课 盐焗鸡的制作

教你一招

巧做盐焗鸡

传统盐焗鸡风味独特、诱人食欲，然而，不少家庭因为没有烤箱或大砂锅的厨具，缺少制作传统盐焗鸡的条件。我们可用电饭锅解决这一难题，操作方法如下。

首先，按制作传统盐焗鸡的方法将光鸡腌制入味，然后在电饭锅底部均匀刷一层油，把姜、葱铺好，放入腌好的光鸡，按"煮饭"按钮，当开关跳起后翻面，放置几分钟后再按"煮饭"按钮。时间到后不开盖，焖 15 分钟即可。

拓展阅读

盐焗鸡的传承与发展

300 多年前，广东东江首府归善县（今惠州地区）沿海一带盐业发达，大批客商蜂拥而至，当地的菜馆争相选用自家最好的菜肴来款待这些商贾。最初，盐场的人把煮熟的鸡用纸包好，放入盐堆中储存，后取出食用，发现鸡肉鲜美。后来，当地的客家人借鉴古代中原的"燔""增"等古法，借取"叫花鸡"的制作手法，改用烧红的热盐代替冷盐，把腌制入味的生鸡放入盐内"焗"制，取得了味香浓郁、皮爽肉滑、色泽微黄、皮脆肉嫩、骨肉鲜香、风味诱人的独特风味效果。盐焗鸡现已成为享誉国内外的经典菜式。

经历代厨师不断改良创新，盐焗鸡的烹饪方法不断创新，出现了正宗盐焗鸡、东江盐焗鸡、砂锅盐焗鸡等不同的种类，加热器具也由最初的铁锅发展到烤箱、焗炉、砂锅等系列器具，衍生出盐焗乳鸽、沙姜盐焗鹅、荷香盐焗鸭、盐焗鸡腰子、盐焗鹌鹑、盐焗大虾、盐焗鲩鱼头等一系列菜肴。

实践菜例 ❷   姜葱焗花蟹

1. 菜肴简介

姜葱焗花蟹是以花蟹为主料，配以生姜、大葱、蚝油、鲜汤焗制而成，味道鲜美。

2. 制作原料

主料：花蟹 750g。

料头：姜丝 50g、葱度 100g。

调料：精盐 2g、白糖 3g、蚝油 20g、料酒 15g、二汤 150g、生粉 10g、胡椒粉 1g、植物油 1.5kg（实耗 50g）。

3. 工艺流程

螃蟹宰杀洗净→斩件→切配料头→过油→焗制→收汁→出锅装盘

4. 制作流程

（1）将花蟹洗净，取出蟹盖，去肺腮，刷洗腹部，砍成块状。

（2）将蟹块撒上生粉，入6成热油锅中炸至蟹身变硬变红，捞起沥油。

（3）锅中留少许油，爆香葱度、姜丝，加入料酒，放入过油的花蟹翻炒后下二汤、蚝油、精盐，盖上锅盖将花蟹中火焗制3分钟，待汁收浓稠，加入葱度、撒胡椒粉、淋尾油出锅装盘即可。

5. 重点过程图解

姜葱焗花蟹重点过程图解如图5-4-8～图5-4-12所示。

图5-4-8　斩块去鳃　　　　图5-4-9　调味腌制　　　　图5-4-10　过油炸蟹

图5-4-11　炒制　　　　图5-4-12　装盘成菜

6. 操作要点

（1）花蟹在油炸前拍一些生粉，焗制效果更佳。

（2）花蟹油炸时的油温要高，达180℃以上，能较好地保持蟹肉滑嫩的质感。

（3）花蟹本身有咸味，调味时注意咸味调料投放的数量，否则容易造成菜肴过咸。

7. 质量标准

姜葱焗花蟹质量标准见表5-4-2所列。

表5-4-2　姜葱焗花蟹质量标准

评价要素	评价标准	配分
味道	鲜美汁浓，口味鲜甜	
质感	棱角分明、错落有致	
刀工	刀工精细、成型均匀	
色彩	色泽红亮、五彩缤纷	
造型	成型美观、呈堆砌型	
卫生	操作过程、菜肴装盘符合卫生标准	

微课　姜葱焗花蟹的制作

教你一招

烹饪螃蟹小诀窍

螃蟹在烹调前，用盐水浸泡半小时可以使螃蟹吐出体内的一些脏物，这样蒸出来的螃蟹肉质更嫩、味道更鲜。蒸螃蟹时，把螃蟹腹部朝上，这样螃蟹不但熟得快，而且蟹黄也不易溢出。在蒸制整只螃蟹时，用筷子插入螃蟹腹部，将螃蟹杀死，这样蒸出来的螃蟹不容易掉爪。蒸螃蟹时，先在水中加入适量的黄酒，再放上几片薄荷叶，能有效去除螃蟹的腥味。

拓展阅读

第一个吃螃蟹的人

在我国，"蟹文化"融入中华民族的历史文化洪流中。大量考古发现，5000多年前的太湖流域良渚文化、上海地区崧泽文化的遗址里均有大量的蟹壳，这表明中国人吃蟹的历史十分悠久。

相传几千年前，大禹在江南治水，派壮士巴解督工，治水期间人们饱受一种双螯八足、形状凶恶的甲壳虫侵扰，严重妨碍治水工程。它不仅偷吃稻谷，还会用螯伤人，人们把它称为"夹人虫"。后来巴解想出一法，用沸水烫死这些"夹人虫"。被烫死的"夹人虫"浑身通红，发出一股引人的鲜香。被香味吸引的巴解把"夹人虫"的甲壳瓣开，大着胆子咬了一口，谁知其味道鲜透，比什么东西都好吃，于是人人畏惧的害虫一下成了家喻户晓的美食。大家为了感激巴解，在解字下面加个虫字，称"夹人虫"为"蟹"，意思是巴解征服"夹人虫"，是天下第一个食蟹人。

如今，人们常常用"第一个吃螃蟹的人"比喻第一个敢于做某件事的人。

实践菜例 ❸ 威化焗排骨

1. 菜肴简介

威化焗排骨是一道色、香、味俱全的广东传统名菜。该菜肴的制作工艺及菜肴特点与淮扬菜的糖醋排骨相似，运用烧焗技法，用糖醋、葱蒜调味，成菜琥珀油亮、干香滋润、甜酸醇厚，是一款极好的开胃菜，颇受人们喜爱。

2. 制作原料

主料：猪排骨 500g。

辅料：虾片 12 片。

料头：姜片 5g、葱条 5g。

调料：精盐 3g、味精 1g、绍酒 10g、八角 1 粒、桂皮 5g、自制酸甜汁 300g、植物油

1500g（实耗 75g）。

3. 工艺流程

排骨洗净斩件→腌制→过油→加酸甜汁调味焗制→收汁→装盘成菜。

4. 制作流程

（1）将排骨横斩成长约 6cm 的段，洗净后放入盆内，加入精盐 3g、味精 1g、绍酒 10g、姜片 5g、葱条 5g 腌制 10 分钟。

（2）烧锅下油，当烧至 180℃ 左右时，放入腌好的排骨炸至颜色微黄，捞出沥油后放入虾片炸制起发捞出备用。

（3）锅留底油，下入自制酸甜汁、八角、桂皮、清水 750g，放入排骨，旺火烧沸后，转为慢火焗至排骨熟烂，卤汁黏稠时加尾油翻拌均匀。将排骨装入碟中，用炸好的虾片围边即成。

5. 重点过程图解

威化焗排骨重点过程图解如图 5－4－13～图 5－4－18 所示。

图 5－4－13 食材准备　　图 5－4－14 排骨斩断　　图 5－4－15 排骨腌制

图 5－4－16 排骨炸制　　图 5－4－17 焗制入味　　图 5－4－18 装盘成菜

6. 操作要点

（1）排骨过油时油温要高，要油炸至表面微黄，这样焗制出来的排骨表面才黏稠光亮。

（2）加热要充分，保证菜肴质感熟烂、味透肌理。

7. 质量标准

威化焗排骨质量标准见表 5－4－3 所列。

表 5－4－3　威化焗排骨质量标准

评价要素	评价标准	配分
味道	酸甜适口、威化软糯	
质感	外脆里嫩、质块柔韧	

（续表）

评价要素	评价标准	配分
刀工	刀工精细，成型均匀	
色彩	色泽红亮、绚丽夺目	
造型	成型美观、呈堆砌型	
卫生	操作过程、菜肴装盘符合卫生标准	

教你一招

烹饪排骨小秘诀

排骨营养丰富，含有大量优质蛋白质、磷酸钙、骨胶原，口感鲜嫩，很受人们喜爱。在烹饪排骨时，使用两个小秘诀，做出的排骨不腥不柴。第一个小秘诀：浸泡。排骨中的血水含有一定的腥味，处理不好会影响菜肴色泽。除焯水外，我们可以在清水中加入适量的盐，将其搅拌至溶化之后，把排骨放进去浸泡15分钟，先用手搅动，再用清水重复清洗几遍就能有效去除排骨中的血水了。第二个小秘诀：腌制。在排骨里面加点食盐、葱、姜和料酒，用手搅拌均匀，到排骨表面产生黏糊感即可。这样腌制后的排骨不但入味，而且能大大改善排骨的口感，做出的排骨不腥不柴。

拓展阅读

舌尖上的非遗——无锡三凤桥排骨

无锡三凤桥排骨，俗称无锡肉骨头，它有着近140年的历史，是第一批"中华老字号"之一，其烹制工艺被列入首批江苏省非遗名录，是江苏省无锡市的一道传统名菜，为无锡市著名的三大特产之一。这道菜肴以色泽酱红、滋味醇真、甜咸适中、骨酥肉烂、风味独特而著称，被称为"江南一绝"。

无锡三凤桥排骨产生于清朝光绪年间，无锡南门莫盛兴饭馆为了充分利用剩下的背脊和胸肋骨，加入调味佐料，煮透焖酥，起名为酱排骨，当作下酒菜出售。无锡三凤桥排骨的烹制方法与威化焗排骨的烹制方法非常相似，口味略有不同。无锡三凤桥排骨选取三夹精的草排为原料，肋排经过腌制入味、油炸后，用黄豆酱油、绵白糖、老窖黄酒、鲜汤，还有葱、姜、茴香、丁香、肉桂等烹调而成。其中，老汤是该菜肴制作的关键，这碗在熬煮过程中加入的老汤已有百余年历史，它是制作无锡三凤桥排骨的秘密武器。该菜肴成菜色泽红润、香味浓郁、骨酥肉烂、咸中带甜，无论冷盘下酒，还是热菜下饭，均相适宜，是最能代表无锡的美食。

知识归纳

热菜烹调技法——焗

▶ **技法概念**

焗是指原料经腌制入味后，以盐、汤汁或空气为导热体，将原料加热至酥烂或熟嫩的烹调方法，成菜强调原汁原味、汁浓嫩滑。

焗法原是西餐的一种烹调方法，是在已处理至熟的原料中加上糊汁或奶油面浆等料后，放入烘炉中，加热至熟而成菜的烹调方法。用这种方法制作的菜肴具有色金黄、汁少而浓香、原汁原味和肉料嫩滑等特点。粤菜吸取了西餐烹调的精华，结合本地实际，不断实践，总结形成具有粤菜特色的一种烹调方法——焗。

▶ **技法特点**

（1）焗法多数使用动物性原料，尤以禽类为主。

（2）为除异味、增香味，原料在焗制之前都必须用调料腌制，腌制时间根据原料特点及菜肴的质量要求而定。

（3）焗制菜肴具有原汁原味、浓香厚味等特点。

▶ **技法分类**

根据焗所用导热体的不同，焗法可分为盐焗、汤焗两种。各种焗法的对比见表5-4-4所列。

表 5-4-4　各种焗法的对比

种类	定义	工艺流程	特点
盐焗	是将加工腌制入味的原料用硅油纸包裹，埋入烧红的晶体粗盐之中，利用盐导热的特性，对原料进行加热成菜的焗法	选料→腌制→包裹→埋入热盐堆中焗制→装盘	皮脆骨酥、肉质鲜嫩、干香味厚
汤焗	是生料先经腌制调味，再经初步熟处理，放入锅内，加入适量兑好的汤汁，加盖，用中火加热至原料熟透入味而成菜的焗法	选料→腌制→油炸→加汤焗制→装盘	原汁原味、滚烫热乎、馥郁浓香

▶ **做一做**

学生分组协作，首先完成实践菜例的工作方案书，然后到实训室以小组合作的方式完成实践菜例的制作，最后根据操作过程完成实践菜例的实验报告。

▶ **知识拓展**

1. 东江盐焗鸡与正宗盐焗鸡是盐焗鸡的两大流派，了解二者的由来，以及制作工艺、风味特色的异同。

2. 收集除盐焗鸡外的盐焗菜肴 3 道，写出它们的制作原料、制作工艺、操作要领和风味特色。

📖 思考与练习

一、填空题

1. 焗是指原料经_____后，以_____或空气为导热体，将原料加热至酥烂或熟嫩的烹调方法，成菜强调_____、_____。

2. 焗有_____、_____两种。

3. 用砂锅焗的原料，以_____为主。

二、选择题

1. 盐焗以（　　）为传热介质导热。

A. 水　　　　　　　B. 油　　　　　　　C. 盐　　　　　　　D. 蒸汽

2. 焗菜具有（　　）、浓香厚味等特点。

A. 表皮酥脆　　　　B. 原汁原味　　　　C. 外焦里嫩　　　　D. 软烂脱骨

3. 盐焗鸡属于（　　）。

A. 粤菜　　　　　　B. 川菜　　　　　　C. 淮扬菜　　　　　D. 客家菜

4. 姜葱焗花蟹加工的技法采用的是（　　）。

A. 盐焗　　　　　　B. 汤焗　　　　　　C. 黄焖　　　　　　D. 爆炒

5. 威化焗排骨加工的技法采用的是（　　）。

A. 盐焗　　　　　　B. 汤焗　　　　　　C. 黄焖　　　　　　D. 爆炒

三、判断题

1. 焗是一种烹调方法，是以汤汁与蒸汽或盐或热的气体为导热媒介，将经腌制的物料或半成品加热至熟而成菜的烹调方法。（　　）

2. 焗有砂锅焗、鼎上焗、烤炉焗及盐焗四种。（　　）

3. 用砂锅焗的原料，以生料为主。（　　）

4. 威化焗排骨加工的技法采用的是黄焖。（　　）

5. 焗菜具有表皮酥脆、浓香厚味等特点。（　　）

四、简答题

1. 按烹调方法的不同，盐焗鸡采用的是哪种烹调技法？其特点是什么？

2. 焗的定义是什么？

五、叙述题

叙述盐焗鸡的制作原料、制作流程、注意事项及成品特点。

任务5　煀菜制作

☆ 了解煀的概念、特点、操作关键及分类。

☆ 掌握实践菜例的制作工艺。

☆ 能运用煀法完成实践菜例的制作。

☆ 养成规范操作的习惯，培养注重食品卫生的安全意识。

实践菜例　生啫鱼头

1. 菜肴简介

生啫鱼头是广东的传统风味名菜，选用鳙鱼头做主料，配以精心调制的煲仔酱，采用砂锅作为烹调器具，运用"砂锅煀"的技法制作而成。该菜肴在烹调过程中不加水，充分利用生啫酱料的味道，最大限度地保持了食物本身的鲜嫩。尤其是上席揭盖后的"啫啫"声，以及随之四散的香味，在尚未动口前就已让听觉和嗅觉得到了完美的满足。

2. 制作原料

主料：鳙鱼头 1kg。

料头：干葱头 75g、姜片 15g、葱榄 10g、大蒜 25g、香菜段 15g、姜块 10g、葱条 10g。

调料：精盐 5g、味精 5g、干淀粉 5g、绍酒 10g、枧水 5g、自制煲仔酱 75g、干葱头 100g、陈皮 2g、花椒 2g。

3. 工艺流程

鱼头洗净斩件→腌制→切配料头→煀制→成菜。

4. 制作流程

(1) 将鳙鱼头去除腮、黑衣，洗净，斩成 50g 左右的件；干葱头去除外皮，用刀拍裂，姜洗净去皮切成姜片，葱洗净切成葱榄，陈皮洗净切成米粒状，大蒜洗净备用。

(2) 将鱼头放入大碗中，加入精盐 5g、味精 5g、姜块 10g、葱条 10g、花椒 2g、枧水 5g、清水 150g 腌制 10 分钟，随后用厨房用纸将鱼头水分吸干，加入葱榄、姜片、陈皮米、干淀粉、自制煲仔酱拌匀。

(3) 将砂锅里放入少许油烧热，先放入干葱头、大蒜垫底，再将鱼头整齐地摆放在上面，淋上绍酒，加盖，随后入煲仔炉加热10分钟，上席时撒上香菜段即可。

5. 重点过程图解

生啫鱼头重点过程图解如图5-5-1～图5-5-7所示。

图5-5-1 鱼头斩件

图5-5-2 吸干表面水分

图5-5-3 腌制鱼头块

图5-5-4 煸炒料头

图5-5-5 摆放鱼头块

图5-5-6 烹入白兰地

6. 操作要点

（1）煲仔酱的调制是菜肴口味的关键。

（2）鱼块叠放时不能压得太紧，否则容易出现生熟不一的情况。

（3）准确运用火候。生啫菜肴在烹调时不加入任何汤汁或清水，完全靠自身的水分加热时产生的蒸汽制熟，砂锅上气后应改用中小火加热，菜肴成熟即可，避免菜肴焦化。

图5-5-7 啫好成菜

7. 质量标准

生啫鱼头质量标准见表5-5-1所列。

表5-5-1 生啫鱼头质量标准

评价要素	评价标准	配分
味道	酸甜适口、威化软糯	
质感	外脆里嫩、质块柔韧	
刀工	刀工精细、成型均匀	
色彩	色泽红亮、绚丽夺目	
造型	成型美观、呈堆砌型	
卫生	操作过程、菜肴装盘符合卫生标准	

微课 生啫鱼头的制作

教你一招

煲仔酱调制工艺

原料：柱侯酱 500g、海鲜酱 150g、芝麻酱 60g、花生酱 60g、南乳 50g、白糖 50g、鸡粉 10g、蚝油 25g、干葱蓉 30g、蒜蓉 30g、绍兴花雕酒 60g、陈皮末 10g、八角粉 10g、沙姜粉 10g、淡汤 250g、三合油 500g。

制法：

（1）起锅下入植物油 500g，放入香葱、干葱头、香菜各 25g，小火炸至颜色焦黄，过滤成三合油。

（2）烧锅下入三合油 150g，爆香干葱蓉和蒜蓉，倒入柱侯酱、海鲜酱、芝麻酱、花生酱、南乳、腐乳、白糖、绍兴花雕酒、陈皮末、八角粉、沙姜粉、淡汤，不断慢火翻铲，待白糖完全溶解和汁酱煮滚便可。起锅封三合油 150g 即成。

拓展阅读

粤菜美食的奇葩——啫啫菜

"啫啫"是粤菜独有的烹调方式。"啫啫"实际是拟声词，生料放于砂锅中，经过极高温的烧焗后，砂锅中的汤汁快速蒸发而发出"嗞嗞"声，"嗞嗞"的粤语发音为"啫啫"，啫啫菜由此而得其名。啫啫菜的具体做法是，先将砂锅烧至透热，放入油加热至冒轻烟，放入料头爆香，再放入肉料，随即盖上盖，加热，在盖子边缘淋入绍兴花雕酒令其更香。待至烟起，改中火至菜成。

啫啫菜的由来与 20 世纪 40 年代广州白云山下的"梁孟记"的食肆有关。该食肆老板梁孟在利用砂锅制作菜肴时，偶然发现，在油多火猛时，菜中的水与油就会因急剧受热而产生"吱吱"的声音，非常趣致，于是灵机一动创出了一道叫作"啫啫鸡"的名菜来。几十年来，"啫啫鸡"并没有广泛流传。到了 80 年代中期以后，"新派粤菜"由香港传回广州，各类酱汁在"新派粤菜"被广泛应用，不但应和古人"酱率百味而行"的道理，而且可以让美味简单化、味道统一化。只要预先将酱汁配好，不论大厨、小厨均可以制作出有水准的美食来。酱汁利用高温生香，与"啫啫"的制作不谋而合。于是，这种原来只是一种趣味的烹调方法被重新起用了。脆、爽、鲜、嫩、热气腾腾是啫啫菜带给人们的美食享受，它很好地演绎着粤菜中"镬气"的概念。有些厨师直接将整道菜肴烹调到七八成熟后倒入煲中上桌，砂锅纯粹充当"装盘"的角色而少了啫啫菜独有的"镬气"，此属偷工减料的做法。

知识归纳

热菜烹调技法——焗

▶ 技法概念

　　焗是指将经过腌制的生料放于砂锅中，放火上加热，利用砂锅的高温及原料本身水分产生的水蒸气使原料成熟的烹调方法。

　　焗与焖都是盖盖而烹的烹调方法，却又各自拥有精妙之处。焖以汁多火微为手法，追求的是肉质绵软的效果；而焗以汁少火猛为特点，追求的是锅香气回渗入食物的效果，耗时短。一般而言，焗可以"生焗"或"熟焗"，两者的区别在于原料在加热前是否经过熟处理，但"生焗"无论香味及肉质都较"熟焗"的好，所以惯常以"生焗"为多。

▶ 技法特点

　　（1）制作焗菜的原料千变万化，要求质地新鲜、脆嫩肥厚。

　　（2）焗法讲究调味，擅用酱料。海鲜和鸡适合清啫，突出食材本味；有腥膻异味的原料，如黄鳝或大肠等，配以"啫酱"用于辟腥；啫牛肉专用黑椒汁或沙嗲汁。

　　（3）掌握火候是关键。不同的食材，火候也各有不同。总的原则是：质地越小、越细嫩的原料越要文武火，水分含量大的原料一类要大火。

▶ 技法分类

　　按原料加热前经初步熟处理与否，焗可分为生焗、熟焗两种。各种焗法的对比见表 5-5-2 所列。

表 5-5-2　各种焗法的对比

种类	定义	工艺流程	特点
生焗	是将经过腌制的生料放于砂锅中，放火上加热，利用砂锅的高温及原料本身水分产生的水蒸气使原料成熟的焗法	选料→腌制→放入砂锅→加热→成菜	脆、爽、鲜、嫩、锅气浓郁
熟焗	是将经过熟处理的熟料放于砂锅中，放火上加热，利用砂锅的高温及原料本身水分产生的水蒸气使原料成熟的焗法	选料→初步熟处理→放入砂锅→加热→成菜	脆、爽、鲜、嫩、锅气浓郁

▶ 做一做

　　学生分组协作，首先完成实践菜例的工作方案书，然后到实训室以小组合作方式完成实践菜例的制作，最后根据操作过程完成实践菜例的实验报告。

知识拓展

1. 通过查找网络资料、翻阅专业书籍等方式，进一步了解焗法的由来、技法特点、操作要领、种类等。

2. 收集 3 道生啧鱼头以外的焗菜，写出它们的制作原料、制作工艺、操作要领和风味特色。

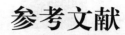

参考文献

［1］潘东潮，魏峰.中华年节食观［M］.武汉：湖北科学技术出版社，2012.

［2］潘英俊，周国潮.粤菜宝典·砧板篇［M］.广州：岭南美术出版社，2008.

［3］邵建华.粤菜烹调教程［M］.沈阳：辽宁科学技术出版社，1997.

附录 1 中式基础汤制作配方

一、顶汤

原料：梅肉 5kg、老母鸡 5kg，老鸽子 5 只、老鸭 5kg、金华火腿 2.5kg、清水 25kg、味精 100g。

制法：用开水将梅肉、老母鸡和金华火腿焯水后，和清水一起放入钢桶内，先猛火煮滚，再改为慢火熬约 5 小时，熬至汤水得 20kg 时，用滤网滤渣留汤，最后调入味精即可。

用途：烹制鲍、参、肚等高档菜。

二、上汤

原料：梅肉 6kg、老母鸡 2kg、金华火腿 1.5kg、清水 15kg、味精 120g、精盐 40g。

制法：用开水将梅肉、老母鸡和金华火腿焯水后，和清水一起放入钢桶内，先猛火煮滚，再改为慢火熬约 5 小时，熬至汤水得 10kg 时，用滤网滤渣留汤，最后调入味精即可。

用途：烹制各类高档菜。

三、二汤

原料：熬完上汤的原料、猪骨 2kg、鸡鸭骨 1.5kg、清水 12kg、白糖 50g、精盐 75g。

制法：待上汤熬好后，随即捞起熬完上汤的汤渣，先放入钢桶内并加入已焯过水的猪骨、鸡鸭骨和清水，再用慢火细熬约 3 小时。待汤水得 10kg 时，用滤网滤去汤渣，调入调料便可使用。

用途：适用于各种中档菜。

四、奶汤

原料：老母鸡 2.5kg、猪骨 1.5kg、老鸭 2.5kg、猪蹄膀 1kg、清水 15kg。

制法：先将老母鸡、猪骨、老鸭、猪蹄膀焯水洗净，放入钢桶中，再加入清水，盖上桶盖，用猛火煲滚，在汤水将近煲滚的过程中，须撇净浮面的泡沫，继续加热 8 小时，待原料极烂，得奶汤 10kg 时，用滤网滤去汤渣，用时可适当调味。

用途：适用于各种需要奶白色汤水的菜肴。

五、红汤

原料：淡二汤 500g、蚝油 50g、精盐 10g、味精 10g、生抽 20g、老抽 10g，白糖 30g。

制法：将所有原料放入锅内慢火煮沸即可。

用途：适用于各种中档菜肴。

六、素上汤（1）

原料：黄豆 500g、红枣 100g、干草菇 50g、冬菇柄 50g、板栗肉 200g、原粒胡椒 10g、清水 10kg、白糖 50g。

制法：首先将干草菇和冬菇柄用温水浸软，红枣和栗子肉洗净，黄豆用温水浸泡 2 小时使其泡发。然后将清水烧沸，放入黄豆、红枣、干草菇、冬菇柄、板栗肉和原粒胡椒，慢火熬煮约 3 小时，待汤水得 5kg 时，用滤网滤去汤渣并调入白糖便可。

用途：适用于素菜类菜肴。

七、素上汤（2）

原料：竹笋 1kg、香菇柄 250g、黄豆芽 1kg、板栗 500g、清水 5kg、白糖 10g、精盐 5g。

制法：将竹笋肉、香菇柄、黄豆芽、板栗肉和清水放入钢桶中，先用猛火煮滚，再用慢火细熬约 1 小时，最后用滤网滤清杂质，调入白糖和精盐即可。

用途：适用于素菜类菜肴。

附录 2 常用原料腌制配方

一、腌猪肉片（丁、丝）

原料：猪里脊肉 500g、食粉 2.5g、味精 3g、精盐 5g、白糖 2g、生粉 15g、嫩肉粉 10g、蛋清 75g、清水 25g、生油 50g。

制法：将猪里脊肉的肉筋剔去，刀工成型，用清水洗净，控干水，调入食粉、嫩肉粉、味精、精盐、白糖搅拌上劲，分次加入蛋清浆拌匀，用保鲜盒盛起，以生油封面，置入冰箱冷藏即可。

用途：适用于时菜肉片等菜肴。

二、腌牛肉片（丁、丝）

原料：牛肉片 500g、食粉 5g、嫩肉粉 2.5g、姜汁 5g、精盐 2g、味精 3g、生抽 8g、生粉 16g、清水 50g、生油 100g。

制法：将牛肉片装入大碗中，加入精盐、味精、生抽、姜汁、食粉、嫩肉粉，顺一个方向搅拌，至牛肉上劲后，先加入生粉，再将清水分 3 次加入牛肉中，搅拌均匀，最后放入生油 100g 盖面，置入冰箱冷藏 1 小时即可。

用途：适用于蚝油牛肉等菜肴。

三、腌鸡肉片（丁、丝）

原料：鸡脯肉 500g、食粉 3g、味精 3g、精盐 5g、白糖 2g、生粉 20g、蛋清 50g、清水 25g、生油 50g。

制法：鸡脯肉刀工成形，用清水洗净，控干水，调入食粉、味精、精盐、白糖搅拌上劲，分次加入蛋清浆拌匀，用保鲜盒盛起，以生油封面，置入冰箱冷藏即可。

用途：适用于冬笋炒鸡片等菜肴。

四、腌羊肉

原料：羊肉眼肉 500g、嫩肉粉 4g、食粉 2.5g、美极鲜酱油 10g、味精 3g、精盐 5g、鸡精 2.5g、鸡蛋 25g、清水 75g、鹰粟粉 15g、生油 200g。

制法：将羊肉眼肉横纹切成厚片，放入食粉、美极鲜酱油、味精、精盐、鸡精、鸡蛋、清水和鹰粟粉拌匀，用保鲜盒盛起，以生油封面，置入冰箱腌制约 1 小时便可。

用途：适用于大葱炒羊肉、涮羊肉等菜肴。

五、腌鱼片（丁、丝）

原料：鱼片 500g、食粉 5g、精盐 5g、味精 3g、生粉 20g、鸡蛋清 25g、清水 15g。

制法：将清水 10g 放入碗中，加入生粉调匀，放入鸡蛋清，用筷子打散。向鱼片中加入精盐 2g、食粉 5g，顺一个方向搅拌、抓匀，放置 5 分钟，入清水漂 10 分钟。将鱼片表面水分吸干，放入碗中，加入精盐 3g、味精 3g，再次搅拌上劲，将蛋清浆分 3 次加入鱼片，搅拌均匀，最后放入生油 100g 盖面，置入冰箱冷藏 1 小时即可。

用途：适用于滑溜鱼片等菜肴。

六、腌黄鳝片

原料：黄鳝片 500g、食粉 2.5g、陈皮丝 3g、精盐 5g、味精 3g。

制法：将黄鳝片血水洗净，用毛巾吸干水分，并用食粉与陈皮丝拌匀，腌制约 10 分钟。之后调入精盐和味精拌匀，再腌制约 5 分钟即可。

用途：适用于豉椒鳝片等菜肴。

七、腌爽肚

原料：猪肚尖 500g、食粉或陈村枧水 25g、清水 500g。

制法：将洗净的猪肚尖放入盆中，先加入食粉或陈村枧水、清水，腌制约 60 分钟，再用清水漂清碱味，待猪肚尖发起时，取出切片即可。

用途：适用于豉汁尖椒炒爽肚。

八、腌鸡肫（鸭肫）

原料：鸡肫或鸭肫 500g、精盐 5g、味精 2g、鸡精 2g、鸡蛋 25g、生粉 15g。

制法：在鸡肫或鸭肫膜后剞上"十"字花刀，调入精盐、味精、鸡精、鸡蛋和生粉拌匀，置入冰箱冷藏腌制约 1 小时后可用。

用途：适用于油泡鸡肫等菜肴。

九、腌虾仁（球）

原料：虾仁 500g、食粉 10g（或陈村枧水 15g）、清水 150g、精盐 3g、味精 1g、鹰粟粉 8g、蛋清 20g、胡椒粉 0.5g、芝麻油 2g、生油 100g。

制法：将虾仁用淡盐水浸过表面，不断搅动，洗去虾青素，挑去虾肠。先加入食粉（或陈村枧水）、清水 150g，腌制约 15 分钟后放入清水中冲漂 1 小时，漂清碱味，再用厨房用纸吸干表面水分，最后加入精盐、味精、鹰粟粉、胡椒粉、芝麻油拌匀，以生油封面，置入冰箱冷藏 1 小时即可使用。

用途：适用于油泡虾球等菜肴。

十、腌带子

原料：冻带子 500g、食粉 3g 或陈村枧水 5g、精盐 3g、味精 2g、生粉 10g、白糖 1g、鸡蛋清 30g、生油 150g。

制法：将冻带子解冻，先用食粉或陈村枧水腌制约 1 小时，再用清水漂清碱味。随后用干毛巾吸干水分，调入精盐、味精、白糖、生粉及鸡蛋清拌匀，以生油盖面，用保鲜盒盛好，置入冰箱冷藏备用。

用途：适用于碧绿鲜带子等菜肴。

十一、腌响螺片

原料：响螺头 500g、食粉 35g、味精 3g、精盐 5g、嫩肉粉 2g、鹰粟粉 10g、鸡蛋清 30g、生油 150g。

制法：将响螺头切成片，先用食粉开水浸过面，腌制约 20 分钟，再用清水漂清碱味。随后调入味精、精盐、嫩肉粉、鹰粟粉、鸡蛋清拌匀，用保鲜盒盛起，以生油封面，置入冰箱冷藏备用。

用途：适用于葡汁响螺片等菜肴。

十二、腌花枝片

原料：鲜墨鱼 500g、精盐 3g、食粉 7.5g、味精 2g、鹰粟粉 15g、芝麻油 3g、胡椒粉 1g。

制法：鲜墨鱼改刀成片，放在盆中，加入食粉，以过面水浸腌 30 分钟。随后用清水漂去碱味，以爽身为度。将鲜墨鱼捞起并用干毛巾吸干水分，调入精盐、味精、鹰粟粉、芝麻油、胡椒粉拌匀，以生油盖面，放入冰箱冷藏即可。

用途：适用于碧绿花枝片等菜肴。

附录3 常用馅料及胶体制作配方

一、虾胶

原料：淡水虾仁500g、精盐5g、味精2g、澄面5g、鹰粟粉5g、肥肉100g、胡椒粉2g、芝麻油1g。

制法：将虾仁放入淡盐水中浸泡约5分钟，取出，用厨房用纸吸干水分后，将虾仁放在有猪皮的砧板上先用刀压烂，再用刀略剁几下。将肥肉切成黄豆般的细粒与虾肉放入盆中，将精盐、味精、澄面、鹰粟粉、胡椒粉、芝麻油调入，顺一个方向搅拌上劲即可。

用途：适用于百花酿丝瓜等菜肴。

二、爽口鱼胶

原料：鲮鱼（或花鲢、草鱼）蓉500g、鸡蛋清100g、精盐10g、味精5g、鹰粟粉10g。

制法：首先用刀或竹片刮出鱼蓉，至见红色鱼肉为止，约得鱼蓉500g，将鱼蓉放在有猪皮的砧板上用刀略剁，斩断筋膜。其次将其装入挤袋，洗去血水，挤出水分。然后将"鲮鱼青"放入盆中，调入精盐、味精，用手顺一个方向搅拌推搓至起胶性，加入鸡蛋清、鹰粟粉拌匀，摔挞至表面充分光滑有光泽即可。

用途：适用于清汤爽口鱼丸等菜肴。

三、嫩性鱼胶

原料：花鲢或草鱼蓉500g、清水600g、姜汁5g、精盐15g、味精3g、猪油20g、绍兴花雕酒15g。

制法：首先将鱼蓉放在有猪皮的砧板上用刀略剁，斩断筋膜。其次将其装入挤袋，洗去血水，挤出水分。然后将鱼蓉放入盆中，分2～3次加入清水及精盐，顺一个方向搅打，搅打至鱼蓉呈黏性及起细眼。将鱼泥置于阴凉处（不超过15℃）让它自然发胀，约25分钟之后，鱼泥发胀，加入绍兴花雕酒、猪油、姜汁及味精，顺一个方向搅拌均匀即可。

用途：适用于清汤鱼丸等菜肴。

四、鱼腐

原料：鲮鱼（或花鲢、草鱼）蓉500g、精盐12g、味精4g、鸡蛋300g、清水250g、胡椒粉 2g、面粉或生粉 100g。

制法：将刮好的鱼蓉放入盆中，调入精盐、味精，用手顺一个方向搅拌至起胶，随之加入鸡蛋不断搅拌，至鱼蓉与鸡蛋相融，先逐步加入清水，打成幼滑状，再加入面粉或生粉拌匀即可。

用途：适用于鸡汁鱼腐扒菜心等菜肴。

五、墨鱼胶

原料：鲜墨鱼肉 500g、复合磷酸盐 3.5g、味啉 100g、味精 6g、精盐 5g、鸡蛋清 75g、胡椒粉 1g、芝麻油 3g。

制法：首先将墨鱼肉去外衣，放入搅拌机中搅成蓉。其次将墨鱼蓉装入挤袋，放入加有复合磷酸盐的冻水中浸泡 10 分钟（水量为 2500g），随后挤出水分。然后将墨鱼蓉放在盆中，加入味啉、精盐、鸡蛋清顺一个方向搅拌上劲后，摔打至墨鱼蓉表面光滑，加入味精、胡椒粉、芝麻油并搅拌均匀即可。

用途：适用于清汤墨鱼丸等菜肴。

六、猪肉馅

原料：梅肉 350g、肥肉 150g、食粉 1g、嫩肉粉 1g、精盐 6g、味精 3g、白糖 2g、生粉 25g、清水 100g。

制法：先将梅肉和肥肉在绞肉机中绞成肉蓉，再将其放入盆中，调入食粉、嫩肉粉、精盐、味精、白糖、生粉和清水顺一个方向搅拌均匀至起胶，可酌情加入笋、虾米、木耳、香菇、葱等辅料，用保鲜盒盛起，置入冰箱腌制约 30 分钟便可使用。

用途：适用于各类酿菜。

七、爽口猪肉丸

原料：猪前胛精瘦肉 500g、肥肉 100g、味精 3g、精盐 12g、白糖 2g、食粉 2g、胡椒粉 0.5g、生粉 50g、清水 125g。

制法：将肥肉切成米粒大小，精瘦肉用搅拌机搅成蓉，放入盆内，加入食粉、精盐、白糖、胡椒粉和味精，顺一个方向搅至起胶，用保鲜盒盛起，盖上盖，置入冰箱冷藏至少 4 小时，取出后摔打至表面光滑，挤成肉丸，用 90℃ 的热水浸熟即可。

用途：适用于爽口肉丸等菜肴。

八、潮州牛肉丸

原料：牛肉 500g、蒜汁 75g、精盐 7g、味精 5g、白糖 2g、食粉 1g、陈皮末 1g、胡椒粉 2g、生粉 75g。

制法：先将牛肉去筋，用两条呈三角形的铁铜打成蓉，用刀剁片刻。再将牛肉蓉放在大盆中，加入所有原料，顺一个方向搅拌、摔打上劲（以抽打为主）。将牛肉胶挤成丸子下入冷水盘中，并在冷水中"养"约 5 分钟，随后将牛肉丸放入 90℃ 的热水中，小火浸约 12 分钟致熟即可。

五、京都汁

原料：镇江香醋 2000g、大红浙醋 500g、白糖 900g、番茄酱 250g、清水 500g、精盐 50g、味精 50g。

制法：将原料放入汤桶中煮沸即可。

用途：适用于京都排骨等菜肴。

六、香槟汁

原料：香槟酒 1000g、七喜汽水 1000g、吉士粉 50g、味精 100g、白糖 50g、精盐 30g、鲜榨柠檬汁 250g。

制法：将所有原料放入锅内煮沸即可。

用途：适用于香槟骨等菜肴。

七、牛柳汁

原料：清水 500g、茄汁 300g、喼汁 50g、OK 汁 13 瓶、精盐 125g、白糖 200g、味粉 175g、牛尾汤 100g、美极鲜酱油 50g。

制法：将原料按照比例调均匀加热即可。

用途：适用于中式铁板牛柳等菜肴。

八、蚝油汁

原料：蚝油 1kg、白糖 50g、味精 20g、鸡精 10g、生抽 20g、老抽 30g、生油 30g。

制法：烧锅下油，将蚝油倒入锅内，加入白糖、味精、鸡精、生抽和老抽慢火烧沸即可。

用途：适用于蚝油芥菜等菜肴。

九、味水

原料：上汤 5kg、味精 600g、精盐 350g、白糖 175g、鸡精 75g。

制法：将原料按照比例调匀即可。

用途：适用于各式炒菜。

十、红烧汁

原料：柱侯酱 2.5kg、腐乳 300g、南乳 200g、花生酱 250g、芝麻酱 350g、咖喱粉 200g、紫金酱 200g、沙嗲酱 250g、海鲜酱 200g、蚝油 1000g、老抽 400g、沙茶酱 200g、OK 汁 500g、味精 250g、精盐 100g、白糖 150g、鸡精 50g、蒜蓉 500g。

制法：烧锅下油，将蒜蓉爆香，放入柱侯酱、腐乳、南乳、花生酱、芝麻酱、咖喱粉、紫金酱、沙嗲酱、海鲜酱、蚝油、老抽、沙茶酱、OK 汁及调料，烧沸即可。

用途：适用于红烧排骨等菜肴。

十一、广式鱼香汁

原料：豆瓣酱 500g、咸鱼 300g、淡二汤 400g、味精 10g、鸡精 15g、白糖 30g、绍酒 50g、蒜蓉 15g、姜米 10g、干葱蓉 15g、红椒米 20g、生油 150g。

制法：将咸鱼剁成鱼蓉并用油炒香，用滤网去油留渣。烧锅下油，爆香蒜蓉、姜米、干葱蓉和红椒米，接着加入豆瓣酱、咸鱼、淡二汤及调料，在锅上慢火煮沸即成。

用途：适用于鱼香茄子等菜式。

十二、广式怪味汁

原料：郫县豆瓣酱 50g、香醋 50g、白醋 50g、芝麻酱 200g、美极鲜酱油 200g、白糖 150g、花椒油 10g、芝麻油 10g、姜米 10g、蒜蓉 10g。

制法：烧锅下油，首先爆香姜米及蒜蓉，然后倒入郫县豆瓣酱、香醋、白醋、芝麻酱、美极鲜酱油、白糖、花椒油煮沸，最后加入芝麻油即成。

用途：适用于怪味鸡等菜肴。

十三、煎封汁

原料：淡上汤 1250g、喼汁 1000g、生抽 150g、白糖 50g、老抽 50g、味精 25g、精盐 25g。

制法：将原料混匀后，煮沸即成。

用途：适用于煎封鲳鱼、干煎大虾等菜肴。

十四、蒸鱼豉油

原料：生抽 1000g、清水 1500g、淡二汤 1000g、老抽 100g、鱼露 150g、绍兴花雕酒 100g、芝麻油 120g、美极鲜酱油 130g、蚝油 60g、鸡精 350g、味精 150g、白糖 50g、胡椒粉 10g。

制法：将所有原料放入锅内煮沸便可。

用途：适用于清蒸鱼等菜肴。

十五、白鱼汁

原料：白酱油 500g、鱼露 200g、淡二汤 7500g、鱼骨 500g、金华火腿骨 500g、红萝卜 300g、香菜梗 300g、味精 60g、鸡精 50g、白糖 150g。

制法：先用淡二汤将鱼骨、金华火腿骨、红萝卜、香菜梗熬汤，待汤水熬至 5000g 时过滤，之后将汤水放入锅内，再加入白酱油、鱼露、味精、鸡精和白糖煮沸即可。

用途：适用于清蒸海上鲜等菜肴。

十六、豉汁

原料：阳江豆豉 500g、陈皮末 30g、蒜蓉 100g、葱白蓉 100g、姜米 50g、红椒粒 50g、生抽 80g、老抽 20g、鸡精 50g、白糖 200g、绍兴花雕酒 40g、湿生粉 30g、生油 200g。

制法：先将豆豉洗净后放入锅内慢火炒香，再用刀切碎。锅烧热下油，爆香料头，并加入所有原料进锅内，中小火煸炒至豉汁发出香味，放入湿生粉，用锅铲推匀即可用钢盆盛起及用生油封面备用。

用途：适用于豉汁蒸排骨等菜肴。

十七、香糟汁

原料：红米糟 300g、玫瑰露酒 60g、绍兴花雕酒 400g、香槟酒 50g、大红浙醋 50g、冰糖 70g、味精 50g、精盐 30g。

制法：将红米糟、玫瑰露酒和绍兴花雕酒放入盆中，浸泡约 1 小时，用滤网滤清酒渣，连同香槟酒、大红浙醋、冰糖、味精及精盐放入锅内煮沸即可。

用途：适用于香糟骨等菜肴。

十八、鲍汁

原料：老母鸡 3kg、龙骨 2.5kg、排骨 2.5kg、金华火腿 1.5kg、大地鱼 2kg、鸡爪 2.5kg、猪皮 1.5kg、干贝 250g、猪脚 2.5kg、干香菇 250g、海米 250g、水 50kg、冰糖 400g、李锦记财神蚝油 600g、味精 250g、鲜黄鸡油 1.5kg、干虾粉 250g、老抽 200g、色素（按国标）适量、中南鲍鱼粉 100g、家乐鲜露汁 200g、浓缩鸡汁 300g、中南鲍鱼酱 250g、金丝糖浆 150g、生姜 1.5kg、干葱头 1.5kg、香葱 500g。

制法：原料焯水，油炸，小火煲 8～10 小时，过滤，调味，勾芡。

用途：适用于鲍汁扒海参等菜肴。

十九、梅子磨豉酱

原料：咸水梅子 500g、磨豉酱 250g、鲜柠檬汁 10g、蒜蓉 100g、青红椒粒各 20g、白糖 150g、精盐 10g、白酱油 30g、味精 20g、生油 50g。

制法：将咸水梅子去核，切碎，放入钢盆内，加入磨豉酱、鲜柠檬汁、青红椒粒、白糖、精盐、白酱油、味精和生油搅拌均匀即可。

用途：适用于梅子磨豉蒸白鳝等菜肴。

二十、艇仔酱

原料：阳江豆豉 1500g、蒜蓉 500g、虾米 100g、香茅 75g、干辣椒 20g、生油 150g、精盐 35g、味精 5g、白糖 5g。

制法：将香茅搅成蓉、过滤，虾米烤香剁碎，干辣椒切碎。烧锅入油，放入阳江豆豉、蒜蓉、虾米碎、香茅蓉慢火炒香，当豆豉略炒干时，放入干辣椒碎、精盐、味精及白糖调味拌匀即成。

用途：适用于避风塘菜式。

二十一、梅子酱

原料：咸水梅子 500g、罗勒 150g、柱侯酱 100g、芝麻酱 50g、花生酱 50g、广东米酒

50g、白醋 150g、白糖 150g、五香粉 10g、蒜蓉 15g、生油 100g。

制法：将咸水梅子去核后连同罗勒搅成蓉。烧锅入油，爆香蒜蓉，放入梅子蓉、罗勒蓉、柱侯酱、芝麻酱、花生酱、广东米酒、白醋、白糖及五香粉，慢火煮沸即可。

用途：适用于梅子蒸排骨、梅子蒸蟹等菜肴。

二十二、紫金酱

原料：紫金辣椒酱 1000g、美国辣椒仔 100g、蒜蓉 50g、瑶柱 300g、鸡精 30g、味精 30g、精盐 40g、白酱油 30g、生油 150g。

制法：将瑶柱蒸熟，搅成蓉。烧锅入油，爆香蒜蓉，放入紫金辣椒酱、美国辣椒仔、瑶柱蓉及所有调味品，炒香即可。

用途：适用于紫金凤爪等菜肴。

二十三、豉香辣椒酱

原料：桂林辣椒酱 500g、紫金辣椒酱 100g、指天椒 50g、大地鱼 50g、番茄酱 150g、美国辣椒仔 30g、生油 100g。

制法：将大地鱼烤香、搅成末，指天椒搅成蓉。烧锅入油，放入桂林辣椒酱、紫金辣椒酱、指天椒蓉、大地鱼末、番茄酱及美国辣椒仔，慢火炒香即可。

用途：适用于炒河粉等菜肴。

二十四、乳猪酱

原料：海鲜酱 500g、柱侯酱 500g、花生酱 75g、芝麻酱 75g、腐乳 75g、南乳 75g、蚝油 200g、芝麻油 10g、白糖 250g、鸡精 10g、味精 10g、美极鲜酱油 75g、玫瑰露酒 50g、洋葱蓉 10g、干葱蓉 10g、蒜蓉 10g、生油 300g

制法：烧锅入油，爆香洋葱蓉、干葱蓉和蒜蓉，放入海鲜酱、柱侯酱、花生酱、芝麻酱、腐乳、南乳、白糖、鸡精、味精、美极鲜酱油和玫瑰露酒，小火炒香，最后加入蚝油和芝麻油搅匀即可。

用途：适用于烤乳猪及蘸料等菜肴。

二十五、蟹黄酱

原料：大闸蟹 50 只、猪油 250g、去皮五花肉 500g、葱白蓉 25g、洋葱蓉 25g、干葱蓉 25g、姜米 10g、精盐 5g、绍兴花雕酒 5g、白醋 2g。

制法：将五花肉切成肉末，大闸蟹蒸熟，取出蟹黄、蟹肉。烧锅下入猪油，放入葱白蓉、洋葱蓉和干葱蓉炒香，过滤葱油。将肉末炒散，先放入蟹黄略煎，淋入绍兴花雕酒和白醋，再放入姜米、精盐和葱油，转小火熬至蟹黄与猪油融为一体即成。

用途：适用于蟹黄扒瓜脯等菜肴。

二十六、煲仔酱

原料：柱侯酱 500g、海鲜酱 150g、芝麻酱 60g、花生酱 60g、南乳 50g、白糖 50g、鸡粉

10g、蚝油 25g、干葱蓉 30g、蒜蓉 30g、绍兴花雕酒 60g、陈皮末 10g、八角粉 10g、沙姜粉 10g、淡汤 250g、三合油 500g。

制法：起锅下入植物油 500g，放入香葱、干葱头、香菜各 25g 小火炸至颜色焦黄，过滤成三合油。烧锅下入三合油 150g，爆香干葱蓉和蒜蓉，倒入柱侯酱、海鲜酱、芝麻酱、花生酱、南乳、腐乳、白糖、绍兴花雕酒、陈皮末、八角粉、沙姜粉、淡汤，不断慢火翻铲，待白糖完全溶解和汁酱煮滚便可，起锅封三合油 150g 即成。

用途：适用于啫啫煲等菜肴。

二十七、香辣酱

原料：豆瓣酱 1 桶、干辣椒 500g、香辣酱 3 瓶、花生米 1kg、黄灯笼辣椒酱 2 瓶、辣妹子辣椒酱 1 瓶、沱牌酒 1 瓶、花生酱 1 瓶、芝麻酱 200g、十三香 2 盒、白糖 100g、味精 30g、鸡精 30g、黑胡椒粉 80g、花椒粉 20g、白芝麻仁 100g、色拉油 500g、生姜 500g、蒜米 500g、大葱 250g、美极牌辣汁 300g。

制法：将原料制蓉，加热调味即可。
用途：适用于香辣蟹等菜肴。

二十八、麻辣香酱

原料：豆瓣酱 1 桶、干辣椒 750g、辣酱 3 瓶、老干妈 3 瓶、花生碎 1kg、沱牌酒 1 瓶、花椒油 2 瓶、花椒粉 300g、十三香 2 盒、辣妹子辣椒酱 1 瓶、白芝麻 100g、花生酱 500g、白糖 100g、黑胡椒粉 80g、色拉油 10kg、生姜 500g、蒜米 500g、大葱 250g。

制法：将原料制蓉，加热调味即可。
用途：适用于各类麻辣菜肴。

二十九、菌王酱

原料：干香菇 150g、菌菇边角料 2.5kg、高汤 2.5kg、干海米 150g、干葱头 100g、小米椒 50g、鸡粉 20g、鸡汁 30g、菌菇汁 30g、老抽 50g、白糖 15g、生抽 15g、色拉油 800g、盐 20g。

制法：将原料按照比例调均匀即可。
用途：适用于菌王酱爆鲜鱿等菜肴。

三十、甜面酱

原料：甜面酱 1 瓶、海鲜酱 3 瓶、排骨酱 2 瓶、花生酱 1/5 瓶、芝麻酱 1/2 瓶、冰花酸梅酱 3 瓶、芝麻油、糖。

原料：将原料按照比例调均匀即可。调此酱时，北方少加糖、南方多加糖。
用途：适用于蘸酱黄瓜。

附录5　中外结合风味调味汁、调味酱制作配方

一、印尼咖喱汁

原料：咖喱粉 2kg、姜黄粉 1.5kg、红椒粉 400g、小茴香粉 100g、八角粉 100g、香菜粉 100g、豆蔻粉 100g、西芹粉 100g、沙姜粉 100g、南姜粉 200g、石栗油 300g、香茅 500g、虾糕 250g、甘草粉 100g、丁香粉 100g、萝卜粉 100g、砂仁粉 100g、洋葱蓉 50g、生油 1500g。

制法：将香茅切碎后用搅拌机搅碎成蓉，过滤得香茅蓉。先以猛火爆香洋葱蓉，再放入香料粉，爆香，转慢火炒香即可。

用途：适用于咖喱蟹、印尼咖喱鸡等菜肴。

二、越南咖喱汁

原料：咖喱粉 1500g、八角粉 100g、姜黄粉 500g、五香粉 50g、淡二汤 10kg，香茅碎 250g、土豆 1kg、椰子粉 800g、青柠檬 500g、鸡精 50g、白糖 200g、精盐 150g、洋葱 30g、葱白 25g、生油 120g。

制法：将土豆蒸熟去皮，压成土豆蓉。烧锅下油，将洋葱和葱白爆香，先加入咖喱粉、八角粉、姜黄粉、五香粉、香茅碎、土豆蓉、椰子粉和青柠檬略煮，再加入淡二汤慢火熬煮约 1 小时，视酱汁熬浓缩和发香后，加入鸡精、白糖和精盐调味，捞起或过滤出洋葱和葱白即可使用。

用途：适用于越南咖喱虾等菜肴。

三、印度咖喱汁

原料：咖喱粉 800g、三花淡奶 600g、椰子汁 600g、香菜粉 50g、西芹粉 50g、沙姜粉 100g、砂仁粉 250g、杏仁粉 200g、萝卜粉 50g、野胡椒粉 10g、香茅 200g、石栗油 100g、干葱蓉 25g、蒜蓉 25g、味精 35g、精盐 20g、白糖 25g、脱白奶油 300g。

制法：取香茅根茎泡软、切碎并用湿型搅拌机搅烂，过滤。先猛火烧热平底锅，再转为中火放入奶油，并放入干葱蓉和蒜蓉爆香，见干葱蓉、蒜蓉色泽转微焦黄时，随即放入咖喱粉、三花淡奶、椰子汁、香菜粉、西芹粉、沙姜粉、砂仁粉、杏仁粉、萝卜粉、野胡椒粉、香茅蓉、石栗油，改慢火不断翻铲以防炒焦，待至汁酱炒香，放入味精、精盐及白糖调好味道便成。

用途：适用于印度咖喱鸡等菜肴。

四、泰式咖喱汁

原料：咖喱粉1500g、椰子粉300g、香茅粉100g、胡椒粉25g、香芹蓉500g、青柠檬蓉300g、柠檬叶25g、干葱蓉50g、洋葱蓉50g、蒜蓉50g、三花淡奶500g、淡二汤500g、精盐30g、白糖25g、味精15g、鸡精15g、牛油750g。

制法：先猛火烧锅，转为中火放入牛油，待牛油溶解并微冒白烟时，放入蔬菜蓉爆至微黄色，放入咖喱粉、椰子粉、香茅粉、胡椒粉、青柠檬蓉、柠檬叶、三花淡奶和淡二汤，然后转为慢火细熬，其间要不断翻铲，待酱汁熬至香气浓郁及汁水收紧时，用精盐、白糖、味精和鸡精调好汁酱味道便成。

用途：适用于泰式咖喱鱼等菜肴。

五、葡国汁

原料：淡二汤800g、三花淡奶400g、椰汁400g、花生酱200g、吉士粉50g、咖喱粉100g、鸡精40g、味精40g、白糖30g、精盐20g、洋葱蓉10g、牛油200g。

制法：把所有原料放入锅里以慢火煮沸即可，用钢盆盛起，待凉后放入冰箱保存。

用途：适用于葡汁焗花蟹、葡汁焗香螺等菜肴。

六、黑椒汁

原料：黑椒粒100g、洋葱米50g、香叶5片、香茅50g、香菜梗6棵、姜米5g、蒜蓉5g、干葱蓉5g、辣椒米50g、白糖50g、精盐75g、番茄酱100g、牛骨1kg、鸡骨1kg、面粉100g。

制法：先将牛骨、鸡骨焯水，放入焗炉焗至金黄色和有焦香味，熬煮3小时，得牛鸡骨汤750g。烧锅下油，将面粉炒香，下入黑椒粒、洋葱米、香叶、香茅、香菜梗、蒜蓉、干葱蓉爆香，放入辣椒米、白糖、番茄酱、牛鸡骨汤煮10分钟，弃掉香菜梗、香叶即可。

用途：适用于黑椒牛柳，黑椒牛仔粒等菜肴。

七、沙爹酱

原料：沙嗲酱3000g、虾米80g、白芝麻80g、大地鱼30g、花生酱160g、咖喱粉20g、沙姜粉40g、姜黄粉40g、牛油15g、椰汁80g、香茅400g、石栗油80g、姜米40g、蒜蓉500g、干葱蓉500g、红椒粒40g、生油300g。

制法：将白芝麻慢火炒香，大地鱼烤香，连同虾米搅碎。香茅加清水用湿型搅拌机搅烂，并用滤网滤渣留汁。向炒锅中放入生油和石栗油，先用慢火煮溶牛油，再用此油爆香姜米、蒜蓉、干葱蓉、红椒粒，至蒜蓉呈微黄色，放入余下原料，煮滚即可。

用途：适用于沙爹鳝片等菜肴。

八、沙茶酱

原料：沙茶酱 400g、牛尾汤 1kg、牛肉汁 100g、牛油 100g、油咖喱 150g、美极鲜酱油 100g、白糖 150g、糖醋汁 300g。

制法：将牛油煮溶，放入沙茶酱、牛尾汤、牛肉汁、油咖喱、美极鲜酱油、白糖和调好的糖醋汁煮沸即可。

用途：适用于沙茶牛肉等菜肴。

九、南洋蟹酱

原料：海鲜酱 700g、咖喱粉 650g、咸水梅子 40g、蚝油 10g、姜黄粉 40g、蒜蓉 160g、甘草 30g、香菜梗 80g、白糖 65g、磨豉酱 40g、芝麻酱 10g，清水 500g，生油 400g。

制法：将咸水梅子去核、搅成蓉，甘草和香菜梗用清水煮出味后，用滤网滤渣留汁。先爆香蒜蓉，再放入海鲜酱、咖喱粉、梅子蓉、蚝油、姜黄粉、甘草、香菜汁、白糖、磨豉酱和芝麻酱，炒香即可。

用途：适用于蟹酱炒鲜鱿等菜肴。

十、XO 酱

原料：虾米 1.3kg、金华火腿 1.3kg、虾子 150g、瑶柱丝 500g、大地鱼 150g、咸鱼 300g、野山椒 100g、辣椒粉 250g、蒜蓉 900g、干葱蓉 900g、生油 3kg、鸡精 250g、白糖 500g。

制法：将虾米、金华火腿和咸鱼用刀切成如黄豆大小的细粒，大地鱼烤香，搅成碎末，野山椒切碎。将虾米粒、金华火腿粒、虾子、瑶柱丝、大地鱼末、咸鱼粒入油锅略炸。烧锅下油，先爆香蒜蓉和干葱蓉，再将所有原料放入锅中，用慢火炒香至金黄色即可。

用途：XO 酱爆澳带等菜肴。

十一、星洲辣酱

原料：虾酱 1kg、虾糕 500g、虾米 250g、蒜蓉辣椒酱 500g、红辣椒 200g、干葱蓉 200g、蒜蓉 200g、洋葱蓉 200g、腰果 250g、生油 500g。

制法：把虾糕烘干碾碎，虾米洗净后用刀剁碎，红辣椒去核并切成细粒，腰果炸香碾碎。烧锅下油，先爆香干葱蓉、蒜蓉和洋葱蓉，再放入虾酱、虾糕碎、虾米碎、蒜蓉辣椒酱、红辣椒粒和腰果碎，炒香即可。

用途：适用于爆炒海鲜类菜肴。

十二、泰式鱼酱

原料：罐装凤尾鱼 500g、蒜蓉 25g、干葱蓉 25g、虾子 150g、大地鱼粉 25g、美极鲜酱油 100g、鱼露 50g、老抽 50g、白糖 10g、味精 5g、精盐 5g、生油 100g、面粉 150g。

制法：将凤尾鱼去骨搅烂。烧锅下油，先爆香蒜蓉及干葱蓉，再放入凤尾鱼碎、虾子、大地鱼粉、美极鲜酱油、鱼露、老抽、白糖、味精及精盐，待汁酱煮滚后，加入面粉推成糊状即可。

用途：适用于泰式鱼酱蒸茄子等菜肴。

十三、泰式鱼辣酱

原料：在泰式鱼酱的基础上，另加上红椒米 25g、味精 5g、辣椒油 25g、浓缩柠檬汁 100g、吉士粉 10g。

制法：与泰式鱼酱的制法一样。

用途：适用于鱼辣酱爆带子等菜肴。

十四、泰式香虾酱

原料：虾糕 500g、虾米 250g、大地鱼 50g、洋葱 250g、蒜蓉 150g、鲜橙汁 250g、棕榈糖 150g、鱼露 25g、红辣椒 25g、青柠檬皮 50g。

制法：首先将虾糕、虾米和大地鱼烤香，然后连同洋葱、蒜蓉、鲜橙汁、棕榈糖、鱼露、红辣椒和青柠檬皮搅烂成酱即成。

用途：适用于香虾酱炒五花腩等菜肴。

十五、泰汁

原料：白醋 700g、梅子 150g、番茄汁 300g、美极鲜酱油 200g、白糖 300g、味精 50g、日本芥末 20g、干葱蓉 150g、蒜蓉 150g、绍兴花雕酒 50g。

制法：将梅子去核搅成蓉。烧锅下油，先爆香干葱蓉及蒜蓉，淋绍兴花雕酒，再放入白醋、梅子蓉、番茄汁、美极鲜酱油、白糖、味精及日本芥末，以慢火煮沸即可。

用途：适用于碧绿泰汁虾等菜肴。

十六、西汁

原料：洋葱头 300g、西芹 300g、香芹 300g、红萝卜 300g、红辣椒 50g、八角 25g、草果 25g、清水 4kg、荔枝汁 1.5kg、喼汁 200g、OK 汁 600g、精盐 150g、味精 150g、钵酒 150g、白糖 1kg、美极鲜酱油 150g。

制法：先将洋葱头、西芹、香芹、红萝卜、红辣椒、八角、草果、清水放入钢桶中，慢火细熬至汤水得 2500g，过滤，再加入荔枝汁、喼汁及 OK 汁煮沸，调入精盐、味精、钵酒、白糖、美极鲜酱油调味即可。

用途：适用于西汁焗排骨等菜肴。

十七、越南辣鱼汁

原料：鱼露 600g、淡二汤 150g、米醋 150g、白糖 50g、红辣椒 25g、蒜子 10g、柠檬 50g。

制法：先将红辣椒去籽，柠檬去皮、去核，连同蒜子搅拌成蓉，再加入鱼露、淡二汤、米醋和白糖混合调匀即成。

用途：适用于蘸吃各式海鲜。

十八、越南酸甜汁

原料：鱼露 300g、青柠汁 100g、红辣椒 10g、蒜蓉 15g、米醋 100g、白糖 500g、香茅 50g、香叶 10g。

制法：将红辣椒去籽后切成辣椒米。先将鱼露、青柠汁、米醋和白糖倒入器皿中混合，再放入洗净的香茅和香叶，泡浸一天左右，使用时将香茅和香叶捞起，加入红辣椒米和蒜蓉即可。

用途：适用于越南牛肉河粉蘸料。

十九、日本烧汁

原料：日本清酒 100g、白糖 100g、味啉 1000g、味噌 200g、日本万字酱油 500g、鹰粟粉 30g、生油 200g。

制法：将所有原料放入锅内慢火煮沸即可。

用途：适用于日式烧鳗鱼等菜肴。

二十、越南椰汁

原料：椰汁 750g、杏仁 25g、罗望子果 5g、香菜籽 100g、小茴香 150g、香叶 5g、虾糕 25g、鱼露 5g、洋葱 35g、蒜子 15g、精盐 10g、冰糖 25g。

制法：将杏仁用清水泡软后连同罗望子果、香菜籽、小茴香、虾糕、鱼露、洋葱、蒜子、精盐和冰糖搅拌成酱，其后与香叶一同放入椰汁中略煮即成。

用途：适用于越南椰汁鸡等菜肴。

二十一、千岛汁

原料：卡夫奇妙酱 500g、番茄汁 250g、忌廉 100g、白兰地 15g、鲜柠檬半个。

制法：将鲜柠檬榨汁后连同卡夫奇妙酱、番茄汁、忌廉及白兰地一起倒入干净的盆内搅拌均匀即可。

用途：适用于千岛龙虾球等菜肴。

二十二、蛋黄酱

原料：蛋黄 100g、精盐 5g、胡椒粉 5g、芥末粉 5g、橄榄油 350g、浓缩柠檬汁 50g。

制法：先将蛋黄、精盐、胡椒粉和芥末粉放入钢盆中，用电动打蛋器混合打至蛋黄发泡，再逐渐加入橄榄油和浓缩柠檬汁，直至橄榄油和浓缩柠檬汁完全融合且汁液浓度稳定即可。

用途：适用于蔬菜沙拉等菜肴。

附录6　中式味粉调制配方

一、淮盐

原料：精盐800g、味粉450g、五香粉500g、沙姜粉300g、十三香600g、香草粉400g、香茅粉400g、洋葱粉1200g、胡椒粉300g。

制法：将原料调匀即可。

用途：适用于脆皮鸡蘸料等。

二、椒盐

原料：花椒150g、青花椒20g、黑胡椒20g、精盐100g、白芝麻50g。

制法：先将花椒、黑胡椒和青花椒放入锅中，小火焙干水分，再将精盐和白芝麻放入锅中，继续小火翻炒至白芝麻发黄的时候，把炒好的原料倒入料理机中，搅打成细腻的粉末即可。

用途：适用于椒盐排骨等菜肴。

三、孜然香辣粉

原料：辣椒粉50g、孜然粉50g、十三香15g、味精25g、白芝麻15g。

制法：将原料小火炒香调均匀即可。

用途：适用于烤羊肉串等菜肴。

四、麻辣味粉

原料：干辣椒100g、花椒50g、芝麻仁25g、鸡精、味精、胡椒粉适量。

制法：将干辣椒、花椒分别炒香，把炒好的原料倒入料理机中，搅打成粉末，加入其他调料拌匀即可。

用途：适用于烤串等菜肴。

附录7 常用糊浆调制配方

一、全蛋糊

原料：面粉45%、生粉45%、鸡蛋10%、水适量。

制法：将原料按比例调和。

二、蛋清糊

原料：蛋清60%、淀粉20%、面粉20%、水适量。

制法：将原料按比例调和。

三、脆皮糊

原料：面粉30%、淀粉18%、水35%、蛋清8%、色拉油8%、发酵粉1%。

制法：将原料按比例调和，放置30分钟后即可挂糊油炸。

四、脆皮浆

原料：蛋清175g、超级生粉125g、色拉油150g、清水150g、盐适量、味精适量。

制法：将原料按比例调和。

五、蜂巢糊

1. 配方一

原料：熟芋蓉（土豆、红薯、山药）250g、熟澄面250g（先蒸，后烫）、臭粉5g、水100g（用于烫面）、底味（盐、味精、鸡精）、咸蛋黄2只、五香粉少许、黄油75g、猪油75g（或单一油150g）。

2. 配方二

原料：熟荔蓉500g、澄面15g、盐10g、糖25g、猪油100~150g、味粉10g。

3. 配方三

原料：熟荔蓉500g、盐6g、味粉9g、澄面100g、猪油125g、糖2g。

制法：将原料按比例调和。

六、蛋黄糊

原料：鸡蛋黄、面粉、淀粉、水的调配比例为 2：3：1：1。

制法：将原料按比例调和。

七、熟浆糊

原料：超级生粉 100g、熟芡（超级生粉 100g、水 500g）、色拉油 100g、泡打粉 15g。

制法：将原料按比例调和。

八、脆浆糊

1. 配方一

原料：糯米粉 125g、澄面 62.5g、生粉 420g、面粉 500g、泡打粉 75g、吉士粉 340g、色拉油 150g、水 900g。

2. 配方二

原料：精面粉 500g、泡打粉 60g、生粉 50g、盐 3g、色拉油 150g、清水 400g

3. 配方三

原料：面粉 5kg、泡打粉 600g、发酵粉 100g、生粉 1.25kg、吉士粉 200g、色拉油 1kg、清水 4kg。

制法：将原料按比例调和。

九、水粉糊

原料：淀粉 800g、水 650g。

制法：将原料按比例调和。

十、急浆

原料：生粉 125g、面粉 375g、泡打粉 20～25g、生抽 15g、盐 5g、清水 400g。

制法：将原料按比例调和。

十一、啤酒糊

原料：面粉 30％、淀粉 20％、啤酒 35％、发酵粉 5％、色拉油 10％。

制法：将原料按比例调和。

十二、油炸生蚝浆

原料：面粉 500g、泡打粉 50g、臭粉 15g、精盐 15g、味精 15g、油 600g、水 500g。

制法：将原料按比例调和。

十三、蓑衣糊

原料：咸蛋 2 只、澄面 300g、淀粉 5g、牛油 100g、盐少许、味精少许。

制法：将原料按比例调和。